高等学校规划教材
GAODENG XUEXIAO GUIHUA JIAOCAI

AOMIAO
ZHIWUXUE

# 奥妙植物学

杨晓红 王春华 主编

西南大学出版社
国家一级出版社 全国百佳图书出版单位

图书在版编目(CIP)数据

奥妙植物学/杨晓红,王春华主编. —重庆:西南师范大学出版社,2007.9
ISBN 978-7-5621-3970-6
Ⅰ.奥… Ⅱ.①杨…②王… Ⅲ.植物学—高等学校—教材Ⅳ.Q94

中国版本图书馆 CIP 数据核字(2007)第 145973 号

**奥妙植物学**

**杨晓红　王春华　主编**

责任编辑:钟小族
封面设计:尚品视觉 CASTALY 周　娟　钟　琛
照　　排:吴秀琴
出版发行:西南大学出版社(原西南师范大学出版社)
地址:重庆市北碚区天生路 1 号
邮编:400715　市场营销部电话:023—68868624
http://www.xdcbs.com
经　　销:全国新华书店
印　　刷:重庆市国丰印务有限责任公司
幅面尺寸:185mm×260mm
印　　张:13.25
字　　数:339 千字
版　　次:2007 年 9 月　第 1 版
印　　次:2023 年 7 月　第 7 次印刷
书　　号:ISBN 978-7-5621-3970-6

定　　价:42.00 元

# 前言

杨晓红

生命科学是21世纪的重要科学，新时代的大学生对生命科学都应该有一定的了解、理解或研究。对于非植物生产类各专业的同学来讲，生命科学可能较为陌生。为提高大学本科学生的整体综合素质，适应现代生物学发展的需要、适应社会发展的需要，我校为同学们开设了多门通选课，奥妙植物学是这些课程中之一，属于科普教育的性质。

什么是植物(plant)？地球大致可以分为大气圈、生物圈、岩石圈和水圈。植物就是生物圈中的一员，它具有光合作用的色素，能够利用二氧化碳、无机盐、水和能量合成有机物满足自身营养上的需要，它是地球上最早出现的生命形式，其生物多样性在维持生物圈和为人类提供广泛的、大量的未开发资源方面起着重要作用。植物细胞具有纤维素质的细胞壁，一般情况下没有运动器官，不能够剧烈地远距离运动。

植物学(Botany)是研究植物形态、结构、个体发生、系统发育、分类及植物与环境、植物与植物、植物与其他生物之间相互关系等的一门科学，涉及面广，内容丰富，与生产实际有着密切的联系和重要的生态、经济和社会价值。

奥妙植物学(wonderful botany)不是专门的一门学科，它是为非植物生产类各专业同学开设的一门特色通选课，主要介绍植物学的一些基本原理、植物资源、典型的植物生物学现象、植物学应用技术，并将这些基本原理、基础知识与植物奇妙的生命现象相结合，让同学感受生命力的强大和奇妙，激发学习的愿望，获得愉快学习的教学效果。

奥妙植物学在我校作为通选课已经连续开课4年，授课讲义在教学实践中逐步得到修改、补充和完善，授课面广，授课效果优良。2006年秋季在学校正式立项编写成教材。各章基本上是一个相对独立的专题，学习后面的知识无需对前面章节知识的积累。教材在编写过程中力求突出科普性、趣味性、广适性、实践性、适用性和时代性，是对植物学课程在大学通识教育中教学实践的一种探索。可作为各类大专院校奥妙植物学和植物学的教材，也可供中学生物学教师及其他生物学工作者参考。

由于编者水平有限、编写时间仓促，又没有同名的现存教材或专著参考，在编写内容和编辑过程中难免存在不足之处，恳请使用本教材的相关专家、领导和同学们提出批评指正。

本教材中使用的资料，除编者原创的外，有的来自于国内外相关数据库、植物学相关教材、植物学挂图以及植物学相关网站，在此向这些资料的原创作者致以诚挚的谢意和崇高的敬意！

2007年3月

# 内容提要

奥妙植物学是为大学本科非植物生产类专业学生设计的一门通选课，它将植物学的基本理论知识与一些奇妙的植物生物学现象及现实的社会经济学意义相结合，引导学生在植物界遨游和探索，于教、于用、于乐中了解植物和植物学，使学生开阔视野，拓展思路，易于创新，提高综合素质。全书分为10章：丰富的植物资源、植物的运动、植物的命名及分类阶层系统、营养器官的变态、中国十大名花、活化石植物、植物共生现象、干花工艺与叶脉书签的制作、植物细胞的显微结构与司法鉴定的联系、植物结果现象解密。

本书可作为各类大专院校奥妙植物学、植物学、植物生物学的教材或参考书，也可作中学生物教师、植物园工作者及其他生物学工作者的参考资料。

# CONTENTS 目录

# 第一章　丰富的植物资源

地球上拥有大约 50 万种植物，中国有高等植物 3 万余种，仅次于世界高等植物最丰富的巴西和哥伦比亚，居世界第三位。苔藓植物 2200 种，占世界总种数的 9.7%，隶属 106 科，占世界科数的 70%；蕨类植物 52 科，约 2200～2600 种，分别占世界科数的 80%和种数的 22%；裸子植物全世界共 15 科，79 属，约 850 种，中国就有 12 科，34 属，约 250 种，是世界上裸子植物最多的国家；被子植物约有 328 科，3123 属，3 万多种，分别占世界科、属、种数的 75% 、30%和 10%。中国是植物资源十分丰富的国家，其中可作为资源开发利用的共 2411 种，约为全国植物种类的 1/10。

研究植物资源的科学称为植物资源学(plant resourses)，它是研究自然界所有植物的分布、数量、用途及其开发的科学，与药用植物学、植物分类学和保护生物学有密切关系。我国著名学者吴征镒院士定义植物资源为一切有用植物的总和，并将植物资源按用途分为五大类：食用植物资源、药用植物资源、工业用植物资源、保护和改造环境用植物资源、种质资源。植物资源是国家的重要财富，国家要发展经济，必须可持续地开发和利用植物资源。

在已发现的约 50 万种植物中，包括了藻类、菌类、地衣、苔藓、蕨类和种子植物。它们的大小、形态、结构、寿命和生活习性、营养方式、生态特性等是多种多样的，共同组成了复杂的植物界。最小的支原体(介于细菌和病毒之间的、无细胞壁的单细胞生物)，直径为 0.1 微米，而巨杉高可达 142 米；最简单的单细胞植物只有一个细胞，如衣藻，比较复杂的有多细胞群体，继而出现丝状体，而后演化出具有根、茎、叶的多细胞植物体。有的生活在陆地上，有的生活在水中；有的需要强烈的阳光，有的则喜生于光弱的阴暗处；有的是自养生活，有的是异养生活等等。

很多植物在体内具有叶绿素，吸收太阳光能，表现植物所特有的绿色，这叫做绿色植物；另一大类不具叶绿素的，叫做非绿色植物。

植物的多种多样不是偶然产生的，而是植物有机体在和环境的相互作用中，经过长期不断的遗传、变异、适应和选择等一系列的矛盾运动，有规律地演化而成的。演化规律是由原核到真核，水生到陆生，简单到复杂，低等到高等。

我国是世界上植物种类最丰富的国家之一，也是经济植物最多的国家之一，许多植物不仅原产于我国，并多引种到国外。

裸子植物多是经济用材树种，我国的银杏、水杉、银杉素有三大活化石(或称孑遗植物)之誉,银杉、台湾杉、粗榧等均为孑遗植物。

还有许多特产树种,如金钱松、油杉、红豆杉、白豆杉、根树、福建柏等。被子植物中,粮食作物如水稻、小米(粟)早在数千年前已有栽培,大豆原产于我国。果树中的桃、梅、梨、枇杷、荔枝、杨梅、橙、栗等皆原产于我国。我国还是蔬菜种类最多的国家。

特种经济植物有条桑、油桐、苎麻、大麻等。我国观赏植物之多更是闻名于世,如牡丹、芍药、茶花等均为我国特产。药用植物有人参等数千种中草药,更是宝贵的财富。

我国广东、广西、福建、台湾和云南南部的热带地区,气候温暖,雨水充沛,四季如春,有利于植物的繁生滋长,仅广东一省就有几千种有花植物。这一地区有菠萝、甘蔗、剑麻等农田、山谷植物,植物种类繁多,海湾内有抗击强烈风流的红树,果树有香蕉、荔枝、龙眼、芒果等,还有橡胶、椰子、咖啡、可可、胡椒、油棕、槟榔等经济作物。台湾省盛产香樟,是生产樟脑最多的地方。

农业是国民经济的基础。人类生活中的衣、食、住、行的物质基础都直接或间接地来自植物。各种动物,包括家畜、家禽、鱼类等,其饲料也离不开植物。农业上开展以菌治虫,如苏云金杆菌能防治松毛虫,已成为有效的生物农药。

冶炼工业、医药卫生等方面也与植物密切相关。

在环境保护方面,农业生产上大量应用有毒农药,工业生产排放各种有害的废气、废水、废渣,污染环境,危害人民健康。人们可以利用某些绿色植物来净化空气,利用某些藻类和细菌来净化污水,利用植物和微生物来净化土壤等。

此外,造林,种草,绿化、美化祖国,保护、改造和改良生态环境,以及维持生态平衡,也离不开植物。

# 1.1 食用植物

世界上所有能量都来源于阳光,绿色植物能够将太阳能转化为化学能,是所有动物的直接或间接的能量来源。食物提供给人类生存所需要的物质及能量,修复受伤的组织,使人类保持健康。人所需要的最低的能量,称为基础代谢(BMR)。

粮食作物包括三类:一是种子中淀粉含量很高的谷类作物;二是种子中富含蛋白质、脂肪营养成分的豆类作物;三是块根块茎等富含淀粉等营养成分的营养变态器官。随着科技不断发展,一批高产、稳产、优质的粮食作物不断被科技人员培育出来,为祖国和世界农业作出了重要贡献。

## 1.1.1 水稻 *Oryza sativa* L.

稻的栽培历史可追溯到约公元前3000年的印度,后逐渐向西传播,中世纪引入欧洲南部。除称为旱稻的生态型外,水稻都在热带、亚热带和温带等地区的沿海平原、潮汐三角洲和河流盆地的淹水地栽培。种子播在准备好的秧田上,当苗龄为20～25天时移植到周围有堤的水深为5～10厘米的稻田内，生长季节一直浸在水中。收获的稻粒称为稻谷，有一层外壳，碾磨时常把外壳连同米糠层一起去除，有时再加上一薄层葡萄糖和滑石粉，使米粒有光泽。碾磨时只去掉外壳的稻米叫糙米，富含淀粉，并含约8%的蛋白质和少量脂肪，含硫胺、烟酸、核黄素、铁和钙。碾去外壳和米糠的大米叫精米或白米，其营养价值大大降低。米的食用方法多为煮成饭。在东方、中东及许多其他地区，米可配以各种汤、配菜、主茶食用。碾米的副产品包括米糠、磨得很细的米糠粉和从米糠提出的淀粉，均用作饲料。加工米糠得到的油既可作为食品也可用于工业。碎米用于酿酒、提取酒精和制造淀粉及米粉。稻壳可做燃料、填料、抛光剂，也可用以制造肥料和糠醛。稻草用作饲料、牲畜垫草、覆盖屋顶材料、包装材料，还可制席垫、服装和扫帚等。稻的主要生产国是中国、印度、日本、孟加拉国、印度尼西亚、泰国和缅甸。其他重要生产国有越南、巴西、韩国、菲律宾和美国。20世纪晚期，世界稻米年产量平均为4000亿千克左右，种植面积约1.45亿公顷。世界上所产稻米的95%为人类所食用。水稻将成为许多国家、地区和民族之间的物质和精神纽带。

水稻是世界主要粮食作物之一，我国主要分布在长江沿岸，是禾本科、禾亚科的一年生草本，须根系，不定根发达。高1米左右。秆直立，圆柱状。叶鞘与节间等长，下部长于节间；叶舌膜质而较硬，窄长披针形，基部两侧下延与叶鞘边缘相结合；叶片扁平披针形，长25～60厘米，宽5～15毫米，幼时具明显叶耳。圆锥花序疏松，颖片常粗糙；小穗长圆形，通常带褐紫色，退化外稃锥刺状；能育外稃具5脉，被细毛，有芒或无芒；内稃3脉，被细毛；鳞被2，卵圆形；雄蕊6；花柱2，柱头帚刷状，自小花两侧伸出。自花授粉，颖果平滑，粒饱满，稍圆，色较白，煮熟后粘性较大。花果期7～8月。

图1-1　杂交水稻之父袁隆平院士与水稻

中国工程院院士、世界"杂交水稻之父"、农学家、杂交水稻育种专家袁隆平研究员长期从事杂交水稻育种理论研究和制种技术实践。1964年首先提出培育"不育系、保持系、恢复系"三系法利用水稻杂种优势的设想并进行科学实验。1970年，与其助手李必湖和冯克珊在海南发现一株花粉败育的雄性不育野生稻，成为突破"三系"配套的关键。1972年育成中国第一个大面积应用的水稻雄性不育系"二九南一号A"和相应的保持系"二九南一号B"，次年育成了第一个大面积推广的强优组合"南优二号"，并研究出整套制种技术。1986年因提出了杂交水稻育种分为"三系法品种间杂种优势利用、两系法亚种间杂种优势利用到一系法远缘杂种优势利用"的战略设想，他被同行们誉为"杂交水稻之父"。近年来他育成的超级杂交水稻产量可超过12000千克/公顷。

### 1.1.2　小麦 *Triticum aestivum* L.

自古以来，小麦和稻米是人类的主要营养来源。亚洲人的主要食物是米，而欧洲、非洲、美国、澳大利亚和亚洲部分地区的主要食物则是小麦。世界上大约1/3人口依赖小麦生存。可以肯定，人类文明的历史与小麦的历史紧密相关。由于在美索不达米亚和西南亚发现了野生麦的化石，野生麦被认为是所有麦类的祖先，并表明在1.2万年前人们就已将小麦作为食物。座落在尼罗河边的坟墓始建于公元前5000年，在这些坟墓的壁画上也有对小麦的描绘，而众所周知，最早生产发酵面包的是古埃及人。小麦长期以来都带有宗教色彩并成为无数宗教仪式的一部分。希腊人和罗马人都信奉小麦神和面包神。

在西班牙人第一次登陆美洲以前，小麦仅仅在旧大陆被培植。15世纪，哥伦布在第二次远征时将它带到了新大陆。400年过后，约在19世纪，堪萨斯的俄国移民带来了名为“土耳其红麦”的麦种，这在当时是最优良的品种，红麦成为美国谷类业的重要贸易产品。

图 1-2　小麦

小麦原产地在西亚和中亚，一般认为，北从土耳其斯坦通过新疆、蒙古，南经印度通过云南、四川传入我国。我国是世界小麦起源的重要次中心，是小麦栽培最古老的国家之一。据古书《广雅》注释，我国在二三千年前就已种植小麦了。植麦最早的地区集中于古文明发祥地——黄河流域。2005年，中国科学家破解了中国特有小麦的起源之谜。中国特有小麦的三个主要类型中，发现有两种特有小麦类型具有相同的碎穗基因和包壳基因，推断它们共同起源于中东地区；另一种特有小麦类型起源于中国新疆，新疆稻麦是含有黄化基因 $CH_1$ 的波兰小麦与中国的节节麦天然杂交并且染色体数目加倍的结果。

小麦是单子叶植物，禾本科，禾亚科。一年生或越年生草本。秆中空或基部有髓，有分蘖，叶片长披针形，叶鞘常短于节间，叶舌短小，膜质。复穗状花序顶生，直立。小穗有3～9朵小花，单独互生于穗轴各节，有芒或无芒，颖果顶端有毛，腹面具深纵沟，易与稃片分离。全世界广泛栽培，品种或类型极多，我国种植以普通小麦为最普遍。按播种期不同，可分为冬小麦和春小麦。按春化阶段对温度的要求不同有冬性、半冬性和春性之分。我国是世界上最早栽培小麦的国家之一，栽培历史已有4000～5000年。麦粒用于磨制面粉，为我国北方主要粮食。麸皮可作饲料；麦芽可入药，秆为编织及造纸原料。

### 1.1.3　高粱 *Sorghum nitidum* Pers.

高粱属于禾本科高粱属，是古老的谷类作物之一。它具有抗旱、耐涝、耐盐碱、适应性强的优点，所以在现代的农业生产上一直占有重要的地位。

高粱在我国的东北、华北种植面积较大，20世纪50年代以前为东北地区人民的主要粮食，但目前种植面积下降，也较少直接食用，因为其蛋白质中含人体难以消化的醇溶性蛋白较多，而人体必需的赖氨酸、色氨酸偏低，加上其籽粒特别是深色的籽粒含有单宁，往往有涩味，适口性较差，所以目前除了少量用做煮饭、熬粥，更多的是用做饲料。在饲料中添加一定量的高粱可以增加牲畜的瘦肉比例，还可防治牲畜的肠道传染病。在工业上高粱还可以酿酒、做醋、生产酱油、味精或提取单宁等，我国名酒“茅台”、“竹叶青”、“汾酒”、“泸州大曲”等均以高粱为主要原料或重要配料。

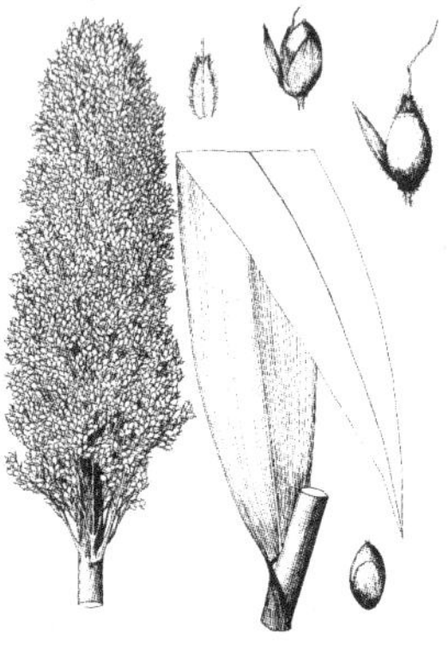
图 1-3　高粱

糖用高粱，又称甜高粱，一般茎秆较高、节间长、茎髓多汁，含糖10%～19%。这种高粱在我国长江中下游地区种植较多，此时的高梁实际上是用做糖料作物了。甜高粱可以象甘蔗那样直接生食,也可用于榨汁熬糖,做成糖稀、片糖、红糖粉或白砂糖等。饲用高粱一般以分蘖力强、生长旺盛、茎内多汁并有一定的再生能力为好,主要用做青饲、青贮或干草。但应注意,高粱幼嫩的茎叶含有蜀黍苷,牲畜食后在胃内能形成有毒的氰氢酸,所以含蜀黍苷多的品种不宜做青饲。工艺用高粱的茎皮坚韧,有紫色和红色类型,是工艺编织的良好原料。此外,有的高粱类型适于制作扫帚,穗柄较长者可制帘、盒等多种工艺品。

高粱为异花授粉作物,广泛分布在世界各地,在长期的种植过程中形成了许多的变种和类型。按其穗部性状可分成散穗和紧穗两种;按其原产地和生态类型可分成中国高粱、印度高粱、非洲高粱等多种类型。生产上多是根据其用途不同而划分成粒用高粱、糖用高粱、饲用高粱和工艺用高粱四类。粒用高粱顾名思义是收获其籽粒用做粮食、饲料或是工业原料。这种高粱一般籽粒大而外露,易脱粒,品质较优。高粱籽粒一般含淀粉 60%～70%,蛋白质 10%左右,营养价值不是很高。高粱的营养价值与玉米近似,稍有不同的是高粱籽粒中的淀粉、蛋白质、铁的含量略高于玉米,而脂肪、VA(胡萝卜素)的含量略低。

## 1.1.4 玉米 *Zea mays* L.

墨西哥是玉米的故乡,墨西哥人对玉米有着深厚的感情。现代考古证实,玉米起源于一种生长在墨西哥的野生黍类,经过培育,大约在 3000～4000 年前,中美洲的古印第安人已经开始种植玉米了。现在的墨西哥人对玉米的种植和加工技术可以说是已经发展到了极致。墨西哥人最先培育并推广了彩色玉米,像深蓝色、墨绿色、紫红色,还有红、黄、蓝、白、绿各色间杂的五彩玉米。超市的货架上,种类繁多的玉米食品足以让人为之瞠目。玉米是墨西哥文化的根基,是墨西哥的象征,是墨西哥人无穷无尽的灵感的源泉。他们创造了玉米,玉米又造就了他们。墨西哥人自豪地称自己为玉米人。我国黑龙江的青冈、湖北的武汉等地举办过玉米文化节。

图 1-4 玉米

玉米亦称玉蜀黍、包谷。禾本科,玉蜀黍属。1 年生草本,茎秆粗壮,直立,多节,实心,高 1～4 米,通常不分枝。叶片阔线型,小穗单性,雌雄同株异花,雄花序为顶生的圆锥花序;雌花序腋生,肉穗花序,雌蕊有细长的丝状花柱伸出苞鞘之外,并可作造纸原料;花柱(玉米须)作药用,能利尿消肿;果穗轴可造酒或作饲料。

由于玉米籽粒和植株在组成成分方面的许多特点,决定了玉米的广泛利用价值。现今全世界约有三分之一的人以玉米籽粒作为主要食粮,其中亚洲人的食物组成中玉米占 50%,多者达 90%以上,非洲占 25%,拉丁美洲占 40%。玉米的营养成分优于稻米、薯类等,缺点是颗粒大、食味差、粘性小。随着玉米加工工业的发展,玉米的食用品质不断改善,形成了种类多样的玉米食品。

玉米籽粒中含有 70%～75%的淀粉,10%左右的蛋白质,4%～5%的脂肪,2%左右的多种维生素。籽粒中的蛋白质、脂肪、维生素 A、维生素 $B_1$、维生素 $B_2$ 含量均比稻米多。玉米籽粒含热量很高,每 100 克籽粒中约有 1528 千焦的热能,比高粱、大麦、燕麦高。

德国营养保健协会近年的一项研究表明,在所有主食中,玉米的营养价值和保健作用是最高的,可预防心脏病和癌症。在这项持续 1 年的研究中,专家们对玉米、稻米、小麦等多种主食进行了营养价值和保健作用的各项指标对比。结果发现：玉米中的维生素含量非常高，为稻米、小麦的5～10倍。同时，玉米中含有大量的营养保健物质也让专家们感到惊喜。除了含有碳水化合物、蛋白质、脂肪、胡萝卜素外，玉米中还含有核黄素、维生素等营养物质。这些物质对预防心脏病、癌症等疾病有很大的好处。研究还显示，特种玉米的营养价值要高于普通玉米。比如，甜玉米的蛋白质、植物油及维生素含量就比普通玉米高1～2倍；"生命元素"硒的含量则高8～10倍；其所含有的17种氨基酸中，有13种高于普通玉米。此外，鲜玉米的水分、活性物质、维生素等各种营养成分也比老熟玉米高很多，因为在贮存过程中，玉米的营养物质含量会快速下降。德国著名营养学家拉赫曼教授指出，在当今被证实的最有效的50多种营养保健物质中，玉米含有7种：钙、谷胱甘肽、维生素、镁、硒、维生素E和脂肪酸。经测定，每100克玉米能提供近300毫克的钙，几乎与乳制品中所含的钙差不多。丰富的钙可起到降血压的功效。如果每天摄入1克钙，6周后血压能降低9%。此外，玉米中所含的胡萝卜素，被人体吸收后能转化为维生素A，它具有防癌作用；植物纤维素能加速致癌物质和其他毒物的排出；天然维生素E则有促进细胞分裂、延缓衰老、降低血清胆固醇、防止皮肤病变的功能，还能减轻动脉硬化和脑功能衰退。玉米含有的黄体素、玉米黄质，可以对抗眼睛老化。此外，多吃玉米还能抑制抗癌药物对人体的副作用，刺激大脑细胞，增强人的脑力和记忆力。

### 1.1.5 燕麦 *Avena sativa* L.

燕麦原为谷类作物的田间杂草，约在两千年前才被驯化为农作物，为世界性栽培作物，分布在五大洲42个国家，但集中产区是北半球的温带地区。中国燕麦的栽培始于战国时期，距今至少已有2100年之久。最大的燕麦生产国是俄罗斯，它的总产量占全世界的40%以上。中国燕麦在内蒙古自治区种植面积最大，占全国燕麦总面积约40%。中国的栽培燕麦以大粒裸燕麦为主，俗称莜麦、铃铛麦。

燕麦一般分为带稃型和裸粒型两大类。世界上许多国家栽培的燕麦以带稃型的为主，常称为皮燕麦。我国栽培的燕麦以裸粒型的为主，常称裸燕麦。裸燕麦的别名颇多，在我国华北地区称为莜麦，西北地区称为玉麦，西南地区称为燕麦，有时也称莜麦，东北地区称为铃铛麦。

图1-5 燕麦

燕麦在我国种植历史悠久，遍及各山区、高原和北部高寒冷凉地带。历年种植面积120万公顷，其中裸燕麦107.7多万公顷，占燕麦播种面积92%。主要种植在内蒙古、河北、山西、甘肃、陕西、云南、四川、宁夏、贵州、青海等省(自治区)，其中前4个省(自治区)种植面积约占全国总面积的90%。种植燕麦有210个县，但集中产区是内蒙古自治区的阴山南北，河北省阴山和燕山地区，山西省太行山和吕梁山区，陕、甘、宁、青的六盘山、贺兰山和祁连山，云、贵、川的大、小凉山高海拔地区。近年来，全国播种面积下降到100万公顷，但由于新品种的不断推广和栽培技术水平的提高，平均产量750～1125千克/公顷。实践证明，我国裸燕麦是一个适应性强、产量较高的粮、饲兼用作物。

燕麦属禾本科一年生草本粮食作物，秆高约60～100厘米，直立，叶舌膜质，椭圆形，半透明，外围有锯齿形状，无叶耳或不显著。圆锥花序，花枝具棱角，有4～9主分枝，主分枝再生分枝，每小穗2～5花，护颖较外颖长，颖与小穗等长，宿存，披针状，先端细尖，平滑，7～11条脉，并具横隔脉，纸质；外稃具芒，狭长椭圆形披针状，背部圆形，坚硬，下半部被小刺毛，7～9条脉；小穗轴伸长，近于无毛或疏生短毛，不易断落；小穗含1～2小花；芒由背面中央处长出，内稃较外稃短，棱脊上被短毛。颖果被毛，腹面有腹沟，有丛毛着生顶部，内外颖不易脱离。第1外稃背部无毛，基部仅具少数短毛或近于无毛，无芒，或仅背部有1较短的芒，第2外稃无毛，通常无芒。

在我国人民日常食用的小麦、稻米、玉米等9种食粮中，以燕麦的经济价值最高，其主要表现在营养、医疗保健和饲用价值均高。

①营养价值高。据中国医学科学院卫生研究所综合分析，我国裸燕麦含粗蛋白质达15.6%，脂肪8.5%，淀粉21%～55%，淀粉释放热量以及磷、铁、钙等元素，裸燕麦蛋白质中主要氨基酸含量也较高，与其他8种粮食相比，均名列前茅。燕麦中水溶性膳食纤维分别是小麦和玉米的4.7倍和7.7倍。燕麦中的B族维生素、尼克酸、叶酸、泛酸都比较丰富，特别是维生素E，每100克燕麦粉中高达15毫克。此外燕麦粉中还含有谷类食粮中均缺少的皂甙(人参的主要成分)。蛋白质的氨基酸组成比较全面，人体必需的8种氨基酸的含量均居首位，尤其是含赖氨酸高达0.68克。最常见的吃法是用开水和面之后，趁热在涂釉油的陶瓷板上推成薄的指筒状的“窝窝”或压成“饸饹”蒸熟食用，也可制成炒面加水调食。燕麦片、燕麦粥是欧美各国人民的主要早餐食品，燕麦粉也是制作高级饼干、糕点、儿童食品的原料。还可制作肥皂、化妆品。涂有燕麦粉的纸张具有防腐作用，适用于包装乳制品。从绿色的燕麦干草中可提取叶绿素、胡萝卜素。

②医疗保健价值高。燕麦的医疗价值和保健作用，已被古今中外医学界公认。据1981～1985年中国农科院与北京市心脑血管研究中心、北京市海淀医院等18家医疗单位5轮动物试验和3轮997例临床观察研究证明，裸燕麦能预防和治疗由高血脂引发的心脑血管疾病。服用裸燕麦片3个月(日服100克)，可明显降低心血管和肝脏中的胆固醇、甘油三脂、β—脂蛋白，总有效率达87.2%，其疗效与冠心平无显著差异，且无副作用。对于因肝、肾病变，糖尿病，脂肪肝等引起的继发性高脂血症也有同样明显的疗效。长期食用燕麦片，有利于糖尿病和肥胖病的控制。燕麦籽实中还含有维生素$B_1$、维生素$B_2$和少量的维生素E、钙、磷、铁、核黄素以及禾谷类作物中独有的皂甙。经常食用，可对中老年人的主要威胁——心脑血管病起到一定的预防作用。据北京心肺血管医学研究中心和中国农科院协作研究证实，只要每日食用50克燕麦片，就可使每百毫升血中的胆固醇平均下降39毫克、甘油三酯下降76毫克。经常食用燕麦对糖尿病也有非常好的降糖、减肥的功效。燕麦粥有通大便的作用，这不仅是因为它含有植物纤维，而且在调理消化道功能方面，维生素$B_1$、$B_{12}$更是功效卓著。很多老年人大便干，容易导致脑血管意外，燕麦能解便秘之忧，还可以改善血液循环、缓解生活工作带来的压力；含有的钙、磷、锌等矿物质也有预防骨质疏松、促进伤口愈合、预防贫血的功效，是补钙佳品。

③饲用价值高。燕麦叶、秸秆多汁柔嫩，适口性好。裸燕麦秸秆中含粗蛋白5.2%、粗脂肪2.2%、无氮抽出物44.6%，均比谷草、麦草、玉米秆高；难以消化的纤维28.2%，比小麦、玉米、粟秸低4.9%～16.4%，是最好的饲草之一。其籽实是饲养幼畜、老畜、病畜和重役畜以及鸡、猪等家畜家禽的优质饲料。

## 1.1.6 马铃薯 *Solanum tuberosum* L.

别名土豆。在我国，不同的地区叫法也不同。北方叫土豆、洋芋、山药蛋，江浙一带则叫洋番薯、洋山芋。它和玉米、小麦、水稻、燕麦被称为世界五大粮食作物。

马铃薯主要分布在南美洲的安第斯山脉及其附近沿海一带的温带和亚热带地区，最早野生于南美洲的秘鲁、玻利维亚和厄瓜多尔等国高山地区。16世纪中期，马铃薯被一个西班牙人从南美洲带到欧洲。那时人们总是欣赏它的美丽花朵，把它当作装饰品。后来一位法国农学家安·奥巴曼奇在长期观察和亲身实践中，发现马铃薯不仅能吃，还可以做面包等。从此，法国农民便开始大面积种植马铃薯。19世纪初期，俄国彼得大帝游历欧洲时，以重金买了一袋马铃薯，种在宫廷花园里，后来逐渐发展到民间种植。后又传播到亚洲、北美、非洲南部和澳大利亚等地。马铃薯产量高，营养丰富，对环境的适应性较强，现已遍布世界各地，热带和亚热带国家甚至在冬季或凉爽季节也可栽培并获得较高产量。马铃薯传入我国只有一百多年的历史，据说是华侨从东南亚一带引进的。主要在我国的东北、内蒙、华北和云贵等气候较凉的地区种植，现在我国马铃薯种植面积居世界第二位。

图1-6　马铃薯

最重要的马铃薯栽培种是四倍体种，世界马铃薯主要生产国有波兰、中国、美国。中国马铃薯的主产区是西南山区、西北、内蒙古和东北地区，其中以西南山区的播种面积最大，约占全国总面积的1/3，黑龙江省则是全国最大的马铃薯种植基地。

马铃薯是茄科茄属的一年生草本植物，高30～80厘米，无毛或疏被柔毛。茎分地上茎和地下茎两部分，块茎，地下茎块状，圆、扁圆、卵圆或长圆形，直径约3～10厘米，外皮白色、淡红色或紫色，薯肉为白、淡黄或黄色。块茎可供食用，是重要的粮食、蔬菜兼用作物。普通栽培种马铃薯由块茎繁殖生长，形态因品种而异。由种子长成的植株形成细长的主根和分枝的侧根；而由块茎繁殖的植株则无主根，只形成须根系。初生叶为单叶，全缘。随植株的生长，逐渐形成奇数不对等的羽状复叶，小叶常大小相间，长10～20厘米，叶柄长2.5～5厘米，小叶6～8对，先端尖，基部稍不相等，全缘，两面均被白色疏柔毛。夏季开花，伞房花序顶生，有白、淡蓝、紫和淡红等色。萼钟形，直径约1厘米，外面被疏柔毛，5裂，裂片披针形，先端长渐尖；花冠辐射状，直径约2.5～3.0厘米，花冠筒隐于萼内，长约2毫米，裂片5，三角形，长约5毫米；雄蕊长约6毫米，花药长为花丝长的5倍；子房卵圆形，无毛，花柱长约8毫米，柱头头状。浆果，圆球形，光滑，直径1.5厘米。

块茎富含淀粉，是淀粉工业的主要原料。

吃土豆你不必担心脂肪过剩，因为它只含有0.1%的脂肪，含热能很低，每百克鲜土豆所产生的热量只有368千焦，而米、面每百克却高达1465千焦，因此食用土豆不会引起发胖，是所有充饥食物望尘莫及的。每天多吃土豆可以减少脂肪的摄入，使多余脂肪渐渐代谢掉，消除你的“心腹之患”。其次，你也不必担心吃土豆营养单纯，有损健康。在人们的印象里，黄豆含的优质蛋白是首屈一指的。其实，土豆中的蛋白质无论是营养价值，还是保健功能，都能让黄豆自叹弗如。就是人体需要的其他营养素，如碳水化合物、VB、VC、钙、镁、钾等也都应有尽有，且比米面的营养更全面。具有很高营养价值的苹果与土豆相比，多数营养素也相形见细,1 千克土豆的营养价值,与 3.5 千克苹果相当,因此欧洲人把土豆称为“地下苹果”。土豆营养价值之高,使美国营养学家断言:“每餐只要吃全脂奶和马铃薯,便可得到人体需要的全部营养素。”你更不必担心肚皮有难熬的饥饿。土豆在补足人体需要的几乎全部营养素的同时,那丰富的纤维素可以让胃鼓鼓的,有“酒足饭饱”之感,故土豆在欧美享有“第二面包”的称号是当之无愧的。

## 1.2 能源植物

数百年来,煤炭、石油和天然气一直是人类能源的主角。但是,随着文明的飞速发展、人口的急剧增长和能耗的成倍增加,这些不可再生资源日趋紧缺,能源危机已直接威胁到世界的和平与发展,成为不同政治制度国家共同关注的战略难题。正当人们对能源的前景倍感忧虑的时候,科学家们设想,既然煤炭、石油和天然气的“祖宗”皆系远古时代的植物,那么就有可能通过种植绿色植物来“生产”石油,从而为人们所利用。

美国加利福尼亚大学的化学家、诺贝尔化学奖得主梅尔温·卡尔文突发奇想,决定寻找可能生产“石油”的植物,进而从地里“种”出石油来。以卡尔文为代表的研究小组足迹遍及世界各地,从寻找产生类似于石油成分的树种入手,集中研究了十字花科、菊科、大戟科等十几个科的大部分植物,分析了这些植物的化学成分。功夫不负有心人,历经多年的寻觅,终于在巴西的热带雨林里发现了一种名为“三叶橡胶树”的高大的常绿乔木。这是一种能产生“石油”的奇树,人们只需要在它的树干上打一孔洞,就会有胶汁源源不断地流出。卡尔文博士对这种胶汁进行了化验,发现其化学成分居然与柴油有着惊人的相似之处,无需加工提炼,即可充当柴油使用。将其加入安装有柴油发动机的汽车的油箱,可立即点火发动,上路行驶。1986 年,美国率先进行人工种植石油植物,每公顷年收获石油 120~140 桶。随后,英国、法国、日本、巴西、菲律宾、俄罗斯等国也相继开展了石油植物的研究与应用,建立起石油植物园、石油农场等全新的石油生产基地。此外,他们还借助于转基因技术培育新品种,采用更先进的栽培技术来提高产量。

能够生产石油的植物被称为 21 世纪的绿色能源。植物界可用于制成石油的植物品种很多,不少乔木、灌木、草本植物以及藻类、细菌等都含有可观的天然炼油物质。近年来,科学家还发现利用玉米、高粱、甘蔗等的秸秆可以生产汽油、酒精,并可直接用做汽车的动力燃料。

目前能源植物中尤其引人注意的是生物质能源植物。能源是人类社会进步最为重要的基础,化石能源一直是人类社会发展的主要动力。随着工业的发展、人口的增长,人类对能源的巨大需求,在化石能源大规模开采利用过程中造成了严重的环境污染与不可逆环境破坏。这种不可再生的耗竭性和破坏的不可逆性形成内在的危险性机理,威胁着社会可持续发展。研究现有生物柴油资源,开发替代的、可再生的环保型能源显得非常迫切。

生物柴油是清洁的可再生能源,它是以能源作物、能源林木果实、工程微藻以及动物油脂、废餐饮油等为原料制成的液体燃料,是优质的石油柴油代用品,它取之不尽、用之不竭,又称“绿色能源”。我国柴油供应短缺,石油进口不断攀升、油价涨幅大。同时,三峡库区农民收入低，开展生物柴油资源调查，并对之进行综合评价，提出可持续利用的相应对策，对库区经济的可持续发展，推进能源替代，减轻环境压力，控制城市大气污染，深化库区农业产业结构的调整以及提高库区农民的收入，全面贯彻可持续发展的科学发展观具有重要的战略意义和社会实践价值。

西方国家生物柴油产业发展迅速。生物柴油这一概念最早由德国工程师鲁道夫·狄塞尔（Dr. Rudolf Diesel，1858～1913）于1895年提出，1900年的巴黎博览会上，他展示了使用花生油作燃料的发动机，尝试了使用花生油作发动机燃料的可能性，但由于后来廉价石油的开发和原油精炼技术的日臻完善，这一计划没有得到足够的重视。自20世纪70年代“石油危机”的发生和环境保护日趋受到关注以来，人们开始研究各种替代能源，开发新的液体能源已成为保障石油供应安全的国家战略举措，生物柴油再次成为解决能源危机及环境污染最热门的研究课题。

1982年8月，第一届植物油燃料国际会议在美国北达科他州的法戈市（Fargo，North Dakota）得以及时召开，主要议题是燃油价格、植物油对发动机性能及可靠性的影响以及植物油制备、规范及添加剂等。

1981年，南非首先报道了生物柴油。南非的农业部门曾用掺入20%向日葵油的柴油供9台拖拉机使用，这些机械连续工作了58天，发动机启动方便，运转正常，仅燃烧室、气缸、活塞环槽有少量积碳。巴西曾用100%的全精炼大豆油在2台推土机、2台压路机及1台装载机上进行了1万小时的试验，均运转正常。土耳其研究了红花油与甲醇生成相应脂肪酸甲酯的酯化过程及在柴油机中使用的燃料特性，指出在适当的催化剂、反应温度和物料比情况下，18分钟内酯化产率达到97.7%，酯化产品与原植物油相比在粘度和其他物理性能方面有重大改进。美国材料试验学会（ASIM）试验表明，上述酯产品燃料特性，与常用的2号柴油一致。法国的Stem Robert等人研究了植物油的乙酯化方法和燃料特性。1982年澳大利亚、德国和新西兰等国家也开始研究。1985年澳大利亚首先开发出了生物柴油的实验品，1990年生产出了第一代商业产品。

然而，生物柴油诞生应在1988年，由德国聂尔公司发明。它以菜子油为原料，提炼出了洁净燃油。目前，德国是欧洲最大的生物柴油生产国，该国的Hofmann Peter等人研究了在管式反应器中对棕榈油进行甲酯化的反应条件、催化剂以及酯化产物作为代用柴油的性能，Warnigati等研究了植物油与酒精形成乙酯的酯化条件和酯产品燃料性能。和柴油相比，除粘度略偏高外，其余特性相似。2003年，德国的生物柴油总产量达到了11亿千克。尽管意大利是能源进口国，2003年的生物柴油生产总能力也达到3.5亿千克/年。1991年，澳大利亚标准化学会首先确认了一种叫“ON C 1190”的高质量燃油产品，对发动机的性能、排污量、生物降解能力和毒性等指标进行了详细的测定。到2003年，其生物柴油产量达到4千万千克，计划到2010年，生物柴油和生物乙醇将至少供应3.5亿升。2002年，保加利亚生物燃料和再生能源协会通过加工食用剩余油生产出了“生物柴油”，年产量可达30万千克。生产原料为向日葵、大豆等，市场售价每升为1.1列弗（合0.5美元）。美国计划2011年生产11.5亿千克生物柴油，生物燃料（ABF）有限公司在加利福尼亚州建设了美国最大的生物柴油生产装置，设计能力为15 911万升/年，2003年开始投入生产。生物柴油是加拿大能源战略的重要部分，2003年，蒙特利尔市区155辆公共汽车改装为燃用生物柴油，开展了生物柴油的示范和影响评估试验。巴西是世界上最早掌握生物柴油技术的国家之一，2003年，政府颁布法令，重新启动生物柴油计划，第一个生物柴油厂2005年投产，日生产柴油5600升，日耗蓖麻1万千克。

亚洲的诸多国家中，印度、泰国、日本都相继开发应用生物柴油作为替代能源。印度的生物质燃料计划已经发起，计划到2012年，将全面应用生物柴油，目前实验室规模生产生物柴油已经开始，并在公共汽车上进行了生物柴油的燃用试验；泰国发展生物柴油计划于2001年7月公布，由石油公司承诺每年收购近1亿千克的棕榈油和椰子油，实施税收减免，且第一台生物柴油装置已经投入生产；日本1995年开始研究餐饮剩余的煎炸油生产生物柴油，1999年建立了日耗259升煎炸油的生物柴油的工业化生产试验装置，目前生物柴油年产量达4亿千克。

我国政府和一些企业对生物柴油已经越来越重视。2004年，国家科技部高新技术和产业化司启动了"十五"国家科技攻关计划"生物燃料油技术开发"项目，其中包含有生物柴油的内容。2005年，由石元春院士主持的国家专项农林生物质工程开始启动，规划生物柴油在2010年的产量为20亿千克/年，2020年达120亿千克/年。2005年由候祥麟院士主持的替代燃料发展战略研究开始进行，其中也包括了生物柴油。2005年4月，国家发改委工业司主办了生物能源和生物化工产品科技与产业发展战略研讨会，也包括了生物柴油。2005年5月，国家863计划生物和现代农业技术领域决定提前启动"生物能源技术开发与产业化"项目，已经发布了指南，其中设有"生物柴油生产关键技术研究与产业化"课题。

我国生物柴油产业起步较晚，率先在民营企业中实现。海南正和生物能源公司、四川古杉油脂化工公司、福建卓越新能源发展公司等都分别建成了1000万～2000万千克/年生产装置。主要以餐饮业废油为原料，除生产生物柴油外，还生产一些高附加值的产品。海南正和生物能源有限公司在河北已开发了0.73万公顷黄连木种植基地，每年可产果实2000万～3000万千克，果实出油率为38%～43%，可获得生物柴油原料800万～1200万千克。其技术和经验可为开发野生木本植物油提供借鉴。

重庆市生物柴油产业刚刚起步，生物柴油的龙头企业已经或即将建成。2000年5月，市级龙头企业重庆市利农一把手公司已建立起面积2.45万公顷的杂交油菜种子生产基地，正在建设西南最大、年加工9000万千克菜籽的现代化油脂加工厂和设备先进的油菜研究中心。据新华网重庆频道讯，2006年5月，总投资8000万元、西南最大的生物柴油生产企业——华正能源开发有限公司落户涪陵光彩事业基地，2006年8月投产，设计年生产能力可达2000万千克。如果原料充足，重庆市将有部分汽车首先试用绿色能源。

中国广阔的土地面积、适宜的土壤质地和气候条件可以满足多种能源植物的生长，是生物柴油原料供应的坚实基地。目前，我国栽植的能源植物有大戟科、漆树科、夹竹桃科、桃金娘科、樟科、山茶科、桑科、十字花科等植物，适应大面积推广应用的有夹竹桃、按树、澳洲金合欢、油桐、油菜等，这些植物在中国分布较广，适应性很强。结合农业产业结构的调整、林业的退耕还林、园林的城市生态林等项目，加上生物柴油龙头企业的牵动，我国的汽车不久将"喝上生物柴油"。

发展生物柴油的瓶颈在于原料供给。植物油的价格占生物柴油总成本的70%～80%，它比投资、操作费用、能耗等都重要得多，显然，植物油原料是生物柴油经济发展的限制性因素。要建立持续发展的生物柴油厂，必须建立起稳定、足量、优质、价廉的植物油供应基地。

由能源植物中提炼出来的脂质物，可供食用、工业用和生物质能源。草本能源主要有油菜籽、花生、萝卜籽及芝麻、向日葵、小葵子、胡麻、红花、苏子、火麻子等，木本能源主要有油棕、核桃、油茶果、油桐、乌桕、香果、小桐子、漆树、蓖麻籽等。中华人民共和国建立前，群众多食用动物油。中华人民共和国建立后，植物能源发展较快。1952年～1995年，油菜年平均种植面积 9.92 万公顷，油莱籽年平均产量 5640 万千克。油莱为长江流域主要食用植物能源，种植面积、产量和收购量均居能源作物之首。

### 1.2.1 油棕 *Elaeis gunieensis* Jacq.

棕榈科油棕属，又称油椰子，是世界上单位面积产油量最高的一种木本能源植物，一般产量在 3000 千克/公顷左右，号称“世界油王”。

直立乔木状，高达 10 米或更高，直径达 50 厘米，羽状全裂，簇生于茎顶，长 3～4 米，羽片外向折叠，线状披针形，长 70～80 厘米，宽 2～4 厘米，下部退化成针刺状；叶柄宽。花雌雄同株异序，雄花序由多个指状的穗状花序组成，穗状花序长 7～12 厘米，直径 1 厘米，上面着生密集的花朵，穗轴顶端呈突出的尖头状，苞片长椭圆形，顶端为刺状小尖头；雄花萼片与花瓣长卵形或卵状长圆形，长 5 毫米，宽 2.5 毫米；子房长约 8 毫米。果实卵球形或倒卵球形，长 4～5 厘米，直径 3 厘米，熟时橙红色。种子近球形或卵球形。花期 6 月，果期 9 月。

图 1-7　油棕

原产非洲热带地区。我国台湾、海南及云南热带地区有栽培，是重要的热带能源作物。其油可供食用和工业用，特别是用于食品工业。

### 1.2.2 黄连木 *Pistacia chinensis* Bunge

黄连木别名楷木、楷树、黄楝树、药树、药木、黄华、石连、黄林子和木蓼树等，是漆树科黄连木属落叶乔木，因心材经常腐烂又名烂心木。树冠浑圆，枝叶繁茂而秀丽。原产我国，分布很广，北自河北、山东，南至广东、广西，东到台湾，西南至四川、云南，都有野生和栽培，其中以河北、河南、山西、陕西等省最多。

黄连木是漆树科落叶木本能源及用材树种，高达 25 米，胸径可达 2 米。植株有特殊气味。树干扭曲，树皮暗褐色，幼枝灰棕色，疏被微柔毛或近无毛。冬芽红色。叶互生，全缘，基部偏歪，受细胞中的花青素影响，幼叶铜红色，随后变绿色，入秋变鲜红色或橙红色，偶数羽状复叶，小叶 10～14 枚，对生或近对生，纸质，长 5～15 厘米，宽 1.5～2.5 厘米，卵状披针形，小叶柄长 1～2 毫米。花单性，雌雄异株，雄花为总状花序，排列紧密，长 6～7 厘米，雄花紫色。雌花为圆锥花序，排列疏松，长 15～20 厘米，均被微柔毛。花期 3～4 月，雄花花被片 2～4，雌花花被片 7～9，花柱极短，柱头 3。核果 9～10 月成熟，倒卵状球形，直径约 5 毫米，成熟时紫红色。

图 1-8　黄连木

黄连木果壳含油量 3.28%，种子含油量 35.05%，种仁含油量 56.5%，是制取生物柴油的上佳原料。种子油可用于制肥皂、润滑油、照明、治牛皮癣，也可食用，油饼可作饲料和肥料。树皮含单宁可提取栲胶。果、叶亦可做黑色染料。树皮、叶可入药，根、枝、叶皮也可作农药。鲜叶可提芳香油，可制茶。环孔材，边材宽，灰黄色，心材黄褐色，材质坚重，纹理致密，结构匀细，不易开裂，气干容重 0.713 克/立方米，能耐腐，钉着力强，木材可供建筑、家具、车辆、农具、雕刻等用。叶含鞣质10.8%，果实含鞣质5.4%，可提制栲胶。

### 1.2.3 麻疯树 *Jatropha curcas* L.

也写作麻风树、麻枫树，又名小桐子、绿玉树、芙蓉树、青桐、黑皂、亮桐、臭油桐、青桐木、黄肿树、水漆、桐油树、假花生树，是大戟科麻风树属植物。

研究最多的生产生物柴油能源植物之一就是麻疯树。原产美洲热带地区，其适应力强、生长快、投产早，可用于干旱地区的植树造林，荒山、荒坡、荒地、房前屋后、四旁杂地等均可栽种，是优质木本能源树，其种子含油率40%，种仁含油率达50%，是提炼生物环保清洁汽油、柴油的主要原料树种。这种新型清洁柴油可适用于各种发动机，并在闪点、凝固点、硫含量、一氧化碳排放量、颗粒值等关键指标上均优于国内零号柴油。无论是汽车还是农用发动机、拖拉机使用，都没有出现传统柴油容易导致的黑烟弥漫的现象。与传统汽油、柴油相比，生物柴油除更加清洁和高效外，还具有加工成本低廉以及可再生的优势，是国民经济发展的战略物质。人们称它为“绿色能源”。

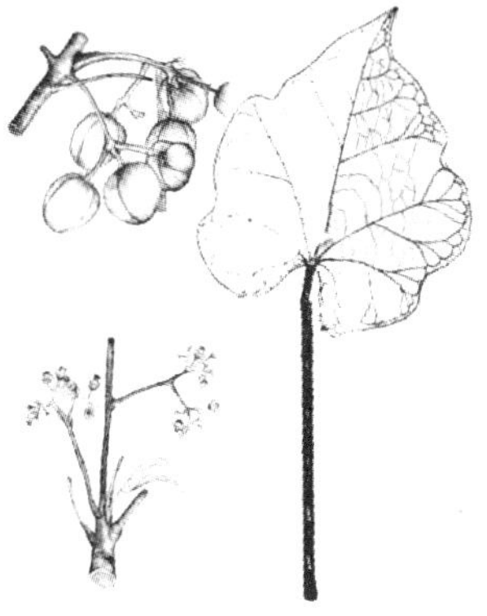

图1-9 麻枫树

麻疯树是多年生耐旱型木本植物，根系粗壮发达，具有较强的耐干旱瘠薄能力，灌木或小乔木，高2～5米；幼枝粗壮，绿色，无毛。枝、干、根近肉质，组织松软，含水分、浆汁多，有毒性而又不易燃烧，抗病虫害。叶互生，近圆形至卵状圆形，长宽约相等，约8～18厘米，基部心形，不分裂或3～5浅裂，幼时背面脉上被柔毛；叶柄长达16厘米。花单性，雌雄同株；聚伞花序腋生，总花梗长，无毛或被白色短柔毛；雄花萼片及花瓣各5枚；花瓣披针状椭圆形，长于萼片1倍；雄蕊10，二轮，内轮花丝合生；花盘腺体5；雌花无花瓣；子房无毛，2～3室；花柱3，柱头2裂。蒴果卵形，长3～4厘米，直径2.5～3厘米；种子椭圆形，长18～20毫米，直径11毫米。适于在贫瘠和边角地栽种，栽植简单、管理粗放、生长迅速，头年就有收成，产量逐年增加，果实采摘期长达50年，果实的含油率为37%，该树种植可用扦插法繁殖，而且成活率高，是最有种植潜力的能源作物品种。

麻疯树为喜光阳性植物，广泛分布于亚热带及干热河谷地区，我国引种有300多年的历史。野生麻疯树分布于我国两广、琼、云、贵、川等长江流域以南各省，以及非洲的莫桑比克、赞比亚等国，澳大利亚的昆士兰及北澳地区，美国佛罗里达的奥兰多地区、夏威夷群岛地区。干热河谷野生状态下的种子，一般一年一熟，少有一年两熟，枝、干具再生能力，种子发芽率在90%以上。

麻疯树提取生物柴油项目已被国家列入“十五”科技攻关项目，由四川长江科技公司承担。目前，已掌握了加工麻疯树原油制取生物柴油的相关技术。同时，经四川省农机产品及车辆配件质量监督检测站、汽车产品试验站试验检测，麻风树原油被证明可以替代0号商用柴油，作为柴油机燃料用油。用麻疯树果实制取生物柴油，制取每1000千克生物柴油需麻疯树果实3000千克多。种植麻疯树的收益也较高，即便按较低的产量6750千克/公顷计，每公顷收益也比较高。同化石柴油相比，麻疯树油是一种绿色柴油，它对环境友好（麻疯树油硫含量低，$SO_2$ 和硫化物排放量比0号柴油低10倍），低温启动性能好（无添加剂冷凝点达一

20℃)，润滑功能强(喷油泵、发动机缸体和连杆的磨损率低，使用寿命长)，安全性能高(闪点高，不属于危险品，运输、储存方便)，燃料性能佳(十六烷值高，燃烧性能好于柴油，燃烧残留物呈微酸性，使催化剂和发动机机油的使用寿命加长)，而且具有可再生性。

植物燃油和柴油相比既有优点也有缺点，优点是这些植物油从热量上可以替代柴油作燃料，燃烧时产生的悬浮粒子、挥发性有机化合物、聚芳香烃和二氧化碳等污染物的数量比普通柴油少。尽管产生的氮氧化物数量高于柴油，但总体上对环境的污染较小，排烟排热小，运输、储存也更为安全。缺点是粘度比较大，点火点比柴油高，不能直接替代柴油，需要经过必要的工艺改造。在能源越来越不堪重负的今天，麻疯树这种"绿色能源"无疑成为各地竞相引种推广的"摇钱树"。据了解，目前在我国四川、贵州、云南等西南地区，麻疯树已作为水土保持防护林和扶贫开发替代能源树种推广，种植面积已达 0.67 万公顷，计划至 2010 年达到 6.7 万公顷以上，有望成为这些地区的支柱产业和又一个新的经济增长点。

### 1.2.4 油菜 *Brassica napus* L.

可作为能源植物的菜籽油菜由 3 个种植物组成：白菜型油菜 ***Brassica campestris*** **L.**、芥菜型油菜 ***B. juncea*** **Czern. et Coss.** 和甘蓝型油菜 ***B. napus*** **L.**。

油菜(*rapeseed*)是人类栽培的最古老的农作物之一，由十字花科(Crucifere)芸苔属(*Brassica*)植物的 3 个物种所组成，以采籽榨油为种植目的的一年生或越年生草本植物，因其籽实可以榨油，故有油菜之名。适应性强、用途广、经济价值高、发展潜力大，菜子油是良好的食用油，饼粕可作肥料、精饲料和食用蛋白质来源。在世界四大能源作物(大豆、向日葵、油菜和花生)中，无论是面积，还是总产量，都仅次于大豆，位居第二。作为能源作物，油菜籽的含油率比大豆高得多。

图 1-10 油菜

油菜是圆锥根系，由主根、支根和细根组成。一般主根上部前渐次膨大，而下部细长，呈圆锥形，侧面生出侧根，侧根延长形成支根，支根上再生细根，构成完整的直根系。

叶片有基叶和薹叶之分。叶面平展，或现皱缩，无毛或被刺毛，有光泽或被蜡粉，暗淡无光。叶色一般黄绿、绿或浓绿，有的呈紫红色。白菜型油菜的薹叶无叶柄，叶片抱茎着生；甘蓝型油菜的薹叶也无叶柄，叶片抱茎着生；芥菜型油菜的薹叶则具有短叶柄。油菜的花序是总状花序，呈伞房状。长圆形或卵形，基部囊状。花盛开时呈十字形，相互重叠或分离。一般黄色，也有鲜黄或金黄色的，少数白色或乳白色。

角果呈圆筒状，由果喙、果身和果柄三部分组成，果身一般长 4～5 厘米，少数最长达 10 厘米以上。一般着生种子 15～25 粒；种子球形或卵形；种皮色泽一般为暗褐(通称黑色)或红褐色，少数淡黄或黄色；种皮上有黑色斑点，有或无粘质。种子内部有两片子叶，内、外子叶相互对折，子叶内富含油体。角果成熟后，由于果瓣失水收缩，能自动开裂，种子呈圆球形或卵圆形，由种皮、胚及胚乳遗迹三部分组成。

种子一般光滑无毛，呈淡绿或紫红色；子叶以上的幼茎延伸后形成主茎，一般呈绿色或淡紫色，少数为紫红色或深紫色，表面薄被或密被蜡粉，茎面较光滑或着生稀疏刺毛。由主茎叶腋间抽生腋芽，延伸形成分枝。种子的化学成分：一般含氮 3.9％～5.2％，蛋白质 24.6％～32.4％，纤维素 5.7％～9.6％，灰分 4.1％～5.3％，油脂 37.5％～46.3％。油菜籽中含有一定量的芥酸，会影响油菜籽及菜子油的质量。油菜籽中还含有一定量的芥子碱、单宁等化学物质，都有一定的毒性，故菜籽饼需去毒后才能作饲料。

油菜为喜冷凉作物，种子发芽的下限温度为 3℃左右，在 16℃～20℃条件下 3～5 天即可出苗，苗期具有较强的抗寒能力，叶片在－3℃～－5℃时开始受冻，－7℃～－8℃冻害较重，冬性极强的品种能耐－10℃以下的低温。日平均气温 10℃以上迅速抽薹，开花最适温度为 16℃～25℃，微风有利于花粉的传播，提高结实率，高于 26℃，开花显著减少，4℃～5℃以下，绝大多数植株花朵不能开放。开花后如遇 0℃左右冰雪天气则受冻致死，甚至整个花序花蕾枯萎脱落。高温使花器发育不正常，蕾角脱落率增大，大风轻则引起倒伏，重则折枝断茎。角果发育期只要正常开花受精，在日平均温度 6℃以上都能正常结实壮籽。20℃左右最为适宜，昼夜温差大，有利于营养物质的积累，种子千粒重高。如遇干热风天气，出现 30℃高温，易造成高温逼熟。

油菜从播种到成熟需要一定的积温，一般秋播油菜从播种到成熟需要 0℃以上积温 1800～2500 度。油菜的土壤适应性较强，但在中性和微碱性土壤上，籽粒含油量较高；在酸性土壤上次之；在碱性土壤上含油量最低。

在亚洲，油菜栽培面积最大的国家是中国和印度。自 20 世纪 70 年代后期起，两国种植面积都扩大到 300 万公顷以上，1985 年中国油菜种植面积和总产量都超过了印度。

西南大学李加纳教授是中国著名的油菜专家，他主持研究的甘蓝型黄籽油菜产量高、品质好，产生了良好的社会效益和经济效益。其技术上的先进性和超前性，将改写世界油菜发展的历史。

### 1.2.5 甘薯 Ipomoea batatas（*L.*）*Lam.*

甘薯又称番薯、山芋、地瓜等，属旋花科甘薯属甘薯种，为一年生草本植物。

据《金薯传习录》记载，明代万历二十一年，福建华侨陈振龙将甘薯种传到我国。当时他常到吕宋经商，发现吕宋出产的甘薯产量最高，而统治吕宋的西班牙当局却严禁甘薯外传。于是他就耐心地向当地农民学习种植的方法，并且设法克服许多困难，在海上航行七昼夜，终于把甘薯种带回福州，当年试种甘薯，收获甚大。第二年适值福建大旱欠收，于是推广种植甘薯减灾渡荒。由于甘薯适应性较强，抗逆性很突出，除对温度要求较严外，对土壤及其他生态因子的适应性很广，比较耐旱耐贫瘠，后来便逐渐在我国推广开来。

图 1-11　甘薯

甘薯为缠绕草质藤本，茎匍匐蔓生或半直立，长 1～7 米，呈绿、绿紫或紫、褐等色。茎左旋，基部有刺，被钉子形肉毛。茎节能生芽，长出分枝和发根，利用这种再生力强的特点，可剪蔓栽插繁殖。地下茎顶端通常有 4～10 多个分枝，各分支末端膨大成块茎。叶着生于茎节，互生。叶片有心脏形、肾形、三角形和掌状形，全缘或具有深浅不同的缺刻，同一植株上的叶片形状也常不相同，绿色至紫绿色，叶脉绿色或带紫色，顶叶有绿、褐、紫等色。叶柄 5～8 厘米。聚伞花序腋生，形似牵牛花，淡红或紫红色。雄蕊 5 个，雌蕊 1 个。蒴果近圆形，着生 1～4 粒褐色具刺的圆形种子。染色体数 2n＝90。

甘薯根可分为须根、柴根和块根 3 种形态。须根呈纤维状，有根毛，根系向纵深伸展，一般分布在 30 厘米土层内，深可超过 100 厘米，具有吸收水分和养分的功能。柴根粗约 1 厘米左右，长可达 30～50 厘米，是须根在生长过程中遇到土壤干旱、高温、通气不良等原因，以致发育不完全而形成的畸形肉质根，没有利用价值。块根是贮藏养分的器官，也是供食用的部分。分布在 5～25 厘米深的土层中，先伸长后长粗，其形状、大小、皮肉颜色等因品种、土壤和栽培条件不同而有差异，分为纺锤形、圆筒形、球形和块形等，皮色有白、黄、红、淡红、紫红等色，肉色可分为白、黄、淡黄、橘红或带有紫晕等。具有根出芽特性，是育苗繁殖的重要器官。块根的外层是含有花青素的表皮，通称为薯皮，表皮以下的几层细胞为皮层，其内侧是可食用的中心柱部分。中心柱内有许多维管束群，以及初生、次生和三生形成层，并不断分化为韧皮部和木质部。同时木质部又分化出次生、三生形成层，再次分化出三生、四生的导管、筛管和薄壁细胞。由于次生形成层不断分化出大量薄壁细胞并充满淀粉粒，使块根能迅速膨大。中心柱内的韧皮部，具有含乳汁的管细胞，最初只限于韧皮部外侧，以后由于各种形成层均能产生新的乳汁管而遍布整个块根，切开块根时流出的白浆，即乳汁管分泌的乳汁，内含紫茉莉苷。

甘薯为无性繁殖作物，块根及茎叶均可作为繁殖器官。甘薯在大田生产中主要采用薯块育苗的繁殖方法。1 个薯块一般有 5～6 列纵向排列的侧根，侧根枯死后，就留下了略微凹陷的根痕，位于根痕附近的不定芽原基萌动并穿透薯皮，即为发芽。不定芽在薯块上分布，一般头部多于中部和尾部，朝向土表的阳面（背面）多于朝向垄心的阴面（腹面），块根的发芽存在顶端优势。甘薯是主要旱粮作物，富含淀粉，营养价值较高，用途广。它是制造淀粉、酒精和糖的原料，又是重要的饲料作物，鲜、干茎叶和薯块以及加工后的粉渣等副产品都是营养价值很高的饲料。甘薯的叶柄还可作为无公害蔬菜。

西南大学在重庆长龙实业（集团）有限公司和重庆环球石化有限公司分别设立“西南大学重庆长龙生物质能源甘薯研发基地”和“西南大学环球石化生物质能源甘薯研发基地”，形成了甘薯研究成果的产前、产后产业化开发链，实现年产 2 亿千克甘薯燃料乙醇生产规模。

### 1.2.6 三叶橡胶 *Hevea brasiliensis*（H. B. K）Muell. -Arg

橡胶一词来源于印第安语 cau-uchu，意为“流泪的树”。1770 年，英国化学家 J. 普里斯特利发现橡胶可用来擦去铅笔字迹，当时将这种用途的材料称为 rubber，此词一直沿用至今。基本化学成分为顺一聚异戊二烯，橡胶的分子链可以交联，交联后的橡胶受外力作用发生变形时，具有迅速复原的能力，并具有良好的物理力学性能和化学稳定性。天然橡胶由于具高弹性、绝缘性、不透水、比重低等优良性能，且经过适当处理后还具有耐油、耐酸、耐碱、耐热、耐寒、耐压、耐磨等优良性能，因此其用途极为广泛。如日常生活中所用的水鞋、暖水袋、松紧带；医疗卫生上所用的医用手套、输血管、导尿管、安全套；交通运输上所用的各种轮胎；工业上所用的传输带、耐酸和耐碱手套；农业上使用的排灌胶管、氨水袋；天文气象上使用的气象气球；国防上使用的飞机、大炮、坦克，甚至尖端科学技术领域里使用的火箭、人造卫星、宇宙飞船、航天飞机等都不可缺少天然橡胶。目前，世界上天然橡胶制品已达 10 万种以上，因此，天然橡胶在国民经济中占有极其重要的地位。

已发现的含胶植物2000多种，有木薯橡胶、美洲橡胶、印度榕、非洲藤胶属和巴西三叶橡胶等。但具有产量高、质量优良、产胶期长、制胶费用低、加工方便等优点的只有巴西三叶橡胶一种。它的产量已占天然橡胶总产量的99%以上。通常所说的天然橡胶就是指巴西三叶橡胶。

从巴西三叶橡胶树采集到的鲜胶乳是一种乳白色液体，外观与牛奶相似。它是橡胶树生物合成的，其成分十分复杂，除了含橡胶烃和水之外，还含有少量的其他物质，这些物质统称为非橡胶物质。一部分非橡胶物质溶于水构成乳清；一部分被吸附于橡胶粒子表面构成橡胶粒子的保护层；还有一部分则构成非橡胶粒子而悬浮于胶乳中。

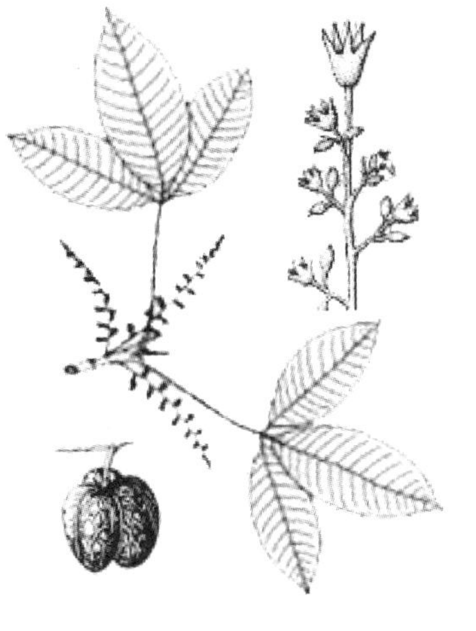

图 1-12 巴西三叶橡

巴西三叶橡胶是一种天然橡胶，由巴西三叶橡胶树的胶乳制提，是天然橡胶的主要来源。胶乳中的生胶含量较高，约35%～45%。由栽培橡胶树所得的橡胶质地优良。一般橡胶烃在90%以上，水分在1%以下，树脂3%左右，蛋白质2%～4%，灰分0.5%左右。

三叶橡胶树主要产地是南美巴西和赤道附近的热带地区如马来西来、斯里兰卡和印度尼西亚等地。一般培植5～7年，即可开始割取胶乳，产量比其他橡树高。

三叶橡胶树是多年生的高大常绿乔木。叶互生或生于枝条顶部的近对生，具长叶柄，叶柄顶端有腺体，具小叶3～5片，全缘，有小叶柄。花雌雄异株，同序，无花瓣，由多个聚伞花序组成圆锥花序，雌花生于聚伞花序的中央，其余为雄花，雄花花蕾近球形或卵形，花萼5齿裂或5深裂；花盘分裂为5枚腺体，浅裂或不裂；雄蕊5～10枚，花丝合生成一超出花药的柱状物，花药排列成整齐或不整齐的1～2轮；雌花的花萼与雄花同，子房3室，稀较少或较多，每室1胚珠，通常无花柱，柱头粗壮。硕果大，通常具3个分果片，外果皮近肉质，内果皮木质；种子长圆柱形，具斑纹，无种阜，子叶宽扁。

## 1.2.7 丛粒藻 *Botryococcus braunii* Kütz

从植物中提炼“石油”最令人鼓舞的前景之一是来自对藻类的研究与开发，因为它们生长迅速，产量也很高。在淡水中生存的一种丛粒藻简直就是一种产油机，它们能够直接排出液态“燃油”。

从粒藻属于绿藻门、绿球藻目，又称葡萄藻或黄被藻等，是公认的湖相生油藻类，俗称油藻。丛粒藻对环境的适应性很强，广泛分布于温带至热带地区，通常生活于淡水的池塘、湖泊及临时性水域中，并在盐度变化较大及半咸水环境中能大量繁殖。其最大的特点是具有耐酸性，pH值4.5～8.0的水体中也能大量繁殖，生长迅速，产量也高，因此在沼泽相的煤系地层中能保存为化石，是煤系地层生油主要贡献者。

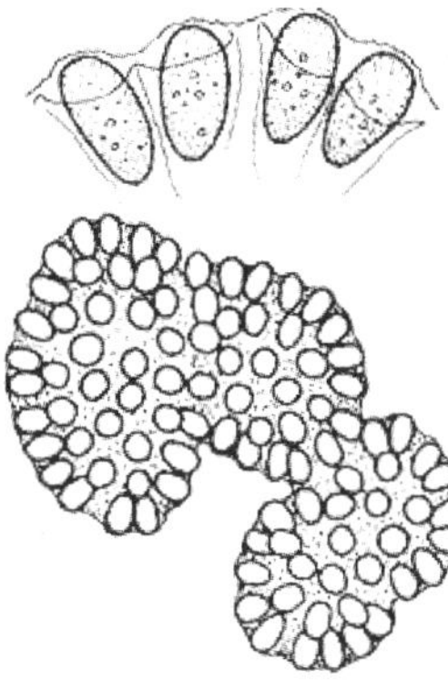

图 1-13 丛粒藻

植物体为浮游的原始定形群体，无一定的形态，包在坚质、透明的胶被中，呈黄绿色；细胞椭圆形、卵形或锲形，罕为球形。细胞宽3～6微米、长5.7～12微米，每个细胞中有一个红亮色的颗粒。常 2 个或 4 个藻胞一组，多数包被在不规则分枝或分叶的半透明的群体胶被的顶端。色素体一个，杯状或叶状，几乎充满整个细胞，黄绿色或橘红色，具一个裸出的蛋白核；以似亲孢子营养繁殖，孢子形成为纵分裂，群体常断裂为小群体。

为湖泊中常见的种类，长存淡水中，它的含油量高达 85%，能够直接排出液态燃油。在产油底层的孢粉、藻类化石研究中发现，丛粒藻是最好的生油母质之一。

## 1.2.8 小环藻 *Cyclotella*

小环藻是硅藻门圆筛藻科小环藻属的植物，细胞圆盘形，很少呈椭圆形。壳面构造分成两圈：外圈有向中心的带条纹或条状纹，有时有小刺；内圈即中央部分，平滑无纹，或有向心排列的点纹，或有排列不规则的花纹。壳面平或有起伏。色素体多，小盘形。有复大孢子。细胞单独生活，或 2～3 个相连在一起，或包埋于自身分泌的胶质管内。该属植物有 100 余种，中国有 11 种以上，如扭曲小环藻（*Cyclotella cryptica*）、微小小环藻（*C. caspia*）和梅尼小环藻（*C. meneghinana*）等。多生活于淡水，海水中也有，底栖或浮游，也有化石的种类。小环藻因为含油量高而被世界公认为“工程微藻”。

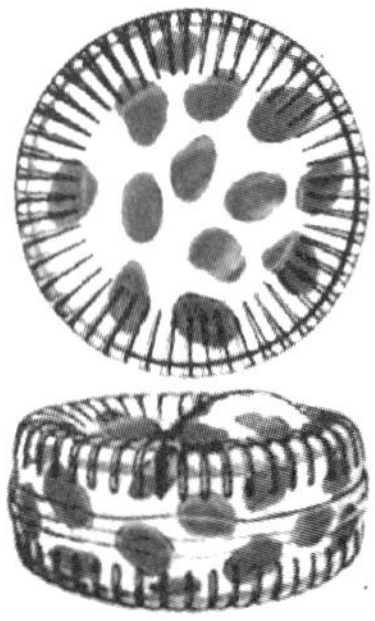

图 1-14 小环藻

“工程微藻”为进行柴油生产开辟了一条新的技术途径。美国国家可更新实验室（NREL）通过现代生物技术获得的工程小环藻在实验室条件下可使工程微藻细胞中脂质含量增加到 60%以上，户外生产也可增加到 40%以上。而一般自然状态下微藻的脂质含量为 5%～20%。“工程微藻”中脂质含量的提高主要由于乙酰辅酶 A 羧化酶（ACC）基因在微藻细胞中的高效表达所致。目前，正在研究选择合适的分子载体，使 ACC 基因在细菌、酵母和植物中充分表达，还进一步将修饰的 ACC 基因引入微藻中以获得更高效表达。利用工程微藻生产柴油具有重要经济意义和生态意义，其优越性在于：微藻生产能力高、用海水作为天然培养基可节约农业资源；比陆生植物单产油脂高出几十倍；生产的生物柴油不含硫，燃烧时不排放有毒害气体，排入环境中也可被微生物降解，不污染环境。

## 1.2.9 巨藻 *Macrocystis pyrifera*（L.）C. Agardh

巨藻属于褐藻类，它们是藻类王国中最长的一族。原产于北美洲大西洋沿岸，澳大利亚、新西兰、秘鲁、智利及南非沿岸都有分布。我国科学家在 1978 年从墨西哥把巨藻引进我国。目前，巨藻养殖已经在我国沿海地区获得成功。大多数巨藻可以长到几十米，最长的甚至可以达到 200～300 米，重达 200 千克。靠 1 米多长的固着器将藻体固定在礁石上。巨藻的中心是一条主干，上面生长着 100 多个树枝一样的小柄，柄上生有小叶片，有的叶片长达 1 米多，宽度达到了 6～17 厘米。叶片上生有气囊，气囊可以产生足够的浮力将巨藻的叶片乃至整个藻体托举起来，这些气囊有规律地排列在叶片上主叶脉的两侧。在巨藻生长茂盛的地方，巨大的叶片层层叠叠地可以铺满几百平方公里的海面，由于气囊的作用，可使藻体浮在海面，使海面呈现出一片褐色，故有人称之为“大浮藻”。巨藻是世界上生长最快的植物之一。在适宜的条件下，每棵巨藻一天内就可以生长 30～60 厘米。一年里，一棵巨藻可以长到 50 多米。生长在热带的巨藻全年都在生长，海边以采集巨藻为生的渔民们每年可以收获三到四次。巨藻的寿命一般在 4～8 年。最长寿的巨藻可以生长 12 年。如果每公顷海面种植 1000 棵巨藻，那么每年可以收获新鲜的巨藻 75 万～120 万千克。

巨藻可用来提炼汽油和柴油，成为石油的代用品。美国能源科学家正在试验用这种海藻提炼汽车用的汽油或柴油，如果此项试验成功，这种取自海生植物的汽油，售价会低于现今的一般汽油。

将巨藻植物体粉碎，加入微生物发酵几天后，每 100 万千克原料就可产生 4000 立方米以甲烷为主的可燃性气体，转化率达 80%以上，利用这种沼气作原料还可制造酒精、丙酮等。如果使用超临界水将高含水量的海藻气化还可产生氢。假如养殖四平方公里的巨藻，那么一年就可生产 10 万千瓦的能量，所以说巨藻也是一种很有发展前途的能源。

图 1-15　巨藻

巨藻个体大、生长快、产量高、分布广，用途十分广泛，可以用它作为生产食物、燃料、肥料、塑料和其他产品的原料。因为巨藻含有 39.2%的蛋白质和多种维生素及矿物质，所以巨藻还可以用来生产沼气，也可作提取碘和褐藻胶、甘露醇等工业产品的原料。

# 1.3　芳香植物

芳香植物指在根、茎、叶、花、果、种子中有芳香成分的各类植物。提炼出的芳香油是香料工业和食品工业的重要原料和配料，在医药、烟草，以及油漆、油墨、皮革、塑料、纸张等日用工业中，亦有广泛用途。主要的芳香植物有如下 5 类。

(1)香草植物：香蜂草、薰衣草。

(2)香花植物：依兰香、矢车菊、桂花、梅花、水仙花、文殊兰、栀子花、玫瑰、瑞香等。

(3)香树植物：山苍子、肉桂、月桂、桂花、欧洲香杨、檀香树、小叶细辛、白千层、降真香、樟树、窿缘桉。

(4)香果植物：香荚兰、佛手、青花椒、胡椒。

(5)芳香蔬菜：罗勒、芝麻、芫荽、回芹、球茎茴香。

## 1.3.1　植物香料之王——檀香树 *Santalum album* L.

檀，真檀(Sandal Wood, White Sandal Wood)，檀香科(Santalaceae)半寄生性常绿小乔木，高约 10 米，小枝细长。枝条圆柱状，有条纹，叶纸质，卵状椭圆形或卵状披针形，长 3～7 厘米，宽 2～4 厘米，先端锐，基部钝，全缘，背面略有白粉。圆锥花序腋生或顶生，长 2.5～4 厘米；花初呈淡黄色，长 4～4.5 毫米，径 5～6 毫米，渐变为紫褐色。核果球形径约 1.3 厘米，熟时呈紫黑色。花期 5～6 月，果期 7～9 月。

原产印度、马来西亚、澳大利亚、太平洋诸岛。广东、台湾有广泛栽培。

檀香最大特性，是其在幼树阶段须有适当的寄主植物（常见者有过山香、马缨丹等）供其寄生，始能生长良好，否则容易枯死。檀香树干的边材白色，无气味，心材黄褐色，有强烈香气，是著名香料材；馏出之精油即为白檀油，为贵重药材及香料。木材亦是高级雕刻用材。

图 1-16 檀香树

素有“香料之王”誉称的檀香木，历来备受人们所推崇，且以 500 克论价，其实它就是檀香树的心材。檀香科檀香树属乔木，原产印度南方及印尼帝汶群岛。我国进口檀香木已有1000 多年的历史，当时檀香木是作为敬献佛祖的贵重香料伴随着佛教传入我国，后又从西藏、云南及东南沿海等地传入内地各省区。虔诚的香客们为了表示对佛的虔诚，不惜高价购买这种点燃起来异常芳香的小块檀香木，作敬香之用，后来逐步用于中医、雕刻工艺品和高级化妆品等。北京雍和宫有一座用檀香雕刻的巨佛像，高 26 米，直径 3 米，它是西藏七世达赖喇嘛为感谢清朝中央政府为他平息了叛乱，用重金从尼泊尔买来一株巨大的檀香树，动用成千上万的农奴，花了整整 3 年时间运到京城，请能工巧匠雕琢而成的举世无双的艺术珍品。许多西方国家都有婚嫁祭祀时燃烧檀香木的习俗，并延续到今天，印度总理甘地夫人遇难后就燃烧了 1000 千克重的檀香木。

檀香木具有极强的耐腐性。1987 年，江苏淮安县出土的明代王镇夫妇合葬墓，同样模式的墓坑和棺椁，只因为王镇用了檀香木制作棺材，发掘时尸体仍然完好无损，其夫人却因为棺木不是檀香木制造的，便仅存骸骨。

檀香木还可蒸馏提取精油，檀香油在医药上有广泛用途，具有清凉、收敛、强心、滋补等功效，可用来治疗胆汁病、膀胱炎、淋病以及腹痛、发烧、呕吐等症。檀香油又是制造高级香水、香皂、化妆品的重要原料。

虽然檀香木用途广泛，经济价值极高，也被人们称作“绿色金子”，但若要追究起檀香树的生长过程来，那就不太“光彩”了，如冠之以“吸血鬼”、“寄生虫”一点也不冤枉。原来，檀香树是一种半寄生性常绿乔木，它与众不同的是须根上长着千千万万个“吸盘”，这些“吸盘”紧紧地吸附在寄主植物上，从它们那里掠夺水分、无机盐和其他营养物质。虽然檀香树的根系也从土壤中吸取少量营养，但主要还是靠掠夺寄主植物的营养而成活。檀香树对赖以生存的寄主植物选择还挺苛刻，主要选择洋金凤、凤凰树、红豆、相思树等豆科植物作寄主，并从它们的根瘤菌中吸取供自己不断生长壮大的养料。此外，檀香树嫉妒心还特别强，不容许赖以生存的寄主树长得比它高，长得比它好，若寄主树长得比它茂盛，它就会很快地“含恨”而死。所以，在生长得郁郁葱葱的檀香树下，往往长着几株面黄肌瘦、垂头丧气的寄主植物。

檀香树的引种栽培是一件非常不容易的事。很早的时候，华侨就从国外带回檀香树种子进行种植。由于檀香树种子含油量相当高，容易发霉变质，不耐贮藏，半年以上就完全丧失发芽能力，所以无数次引种都以失败而告终。经过植物科学工作者多年潜心研究，直到 20 世纪 60 年代才获得成功。目前，广东、云南、广西、福建等省都种植了檀香树。人们根据檀香树与豆科植物相随相伴的生物学特征，在培育檀香树苗的同时，就要种植一些它的寄主植物，等檀香树苗长到一定高度时，再将它移植到寄主植物的身旁。如果寄主植物死亡，那么檀香树苗就必死无疑，除非及时补充一些寄主植物。

如你到西双版纳热带植物园旅游观光，不仅可以看到绿叶成荫的檀香树，而且还可以买到檀香木珠子串成的项链或手链，那清幽的芳香会随时环绕你左右。

### 1.3.2 天然的香水树——依兰香 *Cananga odorata* Hook

番荔枝科常绿大乔木依兰香(*Cananga odorata Hook*)，又名香水树，高10～20米，花期5～11月，花朵较大，长达8厘米，黄绿色，具有浓郁芳香气味，是珍贵的香料工业原材料，用它提炼而成的“依兰依兰”香料是当今世界上最名贵的天然高级香料和高级定香剂，所以人们称之为“世界香花冠军”、“天然香水树”等。

图1-17 依兰香

依兰香原产东南亚的缅甸、印度尼西亚、马来西亚、菲律宾等地，现广泛分布于世界各热带地区，国内广东、广西、福建、四川、云南、台湾等地有栽培，但在国内首次发现它却是一件十分偶然的事。20世纪60年代一个百花盛开的五月，一些植物学工作者在云南省西双版纳勐腊县调查植物。一天，他们刚走到边境上一个傣族寨子寨门时，一股浓烈的香味扑鼻而来，走进寨子，感觉整个寨子都弥漫在芬芳之中。调查队员们都觉得惊奇，于是便四处寻找，后来才发现几乎每幢竹楼旁都种有几株开满黄绿色花朵的大树。走到树下，捡起花瓣一闻，香气袭人，而且还发现寨子里的姑娘们把这种香花穿成串，戴在发结上，虔诚的佛教信徒们把香花放在圣洁的水碗里，敬献在佛前。调查队员们随后采集了这种植物的标本，并查阅了大量相关资料，最后才确定这就是闻名世界的依兰香。

依兰香的发现引起了香料厂家的重视，随后便大面积地推广种植，并在西双版纳建立了依兰香基地。目前，在市场上以依兰香加工而成的化妆品、洗涤品层出不穷，而且十分畅销，供不应求。

### 1.3.3 名贵香料——香荚兰 *Vanilla*

大叶香荚兰(*Vanilla siamensis* Rolfe ex Kownie)和台湾香荚兰(*Vanilla somai* Hayata)。

说到琳琅满目、五花八门的高档食品，大凡享用者无不被食品中那诱人食欲、让人垂涎的香气所陶醉。然而你可知道，那些高档食品中那沁人心脾的香气来自何物？这还得从香荚兰讲起。

香荚兰原产于非洲马达加斯加热带雨林，直到18世纪才被发掘利用，它又名香子兰、香草兰、香草、香兰，是典型的热带雨林中的一种大型兰科香料植物。据科学分析，香荚兰果荚含有香兰素(或称香草精)以及碳烃化合物、醇类、羧基化合物、酯类、酚类、酸类、酚醚类和杂环化合物等150～170种成分。由于它具有特殊的香型，广泛用作高级香烟、名酒、奶油、咖啡、可可、巧克力等高档食品的调香原料。现已成为各国消费者最为喜欢的一种天然食用香料，故有“食品香料之王”的美称。在我国，香荚兰被名列“五兰”之首（香荚兰、米籽兰、依兰、白兰、黄兰）。

图1-18　香荚兰

全世界有香荚兰约100种（其中热带属约50种），800多个品种，但有栽培价值的仅有三个种。品质最好、栽培最多的是墨西哥香荚兰。种植后一般2.5～3年就能开花结果，6～7年则进入盛产期，经济寿命在十年左右。世界香荚兰产地目前主要集中在马达加斯加、印度尼西亚、科摩罗、留旺尼、乌干达、塞舌尔、墨西哥和塔希提等岛屿国或地区。据报道，1982～1983年度世界香荚兰总产量为90万～95万千克，其中马达加斯加就占了80万千克。随着世界经济的繁荣和人类生活水平的普遍提高，香荚兰的需求量一直供不应求，价格直线上升。在美国市场上，每千克香荚兰果荚的价格就高达90美元，而且行情看涨。

我国的香荚兰是1960年从印度尼西亚引种的，并由福建省亚热带植物研究所在室内试种获得成功。由于香荚兰是高档食品不可缺少的调香原料，而且价格昂贵，我国已将香荚兰列为重点攻关项目，目前香荚兰已被引种到云南、广西、广东等，其中西双版纳发展最快，现已有近66.7公顷的露地栽培面积，而且长势良好，具有十分喜人的生产前景。在不久的将来，西双版纳的这块沃土，将成为我国香荚兰生产的主要产区。

大叶香荚兰是草质攀缘藤本，长达数米，具长的节间，节上具1叶。叶散生，肉质，椭圆形，长14～25厘米，宽6～8(13)厘米，先端渐尖，基部略收狭，无毛；叶柄粗壮，宽阔，长1.5～2.5厘米。总状花序生于叶腋，长7～14厘米，具多花；花苞片肉质，凹陷，宽卵形，长7～8毫米，宽6～7毫米；子房与花梗长约2厘米；花开放时间很短；萼片与花瓣淡黄绿色，唇瓣乳白色而具黄色的喉部；萼片长圆形和狭卵形，长3.8～4.5厘米，宽1.2厘米，先端圆形并稍内卷；花瓣倒卵状长圆形，质地较薄，宽10～13毫米；唇瓣菱状倒卵形，长约4厘米，下部与蕊柱边缘合生，呈喇叭形，上部3裂；侧裂片内卷，围抱蕊柱；中裂片三角形，长达1厘米，先端外弯，边缘波状，上表面除基部外较密地生有流苏状长毛；唇瓣中部具1个杯状附属物，附属物口部具短毛；蕊柱半圆柱形，长2～2.6厘米，前方表面具有长柔毛；柱头凹陷，花期8月。

### 1.3.4　香蜂草 *Melissa officinalis* L.

香蜂草（英文名称：Melissa / Lemon balm.），原产温带的中东地区，随后迅速遍及亚洲及地中海国家。*Melissa* 属植物，广泛分布于欧洲、中亚和北美。

学名中的Melissa在希腊文为蜜蜂之意，另Balm为Balsam之简写，即香油之意，故称为香蜂草。

古希腊罗马人认为香蜂草为月神与猎神黛安娜之化身，为古希腊祭祀用之重要香草植物。在古老的亚洲药草典籍中，香蜂草亦被列为可延年益寿之保健药草。欧美将干燥香蜂草叶片煮成茶，即为著名的Melissa Tea，用于感冒解热。

香蜂草为唇形花科多年生草本植物，根系短，地下茎分布极广。地上部的茎杆呈方形并具分枝，分枝性强，极易形成丛生，株高约30～60厘米高。具宽卵型或心脏形之圆锯齿或锯齿叶片，叶脉明显，茎及叶密布细绒毛，叶片对生，着生于每一茎节上。叶片发散柠檬香味，会吸引蜂群。花色为白或淡黄色，在欧美地区于7月至10月开花。

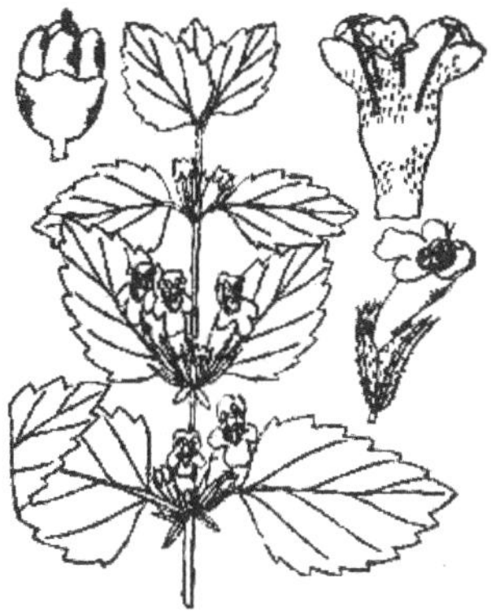

图 1-19　香蜂草

在古老欧洲教堂或寺庙周围，常栽种香蜂草以吸引蜂群采蜜制作蜂蜜，作为祭祀用途。在欧美，冬季植株枯死，但根为多年生，来年春季再展开叶片。

主要化学成分：柠檬醛（Citral）、沈香醇（linalool）、香叶醇（geraniol）、香茅醛（citronellal）、帖酸（terpenic acid）、单宁、聚合多酚类、类黄素及三帖（triterpenes）等成分。其药理作用有：消除感冒发烧和咳嗽、具驱风性、抗痉挛、胃痛、发汗和镇静作用等。毒性作用报告指出适当使用无安全性之虞。每日鲜叶用量以不超过10克为宜。香蜂草萃取之精油属高级香精原料，化学成分包括柠檬醛、沈香醇、香叶醇、香茅醛、薄荷烯酮（piperitone）、methone及丁子香烯氧化物（或称丁子香酚，caryophyllene oxide；eugenol）等。

## 1.3.5　芳香蔬菜——罗勒 *Ocimum*

唇形科罗勒属。原植物有多种：罗勒 *Ocimum americanum* 、罗勒（原变种）*Ocimum basilicum* var. *basilicum*、圣罗勒 *Ocimum sanctum*、台湾罗勒 *Ocimum tashiroi*、丁香罗勒（原变种）*Ocimum gratissimum* var. *gratissimum*。

罗勒全草具芳香。产地从印度开始，以亚洲热带为中心，西至非洲，东至太平洋诸岛。原产于旧大陆热带，现在温带各地广泛栽培。

图 1-20　罗勒

在日本，它和紫苏都作为香味蔬菜在料理中使用，植物体可提取精油，也可作为药用植物。种子在水中浸泡后会膨大，有一层胶状物质包裹在种子表面，中医用这种胶状物来洗眼睛，民间用这种胶状物去除眼睛的不净物（尘埃等）。

罗勒又名兰香，是一个庞大的家族。目前已上市的品种有甜罗勒（可食用）、圣罗勒（观赏）、紫罗勒（食用与观赏）、绿罗勒、密生罗勒（食用与观赏）、矮生紫罗勒、柠檬罗勒等。

罗勒高60～70厘米，平滑或基本上平滑的直立一年生草本。全草有强烈香味，茎呈纯四棱形，植株绿色，有时紫色。叶对生卵形，长2.5～7.5厘米，全缘或略有锯齿，叶柄长，下面灰绿色，暗色的油胞点。在顶生的穗状轮散花序上，也间隔生长着总状花，6～8个花轮生，开着白色或微红色的小花。果实为小坚果，种子卵圆形，小而黑色。

罗勒对土质无严格选择，在干燥平坦的肥沃土壤中，阳光充足的地方种植最好。热带或亚热带的地方2～3月进行整地，作出畦幅60～75厘米，条播，覆盖土，株间20厘米左右。3～4回中耕除草，到秋天为止，可进行数回收获。整地时施堆肥和石灰，第一回采叶后要施N

肥和K肥。另采种时在花梗黄变的情况下，从茎部刈割，干燥后，将种子打落。

罗勒的幼茎叶有香气，作为芳香蔬菜在色拉和肉的料理中使用。开花的季节采收后，干燥再制粉末储藏起来，可随时作为香味料使用。药用时，可健胃，促进消化，利尿强心，刺激子宫，促进分娩。中医称罗勒种子为光明子，因为服用后可治疗眼科性的疼痛。中国也用之作为零陵香、佩兰的代用药出现在市场上。从叶中提取的精油为黄绿色，成分为甲基黑椒酚、芳樟醇、桉叶油素等。热带也用它作为衣类防虫、消除体臭等用途。

## 1.3.6 芳香蔬菜——芫荽 *Coriandrum sativum* L.

芫荽，别名胡荽、香菜。伞形科，一、二年生草本植物，基出奇数羽复叶，复伞形花序，花白或淡紫色。以全株作为调料蔬菜食用。原产中亚和南欧，我国各地均有栽培，以华北最多。自公元前119年汉代张骞从西域引进，我国芫荽栽培历史已2000多年。

芫荽按叶柄的颜色可分为青梗和红梗两个类型。

芫荽春、秋两季都可播种，生长期60～70天，属于短期绿叶菜。

芫荽喜冷凉，但适应性强，长江以南可露地越冬，也能忍耐30℃以下的高温。

芫荽少虫害，一般不喷洒农药，所以无杀虫剂污染；但由于植株密集生长，常用人畜粪尿浇灌追肥，所以细菌、病毒以及寄生虫卵等病原体污染相当严重。特别是芫荽在消费习惯上以生食为主，这样在卫生方面便成问题了。因此，芫荽要生吃时，单单用自来水清洗不安全，必须用清毒剂(如二氧化氯等)等溶液浸泡后才可生吃。

图1-21 芫荽

传统医学认为，芫荽性温味甘，能健胃消食，发汗透疹，利大小便，驱风解毒。现代研究发现，芫荽之所以香，获得香菜的美名，主要是因为含有α、β－十二烯醛和芫荽醇等挥发性香味物质。芫荽富含营养物质。维生素C含量(毫克/克)(48)为番茄的2.5倍，胡萝卜素含量(1.16)为番茄的2.1倍；维生素E含量(0.80)为番茄的1.4倍。矿物质方面更远远丰于番茄。如铁为番茄的7.3倍，锌为番茄的3.5倍等。

## 1.3.7 花椒 *Zanthoxylum bungeanum* Maxim.

为芸香科植物花椒的果皮。英文名为Bunge Pricklyash Peel，别名川椒、红椒、蜀椒、大红袍。它是中国特有的香料，因而花椒有“中国调料”之称。花椒位列调料“十三香”之首，为职业厨师和家庭主妇所青睐，尤以川菜中使用最为广泛。无论红烧、卤味、小菜、四川泡菜、鸡鸭鱼肉等菜肴均可用到它，也可粗磨成粉和盐拌匀为椒盐，供蘸食用。

植物体为高大灌木或小乔木。小叶5～11，卵形、椭圆形至广卵圆形，长1.5～7厘米，宽0.8～3厘米，边缘有细圆锯齿，齿缝处有粗大透明腺点；叶轴具狭翅，下面生有向上升的小皮刺。花序顶生；花被片4～8；雄花雄蕊5～7；雌花心皮4～6。果成熟时红色至紫红色，密生疣状突起的油点。花期3～5月，果期7～10月。蓇葖果球形，多单生，偶有2个，罕为3个并生，直径4～5毫米，果皮由腹面开裂或延伸至背面亦稍开裂；外表面红紫色或红棕色，散有多数疣状突起油点及细密的网状隆起皱纹；直径0.5～1毫米；内果皮淡黄色，常由基部与外层果皮分离并向内反卷。香气浓，味麻辣而持久。残存种子呈卵形，长3～4毫米，直径2～3毫米，表面黑色，有光泽。气香，味微甜而辛。

图 1-22　花椒

花椒气味芳香，可以除去各种肉类的腥臊臭气，改变口感，能促进唾液分泌，增加食欲。日本医学研究发现，花椒能使血管扩张，从而能起到降低血压的作用。服食花椒水能驱除寄生虫。花椒含柠檬烯(limonene)、枯醇(cumicalcohol)、牻牛儿醇(geraniol)、植物甾醇、不饱和有机酸。性温，味辛。中医认为，花椒有芳香健胃、温中散寒、除湿止痛、杀虫解毒、止痒解腥之功效。用于脘腹冷痛、呕吐泄泻、虫积腹痛、蛔虫症；外治湿疹瘙痒。

生于山坡灌木丛中或向阳地、路旁。主产四川、陕西、河北。秋季采收成熟果实，晒干，除去种子及杂质。重庆市江津申请了花椒原产地保护，花椒产业已成为江津农业经济的支柱产业，江津目前拥有花椒种植面积3.3万公顷，并且每年以0.67万公顷的速度递增，2005年江津就产出鲜花椒9000万千克，实现产值4.8亿元，花椒生产规模已居全国之首。在中国，江津花椒面积最大、产量最高、品牌最响，拥有四大花椒品牌之冠。

### 1.3.8　八角 *Illicium verum* Hook. f.

别名大料、五香八角、八角茴香、大茴香，英文名 Star Anise Fruit。

图 1-23　八角

木兰科八角属常绿乔木植物，树冠塔形、椭圆形或圆锥形；高达20米。树皮灰色至红褐色。枝密集，成水平伸展。单叶不整齐互生，顶叶3～6片近轮生或松散簇生，叶片革质，椭圆状倒卵形至椭圆状倒披针形，长5～11厘米，宽1.5～4厘米，先端聚尖或短渐尖，基部渐狭或楔形，阳光下可见密布透明的油点，中脉负面凹下，背面隆起。花两性，单生于叶腋间，粉红色至深红色，每年开花结果两次，正糙果3～5月开花，9～10月果熟；春糙果8～9月开花，翌年3～4月果熟。聚合蓇葖果放射八角形，直径3.5厘米，红褐色；蓇葖先端钝呈鸟嘴形，每一蓇葖含种子1粒。种子扁卵形，红棕色或灰棕色，有光泽，气味香甜。果实形若星状，因而得名。

果实为调味香料，枝、叶、果经蒸馏可得挥发性茴香油，是一种重要的芳香油。鲜果皮含油5%～6%，鲜种子含油1.7%～2.7%，鲜叶含油0.75%～0.9%，80%～90%成分为大茴香脑(Anothole)，主产中国广西龙州一带山区，广东、台湾、云南、贵州、福建也有栽培。越南也有分布。1982年广西栽培面积3.6万公顷，年产八角400万～640万千克。常年出口量150万～200万千克，茴香油约20万千克。世界干八角常年销售量300万～400万千克，茴香油约50万千克。中国广西“天宝”茴香油，驰名西欧，在国际上享有盛誉。

果实与种子也可药用。有温中、散寒、暖骨、理气、止痛等功效。具强烈香味，有驱虫、温中理气、健胃止呕、祛寒、兴奋神经等功效。除作调味品外，八角还可供工业上作香水、牙膏、香皂、化妆品等的原料，也可用在医药上，作驱风剂及兴奋剂。

八角适生于亚热带南部山区的阴湿温暖环境，年平均温度不低于0℃，年降雨量1300～

1400毫米，相对湿度80%以上。土壤以深厚、肥沃、pH5～6为宜。幼树喜荫，成龄树喜光。根浅、枝条脆，不抗风。主要用种子繁殖，每千克种子8000～9000粒，每公顷播种量25～45千克。苗高50～70厘米，即可出圃定植。宜林地以多雾、静风低海拔山谷为好。果用林株行距5×5米，叶用林1×1米，穴施基肥，雨季定植。早期可间种木薯等高秆作物遮荫。及时除草、松土、施肥，植后3～4年，叶用植株在离地60～70厘米处截干，促进萌生侧枝。也可直播造林或天然更新。

中国八角出口占世界市场的80%以上。八角木材红褐色，纹理直，结构细致，质轻软，有香味，抗虫害，供作家具、箱板、玩具、细木工用材。

同属其他种野生八角的果多有剧毒，中毒后严重者可致死亡，有毒的野八角蓇葖果发育不正常，常不为八角形，形体与栽培八角不同，果皮外表皮皱缩，每一蓇葖的顶端尖锐，常有尖头，弯头，果非八角那样甜香味，或为淡味，麻舌或微酸麻辣，或微苦不适。

## 1.4　药用植物

药用植物是指某些全部、部分或其分泌物可以入药治疗动植物疾病的植物。中国辽阔的国土、复杂多样的自然环境，使她的药用植物资源储量丰富、种类繁多。据统计，全国中药材种类有12 807种，其中植物药11 146种(占80%以上)、动物药1581种、矿物药80种，常用大宗植物药320种，总蕴藏量为85亿千克。

中国又是一个多民族的国家，有56个民族。汉、藏、蒙、维、傣等许多民族对中药和民族药进行了较深入的研究和广泛应用，长期以来积累了大量的用药经验，仅云南省25个民族统计，民族用药就达3781种。

中国药用植物栽培历史悠久，早在2600年前，《诗经》载有药果兼用的枣、桃、梅的栽培。公元1～2世纪出现了中国第一部药物经典著作《神农本草经》，收载药物365种，其中植物药252种，动物药67种，矿物药46种，奠定了中国中医药的基础。明代李时珍(1518～1593)著《本草纲目》中，收载药物1892种，药方11 096条，绘有植物图738幅，并载有荆芥、麦冬和附子等多种药用植物的栽培方法。

中国现有的药用植物可分为中草药和植物性农药两类。其中中草药植物达5000种以上，常用的约400种，如人参、杜仲、黄连、甘草等，有些已进行人工栽培和制造成药；植物性农药植物包括土农药植物，如除虫菊、冲天子、鱼藤等近500种。植物激素如露水草等，也可作为农药使用。

中国药用植物资源多样性的基本特点，可以概括为三个方面：

a. 野生药用植物种类繁多。据《新华本草纲要》记载(江苏省植物所，1988～1991)，中国现有药用植物7137种，栽培种492种，其中广为栽培的有237种。但是，在这些众多的种类当中，绝大多数为野生种。在1990年版《中国药典》收录的584种植物药中，约有一半是野生植物，民间广泛应用的草药则几乎全为野生。

b. 栽培种中品种多样性高度丰富。栽培历史较长的种类已形成了丰富多彩的地方品种。

例如,人参有大马牙、二马牙、长脖、圆膀和圆芦等多个地方品种。罗汉果有长滩果、拉江果、冬瓜汉果、青皮果以及红毛果5个地方品种。地黄的地方品种更多,如金状元、新状元、白状元、红薯王、邢疙瘩、郭里猫、大育英等等。

c. 野生近缘种资源丰富。目前虽然还没有关于中国药用植物近缘种数量的统计资料,但其丰富程度之高是无疑的。例如,常见名贵栽培种人参有屏边三七、珠子参、姜三七、三七、假人参、竹节参、狭叶竹节参和疙瘩三七等8个野生近缘种;贝母的近缘种多达17个;乌头有20多个近缘种。

珍贵药用植物有:人参、天麻、红景天、云芝、首乌等。重庆山区大面积生长的野生和人工培植的中药材有2000余种,主要有黄连、白术、金银花、党参、贝母、天麻、厚朴、黄柏、杜仲、元胡、当归、牡丹等,石柱土家族自治县黄连产量居全国第一,是著名的"黄连之乡"。

## 1.4.1 人参 *Panax ginseng* C. A. Mey

人参(Radix Ginseng/Ginseng)为五加科植物人参的根。

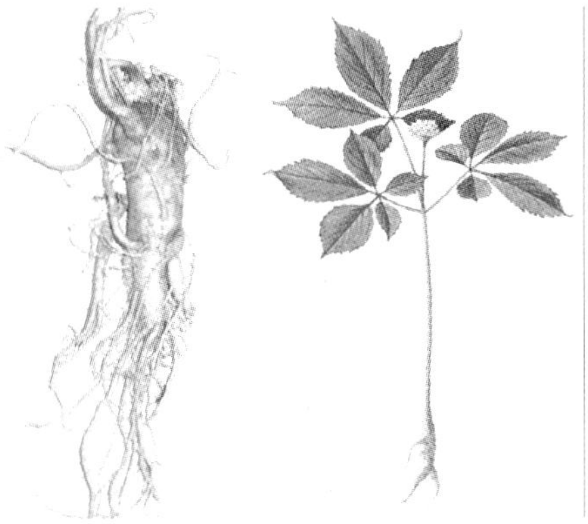
图1-24 人参

人参之所以名贵,主要与它的药用价值有关。人参对强身健体、益寿延年的效果极佳。几千年来,中草药中人参都被列为"上品"。加上人参形状特异,特别是野生的老山参,往往有人的形状,由此更产生了种种神秘感,出现了所谓"人参精"、"人参娃娃",并编撰出了不少动人的故事。由于人参的巨大作用,它已成为中华民族文化的象征。

人参为多年生草本。茎直立,单一。茎高约40~50厘米,轮生掌状复叶生茎端,一年生为1片三出复叶。二年生有1片五出复叶,以后每年递增1片。4~6年生有3~5片五出复叶;叶柄长。伞形花序顶生,花小,淡黄绿色。果扁球形,熟时鲜红色。花期6~7月,果期7~9月。

生于深山阴湿林下。主产吉林、辽宁、黑龙江。多栽培。

栽种5~6年后,于秋季采挖(园参),洗净晒干,称生晒参;鲜根以针扎孔,用糖水浸后晒干,称糖参;鲜根蒸透后烘干或晒干,称红参。野生人参根经晒干,称生晒山参。

生晒参主根圆锥形或纺锤形,长6~9厘米,直径1~2厘米,上端有根茎(芦头),具碗状茎痕(芦碗)4~6个,下部分出2~4支根,长8~12厘米。表面淡黄棕色,有不规则纵皱纹及细横纹,主根横纹细密断续成环,支根有横长皮孔。微具特异香气,味微甜、苦。

根含多种人参皂甙(ginsenoside),如人参皂甙Rx(Ra1、Ra2、Rb2、Rb3、Rc、Rd、Re、Rf、Rg1、Rg2、Rh1、Ro)、人参酸、挥发油、植物甾醇、维生素等。药性温,味甘、微苦。能大补元气,复脉固脱,补脾益肺,生津,安神。用于体虚欲脱、肢冷脉微、脾虚食少、肺虚喘咳、津伤口渴。

人参被称为"中药之王",主要产于吉林省长白山区一带,是中国"东北三宝"(人参、貂皮、鹿茸角)之一,名闻世界,为第三纪孑遗植物,也是我国名贵中药材。我国科学工作者从细胞学和分子药理学角度揭示,人参有抑制癌细胞的功效,现列为首批国家一级濒危种保护植物。

## 1.4.2 天麻 *Gastrodia elata* BI.

天麻药材(英文名:Rhizoma Gastrodiae)是双子叶植物兰科天麻属天麻的地下块茎。

天麻是多年生共生草本。成熟的植物体有块茎及花茎,没有根。地下块茎横生,肉质肥厚,淡黄色,长圆形或椭圆形,长约7～15厘米,有不明显的环节。节处有膜质鳞。花茎直立,单一,圆锥形,黄赤色,稍带肉质,高1～1.7米,总状花序顶生,花淡橙红色或黄绿色。叶为退化的膜质鳞片,互生,基部呈鞘状抱茎。总状花序顶生,花冠不整齐,口部倾斜,基部膨大、呈歪壶状。蒴果长圆形至长倒卵形;种子多,细小。花期6～7月,果期7～8月。生于海拔400～3200米的林隙或林边。主要分布于四川、云南、陕西、贵州、湖北、湖南、安徽、河南、甘肃、吉林、台湾及西藏。印度、尼泊尔、朝鲜、日本及俄罗斯亦有分布。

图1-25　天麻

天麻是一种特殊的兰科植物,无根、无叶,不能直接从土壤中吸收无机盐、水分和养料,不能营光合作用制造有机物。整个生育期中,除有性阶段约70天在地表外,常年以块茎潜居于土中,靠蜜环菌供给养料来生长发育。特殊的植物形态,造成了对环境等生长条件特殊要求,具特殊的生活习性。多年生,高60～100厘米,花期6～7月,果期7～8月。

天麻在我国西南一带分布于海拔700～2800米范围内,集中分布于1400～1700米海拔之间,野生于高山林间和竹林地中。一般在海拔800～1800米之间引种栽培,但以海拔1100～1600米地区较为合适。如能控制土壤温度和湿度,低海拔地区也可引种栽培。如海拔154米的桂林地区和海拔50米的北京郊区都已引种栽培成功。

天麻喜凉爽气候、湿润环境。以夏季温度不超过25℃的凉爽条件和年降雨量1000～1600毫米、空气相对湿度80%～90%、土壤含水量40%左右的湿润条件,天麻生长良好。土壤湿度过大,块茎易腐烂,土壤湿度过小,蜜环菌生长受到限制,影响天麻生长。天麻根叶退化,不能营光合作用,故天麻块茎生长不需要光照,光照仅起供给热量的作用,但对开花、结果、种子成熟有一定作用。

天麻喜生长于疏松的土壤中,需含有较多的腐殖质、透气性良好、具有良好的土壤结构和排水性能。在粘土(如死黄泥)中,生长不良。一般生长在微酸性土壤中,pH值5～6。

天麻由蜜环菌供给养料。蜜环菌是一种以腐生为主、兼性寄生真菌,以菌丝和菌索利用各种有机物质,其主要营养来源靠分解木材纤维素、半纤维素、木质素等。因此,人工栽培天麻的关键是培养优良的蜜环菌菌种和菌材。蜜环菌 *Armillariella mellea* (Vahl. exFr.) Quel. 是白蘑科蜜环菌属的一种真菌。在高山树林里,初期腐烂的树桩、树根上,倒地的树干及枝桠上,常发现野生蜜环菌的生长,尤其是溪沟两边湿润的地方最多。凡有野生天麻生长的地方,都有野生蜜环菌。蜜环菌喜微酸性土壤,是一种兼性寄生好气性真菌,它的生长发育需要充足的空气。为此在培养菌种和培养菌材时,要具适宜的通气条件。栽种天麻时,土壤应排水良好和疏松透气。蜜环菌在温度6℃～30℃均能生长,以18℃～25℃为最适,超过30℃,就停止生长。致死温度为70℃(5分钟)。适宜的空气相对湿度为90%,土壤含水量如单独培养蜜环菌宜70%～80%,如伴栽天麻,以40%～50%为宜。

天麻全生育期需2～4年,90%的时间在地下生长,从箭麻的芽出土到果实成熟,只需45

～65 天。天麻块茎由于发育阶段的不同，在新生麻中有两种类型的天麻块茎。箭麻是发育成熟的天麻块茎，比较大，顶端有一个突出显著的红褐色芽嘴，像“鹦哥嘴”，能抽薹开花结果。茎杆似箭，故称“箭麻”。其块茎中的物质积累达到最高阶段，加工成商品成品率高，是商品天麻的主要来源。白麻块茎比箭麻小，芽嘴较短，不能抽薹；初夏由顶芽生长出白色粗壮的幼芽，故称“白麻”，个体较小的白麻称“米麻”，通常米麻生长发育一年可长成白麻，白麻再生长一年成箭麻。白麻和米麻繁殖能力较强，能分生出较多的子麻。白麻和米麻是栽培最好的种麻。天麻一生要经过原球体、米麻、白麻、箭麻、禾麻五个阶段。前三个阶段可称为营养生长期，后二个阶段可称为生殖生长阶段。箭麻具混合芽，越冬后于次年夏天抽薹开花后形成禾麻（抽薹出土后的地上植株）。禾麻是天麻一生中最重要的、短暂的地上生活时期。天麻种子很小，肉眼看呈粉末状，很难分辨。每棵植株的种子数目，一般有 2～3 万粒。种子无胚乳，只有一个卵圆形的胚，发芽无自身营养来源，需依赖于外界环境。种子萌发需接种萌发菌（紫萁小菇 *Mycena osmundicola* Large）后才能萌发，种子萌发后形成的原球茎需接种蜜环菌后才能继续生长发育。现代试验研究证明，天麻种子可以无菌萌发，其所需营养是由种子本身贮存物质的分解和周围溶液的渗入所提供。

天麻在中国已有两千年的使用历史，在历代本草中列为上品，其记述最早见于《神农本草经》。块茎主要含天麻素等成分。性平、味甘，有息风、止痉的功能。主治眩晕、头痛、四肢拘挛、麻木、神经衰弱、失眠、风湿疼痛、小儿惊风等。因药源紧缺，近年来已采用人工培植的方法生产。天麻在自然条件下完成一代生活史需历时 3 年，其间须经过原生球茎、初生球茎与次生球茎的发育过程，才能开花结果。各类球茎在其生长过程中必须依靠消化浸染其皮层的蜜环菌才能生存，其次是依靠表皮从周围土壤吸收水分和无机盐。蜜环菌属担子菌纲、伞菌目、白蘑科，它是一种广域分布的菌类，主要营腐生生活。幼小的天麻原生球茎必须及时地与蜜环菌建立营养关系才能生长。栽培时如不及时接菌，天麻的原生球茎将因细胞内贮存的多糖及蛋白质迅速耗尽而死亡。因此及早接种是天麻丰产的关键。

据有关资料说，世界上只有亚洲东部的中国、朝鲜、日本和俄罗斯远东地带出产天麻，产量以我国最多，云南是我国天麻主产地之一。云南又集中产在昭通地区，尤以该地区的彝良、镇雄两县，产量最多，质量最佳，所产天麻个大、肥厚、色黄白、呈半透明状，质坚实，是云南天麻的代表。此外，怒江、中甸、丽江等地也产天麻。

天麻始载于《神农本草经》，为传统治风良药，为我国著名的道地药材。现代研究表明，天麻含有天麻甙、天麻甙元、对羟基苯甲醛、琥珀酸、β－谷甾醇、糖类等化学成分，具有镇痛、抗惊厥作用，对流感病毒引起的脑神经系统疾病有良好的作用；可降低血压，减慢心率，增加心输出量，治疗心血管疾病。天麻蜜环菌片治疗神经衰弱、高血压、冠心病所致的头晕、头痛、心绞痛等症，有效率达 80％以上。天麻能明目，增强记忆力，对人的神经系统有保护和调节作用，能增强视神经的分辨能力。目前已作为宇航人员专用品和老年人保健食品。天麻的开发潜力很大，正在深度研究开发。

### 1.4.3 贝母 *Fritillaria*

药用贝母是百合科植物川贝母 *Fritillaria cirrhosa* D. Don、暗紫贝母 *F. unibracteata Hsiaoet* K. C. Hsia、甘肃贝母 *F. przewalskii* Maxim. 或梭砂贝母 *F. delavayi* Franch. 的干燥鳞茎。

贝母是单子叶植物，多年生草本。春生夏萎。鳞茎扁球形，由少数肥厚的鳞瓣组成。下部叶宽，对生，上部叶狭并且顶端卷须状，轮生。花钟状下垂，数朵组成总状花序，稀单生，花被片6枚。

图1-26　贝母

川贝母鳞茎圆锥形，茎直立，高15～40厘米。叶2～3对，常对生，少数在中部间有散生或轮生，披针形至线形，先端稍卷曲或不卷曲，无柄。花单生茎顶，钟状，下垂，每花具狭长形叶状苞片3枚，先端多弯曲成钩状。花被片6，通常紫色，较少绿黄色，具紫色斑点或小方格，蜜腺窝在北面明显凸出；蒴果具6纵翅。花5～7月，果期8～10月。

暗紫贝母的叶仅下面的1～2对为对生外，均为互生或近于对生，先端不卷曲，叶状苞片1。花被深紫色，略有黄色小方格，蜜腺窝不明显。果棱上的翅很狭。花期6月，果期8月。

川贝母生长在海拔3400～4500米的高山灌丛、草甸及稀疏的针叶林下，分布于四川西部、西藏南部至东部、云南西北部；暗紫贝母生长在海拔3400～4300米的亚高山灌丛、高山灌丛和草甸地带，分布四川阿坝州和甘孜州；甘肃贝母生长在海拔3100～4700米的亚高山灌丛、高山灌丛、草甸地带及其亚高山针叶林下，分布甘肃南部、四川西部、青海东部和南部；梭砂贝母生长在海拔4200～4800米的高山阳光充足的草坡上，分布四川西部、青海南部、云南西部。由于川贝母野生资源逐年减少，近年来四川省开展了人工种植川贝母的研究，已获得初步成功。

贝母味苦，性微寒，归肺经，具有清热化痰止咳之功，可用于治疗痰热咳喘、咯痰黄稠之症。

### 1.4.4　何首乌 *Polygonum multiflorum* Thunb

药用何首乌是蓼科何首乌属何首乌植物的块根(Fleece flower Root)，又名首乌、地精、赤敛、小独根、乌肝石、赤首石、夜交藤等。

何首乌为多年生缠绕草本，茎中空，长达300～400厘米。根细长，末端呈膨大而不整齐的块根，外皮黑褐色。叶互生，先端渐尖，基部心形，全缘，长4～9厘米，宽达5厘米，全缘，托叶鞘干膜质，抱茎；具叶柄。圆锥花序顶生或腋生，花小；花被5深裂，外面3片背部有翅。瘦果三角形或近椭圆形，包于宿存翅状花被内。花期8～10月，果期9～11月。

图1-27　何首乌

块根团块状或不规则纺锤形，长6～15厘米，直径4～12厘米。表面红棕色或红褐色，皱缩不平，有浅沟及横长皮孔。质坚重，粉性，断面有淡红棕色云锦状花纹，是识别正品何首乌的重要特征。味微苦、涩。春、秋季采挖，削去两端，洗净，个大的切块，干燥。生用或黑豆汁炙。

何首乌一般野生于灌木丛、丘陵、坡地、山脚下阴处或半荫蔽处及石隙中。它适应性强，在温暖潮湿的条件下，在排水良好、土质结构疏松、腐殖质丰富的沙质土中，生长更佳。浅山、低山或荒坡、荒地中居多。主产于河南、山东、湖北、四川、江苏、广西等地，多为野生，亦有栽培。

块根入药，含卵磷脂、大黄素(emodin)、大黄酚(chrysophanol)、大黄酸(rhein)、大黄素甲醚(physcion)、2,3,5,4'－四羟基对苯乙烯－2－0－β－D－葡萄糖甙(2'3'5'4'－tetra-hydrox－ystibene－2－0－β－D－glucoside)等。可补肝、益肾、养血、祛风。茎苞入药,养心安神,通络祛风。生首乌解毒,消痈,通便;用于瘰疬疮痈、风疹瘙痒、肠燥便秘、高血脂症。制首乌补肝肾,益精血,乌须发,壮筋骨;用于眩晕耳鸣、须发早白、腰膝酸软、肢体麻木、神经衰弱、高血脂症。

## 1.4.5 大黄 *Rheum*

中医使用的大黄是掌叶大黄(*Rheum paatum* L.)或药用大黄(*R. officinale* Baillon)的干燥块茎。

掌叶大黄是多年生草本。根及根茎肥厚。茎直立,中空。基生叶具长柄,叶片掌状半裂,裂片 3～5(7),每一裂片有时再羽裂或具粗齿,上面无毛,下面被柔毛;茎生叶较小,有短柄;托叶鞘膜质筒状。圆锥花序顶生;花梗纤细,中下部有关节;花小,紫红色或带红紫色;花被 6 片,长约 1.5 毫米,两轮排列;雄蕊 9 枚;花柱 3。瘦果有 3 枚,沿棱有翅,棕色。花期 6～7 月,果期 7～8 月。

药用大黄与上种的主要区别为:叶片浅裂,浅裂片呈大齿形或宽三角形。花较大,黄白色,长 2 毫米。

图 1-28　大黄

大黄是重要的泻下药、清热药和止血药。具有泻热通便功效,用于胃肠实热积滞、大便秘结、腹部胀满、疼痛拒按,甚至高热不退、神昏谵语,如大承气汤;或脾阳不足之冷积便秘,如温脾汤。

还可用于热毒疮疡、暴赤眼痛、口舌生疮、齿龈肿痛,如大黄牡丹皮汤行瘀通经功效,用于瘀血阻滞之月经闭止、产后瘀阻、症瘕积聚,及跌打损伤、瘀血肿痛。清热除湿功效,用于湿热壅滞之黄疸、小便不利、大便干结;热淋、石淋如八正散。亦可凉血止血,用于热伤血络之吐血、衄血、便血、崩漏、赤白带下。

现代临床可用于治疗流行性脑膜炎、大叶性肺炎、急性胆道感染、急性腮腺炎、急性阑尾炎、急性传染性黄疸型肝炎、急性肠炎、细菌性痢疾、消化道出血、咽喉炎、牙龈脓肿、皮炎、湿疹、淋病、带状疱疹等。大黄生用泻下力猛,蒸熟泻下力缓和,酒制善清上部火热,炒炭可化瘀止血。用于泻下时不宜久煎。

## 1.4.6 黄连 *Coptis*

药用黄连是毛茛科植物黄连 *Coptis chinensis* Franch.、三角叶黄连 *C. deltoidea* C. Y. Cheng et Hsiao 的干燥根茎。分别称"味连"、"雅连"。英文名 Chinese goldthread。

黄连是多年生草本。地下根茎多数分枝,表面粗糙,黄褐色,须根多而细长。叶丛生、叶柄长,小叶 3～5 枚,边缘深裂成羽状,有锯齿,淡绿色有光泽。花茎春末抽出,高 100 厘米,顶生圆锥聚伞花序,花小,黄绿色。蓇葖果成熟开裂,种子小,黄褐色。黄连喜欢冷凉、湿润,忌高温干燥。

味连:根茎有分枝,形如鸡爪。叶基生,有长柄;叶片卵状三角形,三全裂,中央裂片棱形,羽状深裂,边缘有锐锯齿。多集聚成簇,常弯曲,形如鸡爪,单枝根茎长 3～6 厘米,直径 0.3～

0.8 厘米。表面灰黄色或黄褐色，粗糙，有不规则结节状隆起、须根及须根残基，有的节间表面平滑如茎杆，习称“过桥”。上部多残留褐色鳞叶，顶端常留有残余的茎或叶柄。质硬，断面不整齐，皮部橙红色或暗棕色，木部鲜黄色或橙黄色，呈放射状排列，髓部有时中空。气微，味极苦。

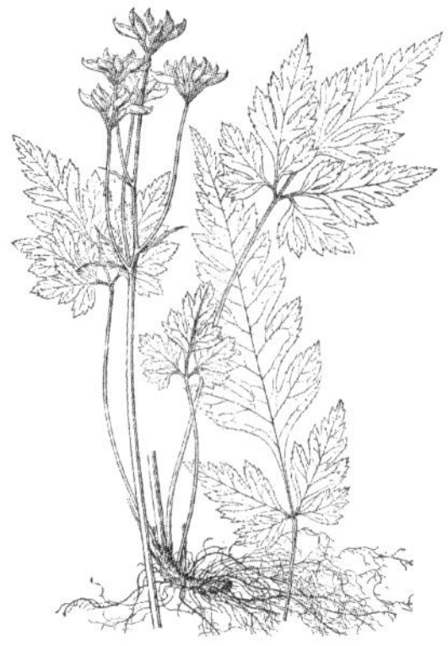

图 1-29　黄连

雅连：多为单枝，略呈圆柱形，微弯曲，长 4～8 厘米，直径 0.5～1 厘米。“过桥”较长。顶端有少许残茎。

黄连喜生长在高山阴湿冷凉，透光度 30%～40%，忌强光、高温、干燥、积水的地方。土层肥厚、排水良好、土壤湿度 50%～60% 左右。种子有胚后热阶段，经低温才能发芽，特别是苗期耐光能力差，苗越大抗光能力增强。味连主产四川、湖北省，陕西、甘肃等省亦产。主要为栽培品，是商品黄连的主体。雅连主产四川，为栽培品，有少量野生。云连主产云南及西藏地区，原系野生，现有栽培。

黄连清热燥湿，泻火解毒，凉血明目，除湿热止泻痢，治心火肝热、头晕、目赤、烦燥、热毒。

重庆石柱是我国黄连的重要产区，所产黄连称为石柱黄连，黄水镇的石柱黄连品质优良，享誉中外，销往全国各地，还远销朝鲜、韩国、越南、印度、新加坡等十多个国家和地区，是重庆重要的经济植物。

### 1.4.7　巴豆 *Croton tiglium* L.

巴豆别名巴仁、江子、巴果、红子仁，是大戟科巴豆植物的果实。常绿小乔木。树皮深灰色，平滑，幼枝绿色，疏生星状毛。叶互生，卵形或长圆状卵形，长 5～12 厘米，宽 3～7 厘米，先端长尖，边缘有细齿，近基部有 2 腺体，两面疏生星状毛，基出 3 脉。花小，单性同株；总状花序顶生，雄花在上，雌花在下；雄花绿色，花萼 5 深裂，花瓣 5，反卷，雄蕊 15～20；雌花无花瓣，子房圆形，花柱 3，顶端 2 叉。蒴果卵圆形，具三棱，长 1.8～2.2 厘米，直径 1.4～2 厘米；表面灰黄色，粗糙，有纵线 6 条；3 室，每室含种子 1 粒。种子椭圆形，略扁，长 1.2～1.5 厘米，直径 0.7～0.9 厘米；表面棕色或灰棕色，一端有种脐及种阜的疤痕；外种皮薄而脆，内种皮呈白色薄膜；种仁黄白色，油质。味辛辣。长约 2 厘米，有 3 钝棱，密生星状毛。种子 3 粒。花期 3～5 月，果期 7～9 月。

图 1-30　巴豆

生于村边、旷野、溪旁、林缘。主产于四川、云南、广西、贵州、湖北。

秋季果实成熟时采收，堆置 2～3 天，摊开，干燥。

含巴豆油，其中有油酸、亚油酸、巴豆油酸（crotonic acid）、顺芷酸（tiglic acid）等的甘油酯；尚含巴豆甙（Crotonoside）。

性热，味辛；有大毒。外用蚀疮。用于恶疮疥癣、疣痣。

### 1.4.8 牡丹 *Paeonia suffruticosa* Andr.

灌木,株高0.8～1.8米。根圆柱形,有香气。茎短而粗,皮黑灰色。叶互生,纸质,常为二回三出复叶,顶生小叶三裂近中部,侧生小叶较小,斜卵形。花单生枝顶,白色、红紫色或黄色;雄蕊多数,花丝狭线形,花药黄色;花盘杯状,红紫色。果卵形,密生褐黄色短毛。根皮、茎皮入药,称丹皮,英文名Tree Peony Bark。

牡丹喜夏季凉爽、冬季温暖气候,要求阳光充足、雨量适中的环境,耐旱性强,忌水涝。怕炎热、严寒,故北方栽培,冬季地上需用稻草包扎。常生于山坡林下及路边草丛中,或在向阳而肥沃平坦地上栽培。

图1-31 牡丹

中国是牡丹的故乡,洛阳更是牡丹的重要发祥地之一。"洛阳地脉花最宜,牡丹尤为天下奇。"洛阳牡丹以花大色艳、端庄富丽、品种繁多闻名天下。她始于晋、兴于隋、盛于唐,极盛于宋。自隋唐以后,洛阳牡丹在四川天彭、江苏盐城、浙江杭州、安徽亳州、山东曹州、广东韶关等地相继引种栽培,如今已遍布长城内外、大江南北,洛阳牡丹溶入了中国牡丹的花海之中,并且香飘海外,被日本、法国、荷兰、英国、美国等20多个国家引进,成为连接各国人民友谊的纽带和桥梁。

牡丹芳姿艳质,傲骨刚心,历代文人墨客争相书写吟咏牡丹。唐代赏牡丹诗词即大量涌现,从至尊天子、文人雅士到平民百姓,无不以欣赏牡丹为乐事。牡丹高贵典雅、美丽绝伦,曾赢得古今无数文人骚客挥毫泼墨颂吟,唐代李白《清平调》云:"名花倾国两相欢,长得君王带笑看。解释春风无限恨,沉香亭北倚栏杆",成为吟诵牡丹的千古绝唱。欧阳修的《洛阳牡丹记》、周师厚的《洛阳花木记》、张峋的《洛阳花谱》等专著相继问世,题写牡丹的诗篇不胜枚举,为洛阳牡丹的发展乃至中国牡丹的发展和研究提供了详实的文字资料。牡丹图案更是因其富丽饱满的形态和艳丽夺目的色泽深受我国人民喜爱,她融进了人们对生活的美丽憧憬和良好祝愿,意寓着中华民族繁荣昌盛,源远流长。

牡丹在我国的栽培已有1500多年的历史,其种类繁多,花色丰富多采,株形端庄,叶色深紫嫩绿,与花相映,相得益彰。每逢花季,芳姿艳质,超逸万卉,清香宜人,观赏价值极高,是我国传统的庭院名贵花卉。在园林绿化中,无论孤植、丛植、片植都很适宜。牡丹也可盆栽,摆放园林主要景点中供观赏、展览,也可置于室内或阳台装饰观赏,还可做切花。

重庆垫江县在2000多年前开始种植牡丹,历史悠久。每年9～10月份分株或少量播种繁殖,第二年2月中旬萌芽,3月初现蕾,中旬初花,4月上旬开花结束,花期较安徽铜陵早10天,较河南洛阳早15天,较山东菏泽早20天,花朵硕大,花径可达20厘米以上。植株高30～40厘米,可高达2米以上,青枝绿叶,生长繁茂,立秋后落叶进入休眠状态。药农挖根取皮,晒干制成丹皮出售。改革开放特别是重庆直辖以来,农业综合开发力度加大,垫江牡丹产业发展加快。因其在西部独具特色,并已具备了大开发的条件,垫江被纳入了重庆市百万公顷花卉苗木产业化和重庆市百万公顷中药材产业化工程项目县,重庆垫江牡丹花海生态旅游区是三峡旅游的重要景区之一。

# 1.5 毒品植物

根据我国《刑法》第 357 条的规定：毒品是指鸦片、海洛因、甲基苯丙胺（冰毒）、吗啡、大麻、可卡因以及国家规定管制的其他能够使人形成瘾癖的麻醉药品和精神药品。它具有依赖性、非法性和危害性。按国际标准，毒品可分为三类：一类是麻醉药品，有鸦片类、大麻类、可卡因类；二类是精神药品，有镇静催眠类、中枢兴奋剂、致幻剂；三类是其他，如烟草、酒精、吸入剂。毒品植物是指那些人类过多服用后会对之产生强烈的依赖性、严重危害人类健康的植物。如罂粟、大麻、古柯等。

鸦片俗称阿片、大烟、鸦片烟、烟土等，是英文名 Opium 的音译，用鸦片罂粟的果实分泌的乳汁制成。古医书曾记载："凡吸者面黑肩耸，两眼泪流，肠脱不吸而死"。可见鸦片危害之严重。鸦片有生鸦片和熟鸦片之分。其花色艳丽，有红、粉红、紫、白等多种颜色，初夏罂粟花落，约半个月后果实接近完全成熟之时，用刀将罂粟果皮划破，渗出的乳白色汁液经自然风干凝聚成黏稠的膏状物，罂粟花也从乳白色变成深棕色，这些膏状物用烟刀刮下来就是生鸦片。生鸦片有强烈的类似氨的刺激性气味，味苦，长时间放置后，随着水分的逐渐散失，慢慢变成棕黑色的硬块，形状不一，常以球状、饼状或砖状出售。

## 1.5.1 罂粟 *Papaver somniferum* L.

罂粟也称鸦片罂粟，每年初冬播种，春天开花。其花色艳丽，有红、粉红、紫、白等多种颜色，是一种美丽的植物。

图 1-32 罂粟

罂粟是一年生草本植物，无毛或在植株下部或总花梗上被极少的刚毛，高 30～60(100)厘米，栽培者可达 1.5 米。主根近圆锥状，垂直，茎直立，不分枝，无毛，具白粉。叶互生，卵形或长卵形，长 7～25 厘米，先端渐尖至钝，基部心形，边缘为不规则的波状锯齿，两面无毛具白粉，叶脉明显，略突起；下部叶具短柄，上部叶无柄、抱茎。花单生，花梗长达 25 厘米，无毛或稀散生刚毛。花蕾卵圆状长圆形或宽卵形，长 1.5～3.5 厘米，宽 1～3 厘米，无毛；萼片 2，宽卵形，绿色，边缘膜质；花瓣 4，近圆形或近扇形，长 4～7 厘米，宽 3～11 厘米，白色、粉红色、红色、紫色或杂色；雄蕊多数，花丝线性，长 1～1.5 厘米，花药长圆形，长 3～6 毫米，淡黄色；子房球形，直径 1～2 厘米，绿色，无毛，柱头(5)8～12(18)，辐射状，联合成扁平的盘状体，盘边缘深裂，裂片具细圆齿。硕果球形或长圆状椭圆形，长 4～7 厘米，直径 4～5 厘米，无毛，成熟时褐色。种子多数，黑色或深灰色，表面呈蜂窝状，花果期 3～11 月。

初夏罂粟花落，在未熟果实的乳汁中含有生物碱，划破果皮，就会有汁液渗出，待其干后变硬再刮下来就是生"鸦片"，生鸦片再经烧煮和发酵就成了熟鸦片，吸毒者吸食的就是熟鸦片。鸦片是一种很好的镇静止疼药，其中含有的有效成分为“吗啡”，以正当医疗为目的是允许的，但超出此范围用药，反复使用可以产生耐受性、身体依赖性和精神依赖性，造成精神混乱和行为异常。1898 年德国人从吗啡中又提炼出镇痛效果更好的新药——海洛因。海洛因比吗啡更加危险，因为它的成隐性、药效比吗啡高出 2～3 倍。

吗啡是从鸦片中提炼而成。它是鸦片中的主要成分，它的毒性比鸦片大 10～20 倍。吗啡为白色针状结晶或结晶性粉末，有苦味，遇光易变质，溶于水。吗啡有强大的止痛作用，但比鸦片更易使人上隐。吗啡中毒后，可导致瞳孔极度缩小，血压下降、呼吸深度抑制、意识昏迷，如果用量过大，可导致死亡。

海洛因是半合成的鸦片类毒品。它的毒性又比吗啡大 10～20 倍。极纯的海洛因俗称“白粉”，根据用途和纯度的不同，分为“2 号”、“3 号”、“4 号”海洛因。由于海洛因比吗啡更易溶于水，更易于机体吸收，易于通过血脑屏障进入中枢神经系统，因而产生的快感更为强烈，使吸毒者身不由已，心中只有“白粉”，别无他念，一旦停用便会出现戒断反应：不安焦虑、忽冷忽热、流泪、流涕、恶心、呕吐、腹痛、腹泻，促使吸毒者为避免此症状而不顾一切再度觅食。

### 1.5.2 大麻 *Cannabis sativa* L.

大麻在我国俗称“火麻”，是大麻科（Cannabinaceae）的植物，原产于亚洲中部，现遍及全球，有野生、有栽培。大麻的变种很多，是人类最早种植的植物之一。大麻的茎、竿可制成纤维，籽可榨油。作为毒品的大麻主要是指矮小、多分枝的印度大麻。大麻类毒品的主要活性成分是四氢大麻酚（THC）。

大麻为 1 年生草本植物。高 1～3 米，根木质化，全株有特殊气味。叶掌状全裂，裂片 3～11 片，小叶披针形，长 7～15 厘米，先端渐尖，基部渐狭，边缘有据齿，两面披毛。花单性，淡绿色，雌雄异株，雌株叫苴麻，雄株叫花麻。雄花序圆锥形，花被 5 片，雄蕊 5 枚；雌花序短穗状，每花下被 1 苞片，花被退化，膜质紧包子房，子房球状，花柱 2 个，瘦果扁卵形。

图 1-33　大麻

有毒的大麻是产于印度的一个变种，从它的雌株枝上端以及叶子、种子和茎中可以提取大麻毒品，尤其以开花的茎顶含毒量高。吸一支大麻烟对肺功能的影响比一支香烟大 10 倍，吸食过量可发生意识不清、精神错乱，大脑记忆、注意力、计算力和判断力减退，使人思维迟钝、木讷，记忆混乱。全世界约有 10%的人口卷入毒品生产和消费中，每年约有 10 万人死于吸毒过量，约有 1000 万人因吸毒而丧失劳动能力。毒品不仅毁灭了自己，还祸及家庭、危害社会。但是这并不是毒品植物的过错，在医疗界来说，它们的贡献非常大，只是因为人们不能正当地利用，才导致了世界上的毒品灾害。

大麻类毒品分为三种：

(1)大麻植物干品。由大麻植株或植株部分晾干后压制而成，俗称大麻烟，其中 THC 含量约 0.5%～5%左右。

(2)大麻树脂。用大麻的果实和花顶部分经压搓后渗出的树脂制成，又叫大麻脂，其 THC 的含量约 2%～10%。

(3)大麻油。从大麻植物或是大麻籽、大麻树脂中提纯出来的液态大麻物质，其 THC 的含量约 10%～60%。

大麻生长在气候炎热的国家，我国栽培作纤维用。

### 1.5.3 古柯 *Erythroxylum coca* Lam

古柯又称“高卡”、“古加”、“高根”，原产秘鲁和南美洲安第斯山脉，以后在亚洲的斯里兰卡和印度尼西亚广为栽培。1860年德国化学家尼曼从古柯树叶中分离出来一种生物碱，属于中枢神经兴奋剂，可提炼出“可卡因”，1000克的古柯叶浆可以提取90克可卡因。在5000多年前人们就知道了古柯，当地的印第安人发现古柯叶可以抗寒、提神。在1903年以前，可口可乐里也曾加入了可卡因，后来发现可卡因毒性太大从而禁止使用，而加入了咖啡因代之。

图1-34 古柯

古柯是双子叶植物纲蔷薇亚纲古柯科(Erythroxylaceae)的植物，乔木或灌木，高达5米。单叶互生，革质，长椭圆形，叶具3纵脉，中间1脉在叶背面呈红棕色。托叶常位于叶柄内侧，早落。1年可采叶3～4次。花两性，簇生于叶腋内，花萼宿存，花瓣5片，内面常有舌状附属体，雄蕊10～20。核果锐三棱状矩圆形，稍弯。古柯属约200种。中国有野生种东方古柯及引进栽培的古柯2种。

古柯叶片含有约0.64%～1.48%的古柯碱，可以提炼可卡因。可卡因是一种麻醉药，形态为无色结晶或白色结晶性粉末，易溶于水，医疗可作局部麻醉使用。因为吸收后的毒性相当大，一般不会作注射使用。可卡因对人体有刺激作用，初始有兴奋感，往往产生幻觉，长期使用能使人上瘾。使用时间长了能使人的体重下降，心情忧郁、失眠，脸色发白、呕吐和脉搏衰弱，最终结果导致呼吸衰竭而死亡。古柯叶片中含有的这种化学成分以及因此而产生的不良作用构成了古柯是一种有毒植物的性质。

咀嚼古柯叶可减轻饥饿感和疲劳感。由于可卡因对中枢神经系统产生很强烈的兴奋作用，因而吸入可卡因可出现类偏执精神病，有迫害、嫉妒、妄想等症状，会无端使用暴力。在吸毒者眼中，一切人都会对自己构成威胁，从而进行所谓报复，伤害他人，严重危害社会治安，也会自残。

### 1.5.4 麻黄 *Ephedra*

为麻黄科植物草麻黄(*Ephedra sinica* Stapf)、中麻黄(*E. intermedia Schrenk* et C. A. Mey.)或木贼麻黄(*E. equisetina* Bge.)的干燥草质茎。秋季采割绿色的草质茎，晒干。

草麻黄为小灌木、常呈草本状，茎高20～40厘米，分枝少，木质茎短小，匍匐状；小枝圆，对生或轮生，节间长2.5～6厘米，直径约2毫米。叶膜质鞘状，上部二裂(稀3)，裂片锐三角形，反曲。雌雄异株；雄球花有多数密集的雄花，苞片通常4对，雄花7～8枚雄蕊。雌球花单生枝顶，有苞片4～5对，上面一对苞片内有雌花2朵，雌球花成熟时苞片红色肉质；种子通常2粒。花期5月；种子成熟期7月。

木贼麻黄为直立灌木，高达1米，茎分枝较多，黄绿色，节间短而纤细，长1.5～3厘米。叶膜质鞘状，上部仅1/4分离，裂片2，呈三角形，不反曲。雌花序常着生于节上成对，苞片内有雌花1朵，种子通常1粒。

中麻黄直立灌木，高达1米以上。茎分枝多，节间长2～6厘米。叶膜质鞘状，上部1/3分裂，裂片3(稀2)，钝三角形或三角形。雄球花常数个密集于节上，呈团状；雌球花2～3生于节上，仅先端一轮苞片生有2～3雌花。种子通常3粒。

麻黄发汗散寒，宣肺平喘，利水消肿。用于风寒感冒，胸闷喘咳，风水浮肿；支气管哮喘。蜜麻黄润肺治咳。多用于表症已解，气喘咳嗽。

毒品一旦上瘾，身体和精神都将对之产生高度的依赖性，扰乱人体的正常生理，导致人体产生各种病变，如神经系统病变、呼吸道感染、心律失常及心内膜炎、肝炎，甚至传播艾滋病、导致死亡等。毒品进入人体后作用于人的神经系统，使吸毒者出现一种渴求用药的强烈欲望，驱使吸毒者不顾一切地寻求和使用毒品。一旦出现精神依赖后，即使经过脱毒治疗，在急性期戒断反应基本控制后，要完全康复原有生理机能往往需要数月甚至数年的时间。更严重的是，对毒品的依赖性难以消除。这是许多吸毒者一而再、再而三反复吸毒的原因，也是世界医、药学界尚待解决的课题。因此，毒品对家庭幸福、社会生产力的破坏性极强，并扰乱社会治安，给社会安定带来巨大威胁。全国12 639例艾滋病患者中，因注射毒品而感染的占67.5%。吸毒，不仅摧毁了自身的机体，而且带来严重的社会问题，诸如丧失伦理道德、家庭破裂、社会犯罪率上升等。难怪民族英雄林则徐痛心疾首地说："此祸不除，十年后中原无可御敌之兵，且无可充晌之粮。"此话绝非夸张，为了国家的强盛，民族的兴旺，我们必须铲除毒瘤，远离毒品。

## 1.6 工业用植物资源

工业用植物资源包括木材、纤维、鞣质、芳香油、胶脂、油脂及植物性染料七种。中国是少林国家且森林分布不均匀，木材资源较少，今后国家将大力发展泡桐、杉木、杨树等优良速生树种的种植；中国现有重要纤维植物190种，多为禾本科、鸢尾科、香蒲科、龙舌兰科、棕榈科等单子叶植物的杆叶及榆、桑、荨麻、木棉等植物的根、茎、皮部或果实的棉毛，用于纺织业、造纸业和编织业；鞣料资源包括各种落叶松、云杉、铁杉等，它们含有丰富的单宁，可用于栲胶鞣革和制药；芳香油植物是提取香料、香精的主要原料，中国种子植物中约有60余科为含有芳香油的植物，包括木姜子、樟树、枫茅、香草等；植物胶资源包括富含橡胶、硬胶、树脂、水溶性聚糖胶等的植物，是橡胶工业的重要原料，包括各种松科、豆科、瓜儿豆、金合欢等；中国的工业用油脂植物资源中，含油量在20%以上大约有300种，其中工业用油树种占50%以上，包括油桐、漆树、乌桕等，桐油、生漆是中国传统的出口商品；工业用植物性染料包括桑色素、苏木精、红木靛叶和姜黄等。

### 1.6.1 泡桐 *Paulownia fortunei*（Seem.）Hemsl.

玄参科(Scrophulariaceae)泡桐属落叶乔木的通称。共8种。在中国分布广泛，越南、老挝北部也有分布，朝鲜、日本、阿根廷、美国南部、巴西、巴拉圭有引种栽培。

树皮灰色、灰褐色或灰黑色，幼时平滑，老时纵裂。假二杈分枝。单叶，对生，叶大，卵形，全缘或有浅裂，具长柄，柄上有绒毛。花大，淡紫色或白色，顶生圆锥花序，由多数聚伞花序复合而成。花萼钟状或盘状，肥厚，5 深裂，裂片不等大。花冠钟形或漏斗形，上唇 2 裂、反卷，下唇 3 裂，直伸或微卷；雄蕊 4 枚，2 长 2 短，着生于花冠的基部；雌蕊 1 枚，花柱细长。蒴果卵形或椭圆形，熟后背缝开裂。种子多数为长圆形，小而轻，两侧具有条纹的翅。

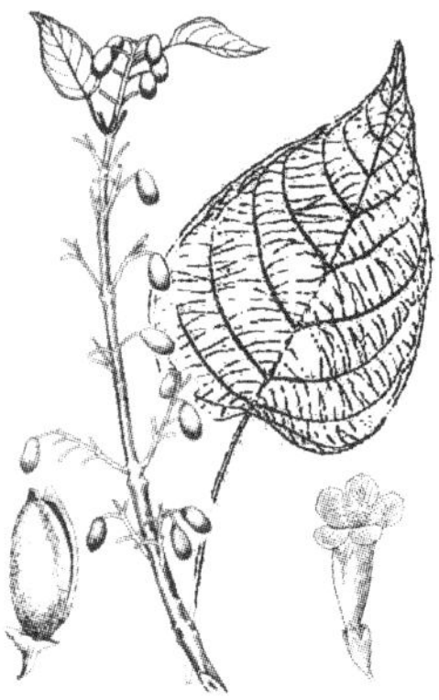

图 1-35　泡桐

泡桐对热量要求较高，对大气干旱的适应能力较强，但因种类不同而有一定差异。对土壤肥力、土层厚度和疏松程度也有较高要求。在怕水淹、粘重的土壤上生长不良。地下水位不足 2 米时，生长也差。土壤 pH 以 6～7.5 为好。泡桐生长迅速，7～8 年生即可成材。在北方地区，以兰考泡桐生长最快。楸叶泡桐次之，毛泡桐生长较慢。不同种类的生长过程有所不同。如兰考泡桐的高生长有明显的阶段性，能由不定芽或潜伏芽形成强壮的徒长枝自然接干。栽植后经过 2～8 年，自然接干向上生长。在整个生长过程中，一般能自然接干 3～4 次，个别能自然接干 5 次。第 1 次自然接干高生长量最大，可达 3 米以上，以后逐渐降低。胸径的连年生长量高峰在 4～10 年。材积连年生长量高峰出现在 7～14 年，这种高峰出现的时间早晚和数值大小，取决于土壤条件和培育管理措施。

木材纹理通直，结构均匀，不挠不裂，易于加工。气干容重轻，隔潮性好，不易变形。声学性好，共鸣性强。不易燃烧，油漆染色良好。可作建筑、家具、人造板和乐器等用材。桐材的纤维素含量高、材色较浅，是造纸工业的好原料。叶、花、果和树皮可入药。树姿优美，花色美丽鲜艳，并有较强的净化空气和抗大气污染的能力，是城市和工矿区绿化的好树种。

## 1.6.2　木棉 ***Bombax malabaricum*** **DC.**

木棉别名攀枝花，是木棉科木棉属落叶大乔木，高可达 30～40 米，常高于邻树，故又名英雄树。

树皮深灰色，幼树干与老树粗枝均有短而粗大的圆锥形硬皮刺，以基部为多；枝轮生而平展，层层向上生长。掌状复叶互生；叶柄长达 20 厘米；小叶多为 5～7 片，小叶柄长约 1.5 厘米，小叶片长椭圆形，长 10～16 厘米，宽 4～5.5 厘米，先端长渐尖，稍呈尾状，基部宽楔形，全缘，两面均无毛。早春先叶开花，花簇生于枝端，花冠红色或橙红色，直径约 12 厘米，花瓣 5，肉质，椭圆状倒卵形，长约 9 厘米，外弯，边缘内卷，两面均被星状柔毛；雄蕊多数，合生成管，排成 3 轮，最外轮集生为 5 束。蒴果甚大，木质，呈长圆形、长椭圆形，可达 15 厘米，熟后 5 裂，果瓣内有绢丝状绵毛。种子多、倒卵形，黑色，光滑，藏于白色毛内(图 3-104 木棉)。

产于我国华南及西南一带。性喜干热，耐高温，生长快，萌芽力强。

木棉不仅是美丽的观赏树木，其木材松软，可做建筑、航空和造纸材；木棉果实中有鹅毛状的纤维，不能纺纱，但耐压，不易浸水，浮力大，可做航空和救生器材，还可做枕芯。木棉入药，根可做滋补剂和收敛剂；花有去湿止痢的功效。木棉纤维是一种天然纤维，与棉纤维有很多相似之处，但光泽、吸湿性和保暖性方面具有独特优势，在崇尚天然材料的今天有良好的应用前景。

### 1.6.3 金合欢 *Acacia dealbata* Link

别名银荆、圣诞树，含羞草科澳洲金合欢属。常绿乔木，高约 25 米，树皮绿或灰色，小枝具棱角，二回羽状复叶，小叶线形，银灰色或浅灰蓝色，被短绒毛。花期 1～3 月，头状花序，具小花 30～40 朵，黄色，有香气。荚果，成熟期 5～6 月。种子卵圆形，黑色，有光泽，千粒重 14～15 克，每千克种子 7 万～8 万粒，发芽率 80%～85%。

图 1-36　金合欢

金合欢生长快，早花早实，一般 3～5 年生即可开花。金合欢适生于凉爽湿润的亚热带气候，但在进化过程中已形成了独特的生存机制以适应外界的各种不利环境，具有较强的抗寒、抗旱能力及耐瘠薄能力。在－7℃～40℃的极端温度范围内均能保持正常生长发育，并能忍受－10℃的短暂低温；它可耐长达半年的旱季，在夏季长达 2 个月无雨的旱情下仍能生长。值得注意的是，降水过多虽不影响银荆的生长，但会造成土壤淋溶强烈、质地粘重和排水不良，从而导致根系生长不良、烂根甚至死亡。

金合欢原产澳大利亚东南部，现广泛引种到南非、印度、日本等国家，我国引种始于 20 世纪 50 年代初，现大部分能开花结实。金合欢是典型的多用途树种，可作观赏绿化、水土保持、用材、土壤改良、造纸、饲料等，是城市及沿路绿化的良好树种。

合欢在林产品工业中有重要价值，花含的芳香油为名贵香料；树皮和根皮富含鞣质，是生产栲胶的优质原料；果皮为黑色染料，亦可入药；树干和枝桠可用于制浆造纸等。金合欢树种是继桉树之后新开发的一种制浆造纸用材，适合于在东南亚和中国南方诸省生长，是速生阔叶树种之一。据马来西亚林业杂志报导，金合欢年生长率为 46 立方米/公顷，7～9 年成材，可以伐供制浆造纸。

金合欢以金黄色的头状花序博得了澳大利亚人的喜爱，被誉为国花。在这个国家的街道、庭院、广场、建筑物的周围，到处都用金合欢栽成的行道树或绿篱，显得十分幽静、美丽。

金合欢是一种豆科小乔木，每年 8～10 月开花。合欢花有朝开晚闭的习性，这是因为它的花叶柄基部关节处的细胞对光和热的反应十分灵敏。清晨，随着太阳的东升，地面上的光线强度和温度逐渐升高，花叶柄基部的细胞逐渐吸水，细胞膨胀便使花叶舒展开来；日暮时，阳光强度及温度逐渐降低，花叶柄基部的细胞逐渐失水，细胞失水便使花叶闭合。因此，合欢又有“夜合花”、“叶合花”之称。金合欢开花时，一簇簇金黄色的长长花丝，伸出翠叶之外，散发着甜美清新的芳香。许多花朵聚在一起，好像一团团金灿灿的丝绒球，因此人们又叫它绒花树。秋天到来时，羽叶下面又挂上一串串豆角一样的荚果，别有一番风味。

### 1.6.4 陆地棉 *Gossypium hirsutum* L.

又称棉花、高地棉、大陆棉、美洲棉、墨西哥棉、美棉。通常称的棉花是锦葵科、棉属（*Gossypium*）几个栽培种的通称，是我国重要的经济作物。棉花生产在我国农业生产和国民经济中都占有重要地位。棉属共有四个主要栽培种：起源于西半球美洲大陆及其沿海岛屿的有陆地棉和海岛棉，起源于东半球亚非大陆的有亚洲棉和非洲棉。

棉花栽培历史悠久，约始于公元前800年。我国是世界上种植棉花较早的国家之一，公元前3世纪，即战国时代，《尚书》、《后汉书》中就有关于我国植棉和纺棉的记载。先后种植过四个栽培品种：海岛棉（长绒棉）、亚洲棉（粗绒棉）、陆地棉（细绒棉）和草棉（粗绒棉）。在不同历史时期，我国的主要栽培品种也不一样，亚洲棉引入历史最久，种植时间最长，同时栽培区域较广；陆地棉引入我国的历史较短，但发展很快，19世纪50年代即取代了亚洲棉。目前广大棉区所种植的棉花多为陆地棉种（细绒棉），新疆还种植有少量海岛棉（长绒棉）。

图1-37 陆地棉

陆地棉原产于墨西哥南部和中美洲尤卡坦半岛，是目前世界上栽培最广的棉种，其纤维为优良的纺织原料，产量占世界棉纤维产量的90%。陆地棉是我国现在主要栽培棉种，棉花育种任务主要是陆地棉新品种的选育。

陆地棉为一年生草本，高0.6～1.5米，小枝疏被长毛。叶阔卵形，直径5～12厘米，长宽近相等或较宽，基部心形，常3浅裂，少5裂，中裂片深裂达叶片之半，裂片宽三角状卵形，先端突渐尖，基部宽，上面近无毛，沿脉被粗毛，下面疏被长柔毛；叶柄长3～14厘米，疏被柔毛；托叶卵状镰形，长5～8毫米，早落。花单生于叶腋，花梗通常较叶柄略短；小苞片3，分离，基部心形，具腺体1个，边缘具7～9齿；花萼杯状，裂片5，三角形；花白色或淡黄色，后变淡红色或紫色，长2.5～3厘米，雄蕊长1～2厘米。蒴果卵圆形，长3.5～5厘米，具喙，3～4室；种子分离，卵圆形，具白色长棉毛和灰白色不易剥离的短棉毛，夏秋开花。陆地棉广泛栽培于全国各产棉区，且已取代树棉和草棉。

海岛棉（*Gossypium barbadense* L.）原产南美洲安第斯山区。纤维特长，为纺细纱的好原料。我国广东、广西、福建、台湾等省区有栽培，海岛棉生长要求260天左右的无霜期，我国大部分棉区无法种植。但可将它作为品种资源收集，用以改良我国的陆地棉品质。

亚洲棉（*Gossypium arboreum* L.）产于中亚，是被人类栽培和传播最早的棉种，由于在我国栽培历史长，故又称中棉。亚洲棉的棉纤维短，不适宜中支纱机纺，产量又比陆地棉低，所以在我国几乎全部为陆地棉所取代，很少栽培，黄河以南各省区尚有种植。亚洲棉具有早熟、多雨地区烂铃少、吐絮好等特性，可作为杂交亲本材料，仍是重要的品种资源。

非洲棉（*Gossypium herbaceum* L.）又称草棉，原产于非洲东南部。生长期仅120天左右，在我国，适于西北地区栽培。新疆和甘肃河西走廊曾栽培过，由于纤维细而短，产量低，现在已被陆地棉代替。非洲棉有很多有益性状，可作为品种资源收集和保存。

棉纤维是棉种子表皮细胞经伸长、加厚而成的种子纤维，不同于一般的韧皮纤维。棉纤维以纤维素为主，占干重的93%～95%，其余为纤维的伴生物。由于棉纤维具有许多优良经济性状，使之成为最主要的纺织工业原料，其纤维品质构成由5度组成：

①纤维长度。目前国内主要棉区生产的陆地棉及海岛棉品种的纤维长度，分别以25～31毫米及33～39毫米居多。棉纤维的长度是指纤维伸直后两端间的长度，一般以毫米表示。

棉纤维的长度有很大差异，最长的纤维可达75毫米，最短的仅1毫米，一般细绒棉的纤维长度在25～33毫米，长绒棉多在33毫米以上。不同品种、不同棉株、不同棉铃上的棉纤维长度有很大差别，即使同一棉铃不同瓣位的棉籽间，甚至同一棉籽的不同籽位上，其纤维长度也有差异。一般来说，棉株下部棉铃的纤维较短，中部棉铃的纤维较长，上部棉铃的纤维长度介乎二者之间；同一棉铃中，以每瓣籽棉的中部棉籽上着生的纤维较长。棉纤维长度是纤维品质中最重要的指标之一，与纺纱质量关系十分密切，当其他品质相同时，纤维愈长，其纺纱支数愈高。支数的计算，是在公定回潮率条件下(8.5%)，每一千克棉纱的长度为若干米时，即为若干公支，纱越细，支数越高。纺纱支数愈高，可纺号数愈小，强度愈大。

②纤维整齐度。纤维长度对成纱品质所起作用也受其整齐度的影响，一般纤维愈整齐，短纤维含量愈低，成纱表面越光洁，纱的强度提高。

③纤维细度。纤维细度与成纱的强度密切相关，纺同样粗细的纱，用细度较细的成熟纤维时，因纱内所含的纤维根数多，纤维间接触面较大，抱合较紧，其成纱强度较高。同时细纤维还适于纺较细的纱支。但细度也不是越细越好，太细的纤维，在加工过程中较易折断，也容易产生棉结。

④纤维强度。指拉伸一根或一束纤维在即将断裂时所能承受的最大负荷，一般以克或克/毫克或磅/毫克表示，单纤维强度因种或品种不同而异，一般细绒棉多在3.5～5.0克之间，长绒棉纤维结构致密，强度可达4.5～6.0克。

⑤纤维成熟度。棉纤维成熟度是指纤维细胞壁加厚的程度，细胞壁愈厚，其成熟度愈高，纤维转曲多，强度高，弹性强，色泽好，相对的成纱质量也高；成熟度低的纤维各项经济性状均差，但过熟纤维也不理想，纤维太粗，转曲也少，成纱强度反而不高。

## 1.7 保护和生态环境重建植物

保护和改造环境植物资源常包括五类。一为防风固沙植物，如木麻黄、大米黄、多种桉树、银合欢、杨树等。二为保持水土、改造荒山荒地植物，如银合欢、金合欢、雨树、牛油树、洋槐及多种木本能源植物。三为固氮增肥、改良土壤植物，如碱蓬、紫苏、紫云英、红萍等。四为监测和抗污染植物，如碱蓬、凤眼蓝、大多数绿色植物和许多水藻。五为绿化美化、保护环境植物，包括各类草皮、行道树、观赏花卉、盆景等。

### 1.7.1 油桐 *Vernicia fordii*（*Hemsl.*）Airy Shaw

油桐是我国特有经济林木，它与油茶、核桃、乌桕并称我国四大木本能源植物。油桐至少有千年以上的栽培历史，直到1880年后，才陆续传到国外。世界上种植的油桐有6种，以原产我国的三年桐和千年桐最为普遍。油桐原产我国，其栽培历史悠久，是经济价值较高的木本能源树种。桐油具有一系列特殊性能，是最佳干性油之一。

图 1-38　油桐

油桐为大戟科油桐属植物，落叶小乔木，高达 9 米；树皮灰色；枝粗壮，无毛。单叶互生，卵状圆形，长 5～15 厘米，宽 3～12 厘米，基部截形或心形，不裂或 3 浅裂，全缘，幼叶被锈色短柔毛，后来近于无毛；叶柄长达 12 厘米，顶端有 2 红色腺体，腺体扁平无柄。花大，白色略带红，单性，雌雄同株，排列于枝端成短圆锥花序；萼不规则，2～3 裂，裂片镊合状；花瓣 5；雄花有雄蕊 8～20，花丝基部合生，上端分离且在花芽中弯曲；雌花子房 3～5 室，每室 1 胚珠，花柱 2 裂。核果近球形，直径 3～6 厘米；种子具厚壳状种皮。在中南、西南、华东以及陕西和甘肃南部有栽培；越南也有。为主要木本油料之一，种仁含油达 70%，油是油漆、印刷等的最好原料；根、叶、花、果均可入药，有消肿杀虫等效。油桐叶大荫浓，花大美丽，是长江以南的优良观赏树种。可植为荫树或行道树。

### 1.7.2　苏木 *Caesalpinia sappan* L.

豆科落叶灌木或小乔木，植株高 5～10 米，对生复叶，树干有刺。二回羽状复叶互生，有锥刺状托叶，叶轴有棘刺；羽片 9～12 对，小叶 10～15 对，密生；小叶长方形，长 15～20 毫米，宽 6～7 毫米，先端钝，微缺，基部偏斜，两面近无毛，有腺点；无柄。圆锥花序顶生或腋生；花萼 5 裂，略不整齐；花瓣 5，黄色，最下 1 片较小，雄蕊 10，花丝下半部密被绵毛；子房线状披针形，密被短绒毛。荚果长圆形、偏斜倒卵形，扁平，木质，顶端斜截形，有喙，红棕色，有光泽。花期 5～10 月，果期次年夏季。

图 1-39　苏木

生于高温多湿、阳光充足和肥沃的山坡、沟边及村旁。阳性树种，分布于南亚热带地区。适宜于海拔 1200 米以下的热区栽种。我国主产于台湾、广东、广西、云南和四川。云南年产量约 10 万千克，占全国产量的 60%～80%，以红河州、文山州热区的产量较多。商品为不规则的圆柱形，黄棕色，质地细腻，无气无味，含苏木色素。具有活血化瘀、消肿止痛等作用，主治瘀血疼痛等症。苏木木材质地好，为制作高档乐器的优质材料。近年又开发出食用苏木色素，市场需求量扩大，产品供不应求，生产发展前景较好，心材含巴苏木素(brasilin)，另含挥发油。

### 1.7.3　檀香紫檀 *Pterocarpus santalinus* L. F.

紫檀木名紫榆(英文名：red sandalwood，redsanders)，又名红木。红木在广东被称为"酸枝"，长江以北则称作红木，是豆科蝶形花亚科黄檀属的植物，常绿，大乔木，高 5 米。羽状复叶，蝶形花冠，黄色，圆锥花序。果实扁圆有翅，木质甚坚，色赤。产于美洲和非洲热带雨林地区，印度、菲律宾、缅甸、南洋群岛，我国广东、云南也有出产，因生长缓慢，材质坚实，硬度大，韧性强，结构细致，纹理均匀，耐腐性强，是常见的名贵硬木。尤以印度紫檀、非洲柴檀著名，该材种产量极少，属小乔木，树干多弯曲，取材很小，心材鲜红或橘红色，久露空气后变紫红褐色；材色较均匀，常见紫褐色，至少 800 年成材，生长年轮不明显。紫檀木因其珍贵而被称为“木中之金”。

图 1-40　檀香紫檀

红木心材橙色、浅红褐色、红褐色、紫红色、紫褐色至黑褐色，材色不均匀，深色条纹明显，材质坚硬、耐磨、沉于水。红木有新老之分。老红木近似紫檀，但光泽较暗，颜色较淡，有香气。新红木颜色赤黄，有花纹。红木木质坚硬耐用，是优质硬木，其品种和名称多达几十种，如酸枝、红木、老红木、新红木、香红木、花梨木、老花梨木等。老红木近似紫檀，但光泽较暗，颜色较淡，质地不紧密，有香味。

## 1.7.4　桉树 *Eucalyptus globulus* Labill.

桃金娘科(Myrtaceae) 桉属植物的通称。又名有加利。1910 年吴宗廉辑译《桉谱》一书，根据法文 enca—lypto 音译为安加利泼多，按安音造字为桉，是“桉”字的最早来源。桉属种类繁多，根据 W. F. 布莱克利统计有 522 种和 150 个变种。多数种原产澳大利亚。19 世纪开始引种世界各地，现在 96 个国家或地区有栽培。

图 1-41　桉树

中国引种始于 1890 年。一是自意大利引多种桉树到广州、香港、澳门，一是自法国引细叶桉到广西的龙州。以后，又于 1894 年引种野桉于福建福州，1896 年引种蓝桉于云南昆明，1910 年引种赤桉于四川西昌、遂宁，多零星栽于庭园四旁。1916 年粤汉铁路广州至韶关一段栽植大叶桉 (*E. robusta*)。1949 年以来，大面积营造了桉树用材林。栽培范围逐步北移达北纬 32°附近，栽培区达 16 个省(自治区、市)，主要栽培地是广东、广西、四川、云南中部、江西、浙江和福建南部。曾先后引入 300 多个种，栽培较普遍的有窿缘桉(*E. exserta*)、柠檬桉(*E. Citriodora*)、大叶桉、赤桉、蓝桉等。

桉树系常绿乔木或灌木。高矮不一，高可达 150 米，矮不到 3 米。树皮粗糙或光滑。叶异型，分幼态叶、中间叶和成熟叶。幼态叶对生，稀为互生；中间叶通常较粗大，为幼态叶与成熟叶之间的过渡类型；成熟叶互生，具叶柄，垂直或水平，有圆形、阔卵形至披针形，常呈镰状，多数为硬叶，羽状脉。花 3 至多朵，排成伞形花序或圆锥花序。萼筒陀螺形、钟形、棍棒形、梨形或长椭圆形，与子房合生；花瓣与萼片合生形成一帽状体。开花时横裂与萼筒分离而脱落。

桉树喜光，一般枝叶稀疏。大多要求年平均温度 15℃以上，最冷月不低于 7℃～8℃，但有的如赤桉、细叶桉、野桉(*E. rudis*)能耐绝对最高温 40℃，又能耐绝对最低温 －6℃；异心叶桉(*E. cordata*)、灰桉(*E. cinerea*)、多枝桉(*E. viminalis*)、广叶桉(*E. amplifolia*)、冈尼桉(*E. unnii*)则能耐绝对最低温 －8℃。一般能生长在年雨量 500 毫米的地区，年雨量超过

1000毫米生长较好。耐水湿的有赤桉、大叶桉、野桉等。耐干旱的有窿缘桉、柠檬桉、斜脉胶桉(*E. kirtoniana*)、圆锥花桉(*E. paniculata*)、伞房花桉 (*E. ummifera*)、谷桉 (*E. smithii*)等。适生于酸性的红壤、黄壤和土层深厚的冲积土。在土层深厚、疏松、通气、排水良好的地方生长良好。

此属的某些木材产品以坚重、耐久著称,是世界上重要的硬木来源。中国栽培的多为散孔材(极少数如柠檬桉为辐射孔材),主要用作矿柱、建筑、家具、车船、纺织、枕木、电杆、工农具柄、浆粕和人造板等。但桉树木材一般易于挠裂,应视其用途性质作适当的干燥处理。经水解、碱煮氯化、漂白等工艺,可制成较好的浆粕,供造纸和粘胶纤维纺织之用。副产品桉叶可蒸制精油,生产桉叶醇、胡椒酮、柠檬醛等,在医药、工业、香料上有广泛用途。许多桉树的皮、材、叶都含有单宁,可用于锅炉除垢和缓凝剂。此外,某些桉树的叶可浸提医药用芦丁和植物生长促进剂。中国栽培的主要桉树还都是蜜源植物。

桉树树姿优美,四季常青,生长异常迅速,有萌芽更新及改善沼泽地的能力。宜作园林绿化树种。树叶含芳香油,有杀菌驱蚊作用,可提炼香油,还是疗养区、住宅区、医院和公共绿地的良好绿化树种。嫩枝和树皮中含有单宁,可以提炼栲胶;树皮和木材还可用来造纸浆。

桉树根系发达,树干枝条坚韧,耐旱,抗风力强,是防护林的优良树种。

## 1.8 外来入侵物种

生态系统是经过长期进化形成的,系统中的物种经过上百年、上千年的竞争、排斥、适应和互利互助,才形成了现在相互依赖又互相制约的密切关系。一个外来物种引入后,有可能因不能适应新环境而被排斥在系统之外,必须要有人的帮助才能勉强生存;也有可能因新的环境中没有相抗衡或制约它的生物,这个引进种可能成为真正的入侵者,打破平衡,改变或破坏当地的生态环境。

外来物种入侵,指的是生物由原来的生存地,经过自然的或者人为的途径侵入到另一个新环境,并对入侵地的生物多样性、农林牧渔业生产、人类健康造成经济损失或者生态灾难的过程。外来生物与外来入侵物种并不是一个概念,如西红柿、玉米等物种的引进给人们的生活带来丰富的食品,并没有对生态系统带来危害。只有对生态系统、栖息环境、物种、人类健康等带来威胁的外来种才是外来入侵种。为什么这些物种在本地没有成灾,而一旦换了新的环境,就会对新的生态环境造成严重后果呢?因为自然界里存在着食物链,天敌之间相互制约,当地有许多防止其种群恶性膨胀的限制因子,能将其种群密度控制在一定数量之下。它们一旦侵入新的地域,外来物种在一定程度上摆脱了原有天敌和寄生虫的制约,从而异常繁荣起来,在原产地无害的植物到了另一地区之后可能会变成有害的植物。

我国是世界上受外来有害生物入侵危害最为严重的国家之一。近50多年来先后有近20种主要林业外来有害生物传入并造成严重危害,外来林业有害生物危害面积每年都达133万余公顷,已累计致死林木上千万株,造成经济、社会和生态损失560亿元人民币。2003年国家环境保护总局公布了16种入侵我国的外来物种，其中10种是植物，它们是：紫茎泽兰、薇甘菊、空心莲子草、豚草、毒麦、互花米草、凤眼莲、假高粱、加拿大一枝黄花等。

### 1.8.1 凤眼莲 *Eichhornia crassipes* Mart.

凤眼莲别名水葫芦，雨久花科凤眼莲属植物，是净化水源的优良植物，50年前被引进中国，其深绿色的叶片下，有个直立的椭圆形中空的葫芦状茎，因而得名水葫芦。

图1-42 凤眼莲

凤眼莲是多年水生草本植物，高30～100厘米，茎缩短，根从生于节上，须根发达，悬浮于水中，具匍匐走茎。叶呈莲座状基生，直立，叶片卵形、倒卵形至肾形，光滑，全缘；叶柄基部略带紫红色，中下部膨大呈葫芦状气囊，花莛单生直立，中部有鞘状包片，穗状花序，花6～20朵；花被蓝紫色6裂，在蓝色花被的中央有换色的斑点，外面的基部有腺毛；雄蕊3长3短，长的伸出花被外，3个花丝具腺毛；雌蕊花柱单一，线形，花柱上有腺毛，子房卵圆形。种子多数，有棱，花期7～10个月。

凤眼莲原产于南美洲，适应性强，分布广。喜欢温暖湿润阳光充足的环境，生长在水田、水沟、池塘与河流湖泊中，或生长在低洼积水的湿地之中。凤眼莲通过叶柄的气囊悬浮于水面上，或者在浅水湿地扎根于泥中生长。花后花莛弯曲水中生长，子房在水中发育膨大，种子40天左右成熟。生长的适宜温度为16℃～34℃，在武汉地区高温38℃时也能正常生长，当气温低于10℃也能生长，北方冬季须保存在越冬温度5℃左右为宜。凤眼莲在水中漂浮，叶直立光滑，根在水中，繁殖迅速，在合适的条件下两个星期就可以繁殖一倍，在水面形成密密麻麻的垫状群落，时常堵塞水道，影响交通，污染环境，成为害草。一株水葫芦可在90天内长出25万株。每年夏秋之间，江河里的水葫芦便会大肆泛滥，如果任其大量繁殖，就会封闭整个水体，泛滥成灾，造成“生物污染”，成为公害。此外，死亡后的水葫芦如果不及时打捞上岸，会对水体造成更严重的污染。另外水葫芦在生长中会消耗大量的溶解氧，从而加剧水体富营养化，影响其他水中生物的生存。

凤眼莲叶色亮绿，叶柄奇特，花开高雅俏丽，是园林水景布置的良好绿化植物，花序可作切花；家庭阳台种植也别具特色，在水面种植凤眼莲，可以吸收水中的重金属和放射性的污染物，同时对砷元素非常敏感。凤眼莲不但是净化水源的良好原料，又是水体砷元素污染的监测植物。凤眼莲除了美化水体环境外，全株可以入药，有清热、解暑、利尿、消肿等作用。茎叶是喂养家畜和家禽的好饲料；也可以用来喂鱼。嫩叶及叶柄可做蔬菜食用，或提取蛋白质，加工食品，整个植株可以生产沼气，制作绿肥。它也是一种造纸的原料。

按照水葫芦的生长规律，每年10月份到第二年的4月份是治理水葫芦的最佳时机。目前，治理水葫芦最原始也最有效的办法就是进行人工打捞，并让水葫芦尽量远离河道。但由于缺乏资金，有的地方水葫芦的歼灭战进展得不顺利。

水葫芦对我国的内陆湖畔包括城市的公园都造成了很大的负面影响，在其繁殖的高峰季节，昆明的滇池被其覆盖得水泄不通，江苏苏州的水系也为治理打捞水葫芦而每年投入大量的人力和财力。

## 1.8.2 加拿大一枝黄花 *Solidago canadensis* L.

生态杀手——加拿大一枝黄花，原产北美，花黄色。1935 年作为观赏植物引进我国，上世纪八十年代扩散蔓延，成为河滩、路边荒地、铁路两侧、农田边、平原城镇住宅旁生长的恶性杂草。

一枝黄花又名“霸王花”，适应能力极强，以种子和地下根茎繁殖，其根状茎顶端的芽和 40%的种子都能萌发成独立的植株。

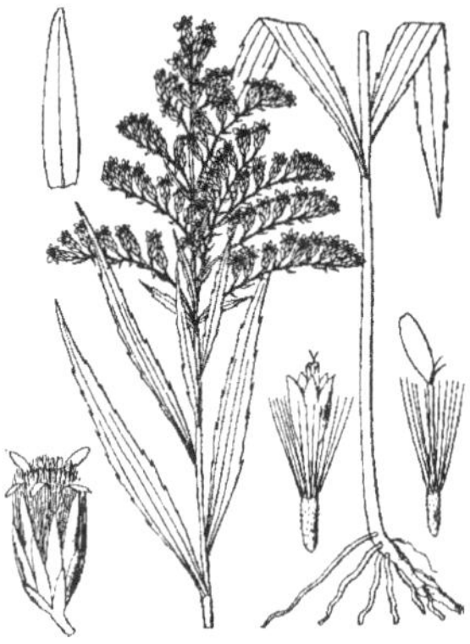
图 1-43 加拿大一树黄花

加拿大一枝黄花原产北美，为菊科多年生草本植物，高 1.5～3 米；中下部一般没有分枝，直径可达 2 厘米，常成紫黑色，有又短又密的硬毛；地下有横走的根状茎；叶子长 12～20 厘米，宽 1～3 厘米，边缘有不明显的锯齿状。加拿大一枝黄花每株有 4～15 条根状茎，长度可达 1 米，每个根状茎又有多个分枝，分枝上有芽，第二年每个芽萌发成一棵独立的植株；每年 9～10 月份开花，12 月种子成熟，它的繁殖以及快速占领空间的能力惊人。一株植株可形成两万多粒种子，该种子极小，可以像蒲公英种子一样随风传播。通过风和鸟类等途径迅速传播繁衍萌发近万株小苗，小苗在 4 个月内能长到 1 米以上。加拿大一枝黄花既可通过发达的根茎，进行无性繁殖，实现近距离快速蔓延，也可通过风力和鸟类进行远距离种子传播。还能随土壤传播，带有花籽的泥土被运到哪里，它就能生长到哪里，三年就能迅速成片，所以对它的防治十分困难。在生长过程中，它会与其它物种竞争养分、水分和空间，从而使绿化灌木成片死亡，同时它还蚕食棉花、玉米、大豆等，影响农作物的产量和质量，其生长区里的其他作物、杂草则一律消亡。

加拿大一枝黄花于 1935 年作为观赏植物引进我国上海、南京一带，几年前还主要分布在上海、浙江、江苏、安徽、江西等华东省市。目前在昆明、沈阳、大连、天津、成都、兰州、西安、石家庄、乌鲁木齐等地都先后发现了加拿大一枝黄花，已经在全国遍地开花。

加拿大一枝黄花为害的可怕之处在于它的根系分泌物能抑制其他植物的生长，并且具有快速繁殖、快速占有空间的能力，从而严重破坏原有植被生态平衡和生物的多样性。它若侵入农田会使农作物的产量和质量急剧下降。如果不加以控制，“一枝黄花”极容易形成单一群落，严重破坏生物多样性。

“黄花开处百花杀”——这是专家对“加拿大一枝黄花”的植物学评价。我国学者在建筑施工工地上意外发现了“加拿大一枝黄花”，养殖花木却在野外生长，这在植物学上被称作“逸生野外”现象，是物种蔓延的危险信号。

## 1.8.3 豚草 *Ambrosia artemisiifolia* L.

豚草是菊科豚草属的多年生草本植物，原产于美国西南部和墨西哥北部，是一种生长在沙漠地区的植物，在南纬 30 度以北到北纬 55 度的地区均有分布，对土壤的要求非常低，无论酸碱、干湿，它都可以存活、生长，生命力和生态可塑性极强。发现的豚草至少有两种，普通豚草（*Ambrosia artemisiifolia* L.）和三裂叶豚草（*Ambrosia trifida* L.）。豚草自 20 世纪 30 年代开始从境外传入我国东北三省后，现在这种世界性危害草已经在全国 19 个省市蔓延，正在大片大片地蚕食土地，造成一些地方农作物撂荒，并严重危害人体健康。

图 1-44　豚草

豚草高约 1 米，茎下部叶对生，上部叶互生，叶一至二回羽裂，边缘具小裂片状齿。雄花序总苞碟形，排成总状，雌花序生雄花序下或生上部叶腋。生于荒地、路边、沟旁或农田中，适应性广。瘦果先端具喙和尖刺，主要靠水、鸟和人为携带传播；豚草种子具二次休眠特性，抗逆力极强。

豚草大量出苗是在 4～5 月初，营养生长期为 5～7 月。夏至过后，随着日照时间缩短，豚草迅速进入花期，其开花、果熟期是在 7～10 月。

发芽后的豚草根系生长十分迅速，出芽 1 个月，地面植株的高度约为 30～40 厘米，但豚草的根长却已经超过植株高度，而拔出的豚草根也不容易折断。豚草地上部分的生长速度和态势接近向日葵，经过 7～8 个月的生长可以长到 2 米左右。豚草的果实产量惊人，单株可产 7000 至 10000 枚成熟的细小种子，种子不仅可以远距离传播，同时还能随风、水流传播，并能在干旱贫瘠的荒坡、隙地、墙头、岩坎、石缝生长，对环境有着极强的适应能力和繁殖能力。这些豚草籽实能有百分之一保住，就可以在一个区域内形成大片草群。而豚草的种子同样具有顽强的生命，研究表明，即使经过 30 年，豚草的种子只要遇到合适的条件，仍可以有 50%的发芽率。

豚草的存在影响到本地植物的生存，改变着侵入地的生态系统，威胁本土植物。在沙漠恶劣生存条件下豚草养成攻击习性，从一发芽就拼命与身边的植物争抢生存资源。它用强大的根系汲取营养，充足的营养又使它迅速生长，长得越壮其汲取养料的能力就越强，从而为自己的生长创造了良性循环的条件。高高的豚草展开大面积的叶片，把它身下的本土植物遮挡得严严实实，只有很少的光可以透过它的叶间照到下面的植物。在豚草集中的地方，其植株密度之高连人都难以进入，在这种环境中，地面上几乎没有本地植物可以生存。在果园中，豚草争夺光照的勃勃野心，让它们几乎要与果树一比身高。如果豚草进入农田与农作物争水、争光、争肥，就会造成农作物大幅度减产；如果豚草的侵入地是城市的花园和绿地，其后果不堪设想。

豚草生长初期是拔除的最佳时期，因为一旦豚草长起来，其发达的根系将紧紧抓住土壤，拔起来非常费劲。手工机械清除豚草，必须要斩草除根，清出来的豚草要晒干或烧毁，以防根须又钻入土中。目前，对付这种植物的办法主要有四种：手工、机械拔除，以其它植物替代，生物防治，化学防治。

所谓植物替代法，就是用本土的植物抑制豚草的生长。人们熟悉的沙棘、紫丁香、紫花苜蓿等植物都具有生长迅速的特点，这些植物为多年生植物，每年春季都会在豚草发芽之前就已形成一定的高度，同样是长叶，高度的优势可以让这些植物的叶片遮挡住豚草的叶，这样就可以起到抑制豚草生长的效果。

任何物种都会有天敌，豚草也不例外，这就是生物防治的理论基础。据国外报道，以豚草为食物的昆虫、真菌达 400 多种。经生物安全评估合格的食叶类昆虫有豚草卷蛾、豚草条纹叶甲、豚草实蝇等，我国目前已经引进 5 种豚草天敌。北京的有关部门正在对这些昆虫进行本地生物安全评估，一旦合格，将引进并使用它们防治。

化学防治要针对农田与非农田不同地域，在非农田，可以向豚草上喷洒草甘膦等水剂，致豚草枯死。在农田，主要是向豚草上喷洒氟磺胺草醚水剂等化学药品。但是在水源地区，不能使用化学防治，以确保水源安全。

### 1.8.4 空心莲子草 *Alternanthera philoxeroides*（Mart.）Griseb.

空心莲子草属苋科杂草，多年生宿根草本。茎基部匍匐，上部斜升，中空，光滑，有节，着地或在水面节上生根，有分枝。叶对生，具短柄；叶片矩圆形或倒卵状披针形，顶端圆钝有尖头，基部渐狭，全缘。头状花序，单生于叶腋，具总花梗；苞片和小苞片干膜质；花被片5，白色。果实卵圆形。在有的地区不结籽，主要依靠茎芽繁殖（图3-39 喜旱莲子草）。

空心莲子草有多个别名——水花生、革命草、水苋草、抗战草等。原产巴西，现已遍及美洲、澳洲、亚洲及非洲的许多国家和地区。抗日战争期间日军侵华引种至我国，起先在上海郊区栽培用作养马饲料。20世纪50年代，我国南方一些省市将空心莲子草作为猪羊饲料推广，随后空心莲子草又被进一步引入我国长江流域及南方各省如四川、陕西，后又由四川等地引种于江苏、浙江、江西、湖南等地，大量种植作猪饲料。20世纪50年代末由浙江引入广东，不久即逸为野生而成为果园、菜地、水稻田、草坪等主要的和难于清除的杂草之一。

空心莲子草根系发达，地上部分繁茂，在农田中生长会与作物争夺阳光、水分、肥料以及生长空间，造成严重减产。在田埂和田间空心莲子草成片生长还会影响农事操作，在鱼塘等水生环境中生长繁殖迅速，其覆盖在水面会影响沉水植物的光合作用导致水中溶解氧含量降低。空心莲子草腐败后污染水质，水体中生物耗氧量和化学耗氧量升高，鱼虾等水产生物会因溶解氧的消耗而窒息；腐败后水中有机质含量的增加会促进微生物的滋生，从而导致鱼病的发生或产生有毒物质毒害水产生物。空心莲子草在鱼塘中的沉积还会影响水产捕捞。空心莲子草在河道和沟渠中的生长会堵塞水道，限制水流，增加沉积，对水上运输和农田灌溉造成极为不利的影响。在路边、公用绿地、居民区等地生长蔓延，严重影响环境的美观和卫生。

空心莲子草的根系属不定根系，不定根可进一步发育成肉质贮藏性根，即宿根，根直径1厘米左右。茎长可达1米以上，茎秆呈蛛网状纵横交错。茎圆筒形，中空，有分枝。茎上生节，节能生根。叶对生，椭圆形。花序头状，花白色或粉红色。空心莲子草雄蕊雌化现象极为普遍，花一般不能结实，而靠营养器官进行无性繁殖，夏季将1～2节无根无叶的茎秆浸泡于水中，3～4天后即可产生侧枝。春季温度适宜时，旱地肉质贮藏根上可生长10余个不定芽。空心莲子草抗逆性强。当冬季温度降至0 ℃时，其水面或地上部分已冻死，但水中和地下的根茎仍保持活力，春季温度回升至10 ℃时，越冬的水下或地下根茎即可萌发；在贫瘠的土壤中经30天35 ℃以上的高温和伏旱能照常生长；机械翻耕后茎的切段在土中能继续生长繁殖；茎段曝晒1～2天仍能存活；未经腐熟或未被家畜消化的茎段进入农田后会造成再次侵染。

空心莲子草适应于水生和陆生的环境，在两种不同生境中，空心莲子草的生育进程、外形及解剖结构有较大差异。空心莲子草茎秆浸水栽培后，起始发芽慢，侧枝发生少，但后期生长速度快，而用干土栽培的则表现为起始发芽快，侧枝发生多，但后期生长慢；浸水栽培的植株茎腔大，叶面光滑、无绒毛，叶片边缘无缺刻，而干土栽培的植株茎秆坚实，茎腔小，叶片色滞且略有绒毛，叶片边缘带有缺刻。自然环境中的空心莲子草，旱生条件下叶片较水生条件下叶片的长宽度略小，厚度略厚，叶色较深，叶片与茎之间的夹角较小，叶片较挺立。旱生条件下空心莲子草叶片角质层增厚，气孔下陷，栅栏组织分层且细胞排列紧密；水生条件下叶片角质层薄，栅栏组织仅有一层细胞且细胞较大，排列疏松。空心莲子草靠地下(水下)根茎越冬，利用营养体进行无性繁殖，并且具有与环境条件相适应的生长发育特点和形态结构，这些是空心莲子草能迅速生长蔓延的主要原因，同时也为空心莲子草的防除增加了难度。

防除空心莲子草的主要措施仍是化学防除。效果最好的商品化除草剂是草甘膦，其用量一般在2.1千克/公顷左右。

空心莲子草的生物防治工作也在积极探索之中。1987年，中国农业科学院生物防治研究所从美国佛罗里达州引入曲纹叶甲(*Agasicles hygrophila* Sel2 mam et vogt)防治空心莲子草的蔓延，曲纹叶甲引放后没有对其他植物构成威胁。研究表明，多种取食空心莲子草的昆虫中，虾钳菜披龟甲是最嗜食空心莲子草的狭食性昆虫，对空心莲子草的嗜食量是其他植物的7～10倍。我国在利用微生物防除空心莲子草方面也有进展，研究了对空心莲子草有抑制作用的莲子草假隔链格孢菌(*Nimbya alternantherae*)，并对其生长和产孢条件进行了探索，发现链格孢菌(*Altermaria alternata* (Fr1) Keissler )的毒素对空心莲子草有很强的致病作用。

## 1.8.5 紫茎泽兰 *Eupatorium adenophorum* Spreng

紫茎泽兰又名飞机草、破坏草、解放草，原产于美洲的墨西哥至哥斯达黎加一带，大约20世纪40年代由中缅边境传入云南南部，随河谷、公路、铁路自南向北传播。侵占农田、林地，与农作物和林木争水、肥、阳光和空间，能分泌化感物，排挤邻近多种植物；堵塞水渠，阻碍交通；全株有毒，危害畜牧业等。至目前为止，云南80%面积的土地都有紫茎泽兰分布。西南地区的云南、贵州、四川、广西、西藏等地都有分布，大约以每年10～30千米的速度向北和向东扩散。紫茎泽兰因其茎和叶柄呈紫色，故名紫茎泽兰。

图1-45 紫茎泽兰

紫茎泽兰是菊科多年生草本，下部茎老化变硬，呈半灌木，高0.8～1.2米，最高可达2.5米，茎暗紫褐色，被灰色锈毛，叶对生，卵状三角形，边缘具粗锯齿，瘦果五棱形，具冠毛。每年2～3月开花，头状花序，直径可达6毫米，排成伞房状，总苞片三四层，小花白色。有性或无性繁殖。每株可年产瘦果1万粒左右，4～5月种子成熟，种子很小，有刺毛，藉冠毛随风传播。根状茎发达，可依靠强大的根状茎快速扩展蔓延。适应能力极强，干旱、瘠薄的荒坡隙地，甚至石缝和楼顶上都能生长。

紫茎泽兰的控制方法有生物防治、替代控制和化学防治。泽兰实蝇对植株生长有明显的抑制作用，野外寄生率可达50%以上。用臂形草、红三叶草、狗牙根等植物进行替代控制有一定成效。2,4－D、草甘膦、敌草快、麦草畏等10多种除草剂对紫茎泽兰地上部分有一定的控制作用，但对其根部防治效果较差。

紫茎泽兰种子和横走根茎都是其繁衍的工具，繁殖力极强，活动相当猖獗，是田间非常讨厌的杂草，可危害多种作物，侵犯牧场等。多见于干燥地、森林破坏迹地、垦荒地、路旁、住宅及田间。当其长到15厘米或更高时，会明显侵蚀土著物种，还能放发出化感物质，有较强的异株克生作用，可抑制邻近植物生长，还能使昆虫拒食。其叶有毒，含香豆类素(coumarins)的有毒活性化合物；用叶擦皮肤可引起红肿、起泡，误食嫩叶会引起头晕、呕吐，还可引起家畜、家禽和鱼类中毒。但全草含香豆素，有杀蚂蟥之效。

## 1.8.6 毒麦 *Lolium temulentum* L.

俗称野麦，属禾本科一年生植物。分长芒毒麦（*Lolium temulentum* var. *zlongiaristatum* Parnell.）和田毒麦（*Lolium temulentum* var. *arvense* Bab.）两个变种，是混生在麦田中的有毒杂草。1954 年首次在保加利亚进口的小麦中发现，1957 年传播到黑龙江归化；1961 年毒麦分布到了东北、华北、华东、西北等地 45 个县，除西藏和台湾外，在中国其他各省区均有发现，难以清除，常与小麦一同被收获和加工。毒麦种子感染真菌后对人畜具有更大的毒性。毒麦分蘖力强，影响麦类生长，降低产量和质量。毒麦籽粒内含有毒麦碱（C7H12N2O），能麻痹动物中枢神经，人吃了含有 4%毒麦的面粉会出现头晕、昏迷、恶心呕吐、痉挛等症状。马、猪、鸡吃了含有毒麦的饲料会中毒晕倒。

图 1-46 毒麦

毒麦茎丛生，高 20～120 厘米，幼苗基部紫红色，后变绿色，成株茎秆光滑坚硬，叶片狭而薄，长 6～40 厘米，宽 3～13 毫米，叶背光滑，叶面较粗糙，叶脉明显。穗形扁狭，长 5～40 厘米，主轴波状曲折，两侧沟状，有 8～19 个互生小穗，每小穗含 2～6 个花，结 2～6 颗籽粒，互生在穗轴上，小穗上籽粒排成 2 行，除顶端小穗有 2 颖外，其它小穗第一颖缺，第二颖大而狭，具 5～9 脉，芒长 7～15 毫米。颖果长椭圆形，腹沟宽，坚硬，无光泽，灰褐色。长 4～6 毫米，绿而具紫褐晕，长短与小穗差不多。籽粒被内、外稃紧包，不易脱离，其腹面可见明显的小穗轴节段。

毒麦随调运混杂有毒麦种子的麦种而传播为害。成熟籽粒容易脱落田间，毒麦以种子繁殖，结籽多，繁殖力比小麦大 2～3 倍，在室内贮藏 2 年仍有发芽力，在土内 10 厘米深处尚能出土。

防治毒麦方法有四种：(1)严格执行检疫制度。在大小麦抽穗扬花后，加强田间调查，进行检疫检验，不从有毒麦地区调种。(2)选种和建立无毒麦留种田。用 50%的硫酸铵水或 60%的硝酸铵水（溶液比重分别为 1.192 和 1.180）进行选种，效果良好而稳定，可清除麦种中的毒麦 90%以上，但选后必须立即用清水洗 2 遍，以免影响种子发芽。用苏式万能选种机及手摇筒式选种机对淘汰毒麦都有很好的效果。在选种的基础上，选用无毒麦的土地建立留种田，严格拔除毒麦植株，可获得完全无毒麦的种子。(3)耕作防治。在春麦区进行秋耕翻地，使毒麦露出土面，当年发芽，经冬季低温冻死。(4)麦子收割前拔除毒麦，以免混入麦种或落入土中。

## 1.8.7 假高粱 *Sorghum halepense*（L.）Pers.

假高粱又名石茅、阿拉伯高粱、约翰逊草（Johnson grass）。原产地中海地区，20 世纪初从日本引进到中国台湾栽培，并在香港和广东有发现，现分布于台湾、广东、广西、辽宁、海南、香港、福建、湖南、安徽、江苏、浙江、上海、北京、河北、四川、重庆、云南等 17 个省（市）。生于田野、果园、河山、山谷、沟渠、湖地湿处等。

假高粱为禾本科多年生杂草，其外表和普通高粱相似，根状茎延长、分支。植株杆直立，茎粗 5 厘米，高 1～3 米，叶宽线形，长 25～80 厘米，宽 1～4 厘米，基部有白色绢状疏柔毛，中脉白色且厚，叶舌长约 1.8 毫米，有缘毛；花期 6～7 月，圆锥序大型，长 20～50 厘米，淡紫色至紫黑色，主轴粗糙，分支轮生，与主轴交接处有白色柔毛，上部分出小枝，小枝顶端着生总状花序，穗轴具关节，易折断。果期 7～9 月，小穗成对，其中一个有柄，另一无柄，长 3.5～4 毫米，无芒，被柔毛；无柄小穗两性、绿色，能结实，颖片草质无毛，颖果长椭圆形，坚硬无光泽，棕褐色，有柄小穗雄性不育，紫红色。种子和根状茎均可繁殖。

图 1-47　假高粱

假高粱主要危害粮食作物、经济作物、果木、牧草、麻类等农作物。它不仅通过生态位竞争使农作物减产，它还是多种致病微生物的寄主，假高粱种子常混在进口作物种子中进行扩散，生长后成为高粱、玉米、小麦、棉花、大豆、甘蔗、黄麻、洋麻、苜蓿等 30 多种农作物地里的杂草，其根分泌物或腐烂的叶、茎、根能抑制农作物种子萌发和幼苗生长以及根系发育，还可能成为多种致病微生物和害虫的寄主，传染病虫害，引发多种病虫害，严重影响农作物生长。通常可造成农作物减产 30%以上或绝收。大面积发生时，所在地农作物将全部枯死。该种子还可与同属物种杂交，成为变态杂草。

控制假高粱方法：(1)对混在进口种子中的假高粱种子，可用风选等方法去除。(2)配合中耕除草，将其根茎置于高温、干燥环境下。(3)用暂时积水的方法，抑制其生长。(4)用草甘膦或四氟丙酸等除草剂进行喷雾防治。

## 1.8.8　薇甘菊 ***Mikania micrantha*** **H. B. K.**

薇甘菊是菊科假泽兰属 Mikania Willd1 多年生草质藤本，原产中、南美洲，现广泛分布于南亚、东南亚及中国华南沿海地区，世界十大重要害草之一。1949 年印度尼西亚从巴拉圭引人薇甘菊作为橡胶园的土壤覆盖植物，想把它种到本国的一些垃圾填埋场及什么也不生的废弃地中，1956 年用做垃圾填埋场的土壤覆盖植物之后，薇甘菊很快传播到整个印度尼西亚。借助于当地温暖潮湿的泥土，微甘菊很快在印尼、马来西亚、菲律宾、泰国等地蔓延开来，给种植香蕉、茶叶、可可、水稻等经济作物的农民造成了重大损失。20 世纪 80 年代，薇甘菊从香港传入深圳等广东沿海各地，遇树攀缘、遇草覆盖，已从郊野向市内发展，不少市区内公园、绿化带已发现薇甘菊的踪迹，在珠江三角洲一带大肆扩散蔓延。被称为“植物杀手”的薇甘菊已由“星星之火”发展到泛滥成灾，造成极大的危害。

图 1-48　薇甘菊

薇甘菊茎节和节间都能生根，每个节的叶腋都可长出一对新枝，形成新植株。茎中部叶三角状卵形至卵形，基部心形；花白色，头状花序。薇甘菊种子颗粒重 0.0892 克，轻飘细小，能借风力进行较远距离传播。种子的萌发与温度相关，实验条件下在 25℃～30℃萌发率达 83.3%。在 40℃的高温条件下萌发率为 1.0%。种子需光性，在黑暗条件下很难萌发。自然条件下，在香港地区薇甘菊 3～8 月为生长旺盛期，9～10 月为花期，11 月至翌年 2 月为结实期。幼苗生长较慢，后期生长较好，对光照要求也急剧增加，营养茎可进行营养繁殖，而且较种子苗生长要快。薇甘菊开花数量很大，0.25 平方米面积内，计有头状花序平均约 35 416 个，含小花 141 665 朵，花生物量占地上部分总生物量约

40.6%。它能爬高10米，爬上灌木、乔木，并像被子一样把这些树木全部覆盖，然后使树木因缺少阳光、缺少养分、缺少水分而“窒息”死亡。

薇甘菊原在南美洲时并非是植物杀手，因为当地有160多种昆虫和菌类吃它，令它受到制约而不能疯长。

目前，对于这种外来植物除了手工清除以外，尚未找到有效的清理方法。

## 1.8.9 互花米草 *Spartina alterniflora* Loisel

互花米草又称大米草，是禾本科多年生高杆型草本植物，原产北美洲大西洋海岸，分布于北起纽芬兰南至佛罗里达中部及墨西哥湾沿岸的定期泛潮带滩地和沼泽地。因其具有促淤造陆、固土绿化等作用，由南京大学仲宠信教授等于1979年引入我国，1980年试种成功，之后在沿海推广。10余年后，由于大量草籽随海潮漂流，遇湿地即成活和根系无性密集繁殖的特性，迅速侵吞沿海滩涂，变成了害草，如破坏近海生物栖息环境，影响滩涂养殖；堵塞航道，影响船只出港；影响海水交换能力，导致水质下降，并诱发赤潮；威胁本土海岸生态系统，致使大片红树林消失。

图1-49　互花米草

互花米草植株高大健壮、茎杆挺拔；外形象芦苇，秆粗0.5～1.5厘米，株高1.5～3.5米。直立，不分枝。茎叶都有叶鞘包裹，叶互生，呈长披针形，长达60厘米，基部宽0.5～1.5厘米，至少干时内卷，先端渐狭成丝状；叶舌毛环状，长1～1.8厘米。植株花期为7～10月，圆锥花序，由3～13个长3～15厘米白色羽状、多少直立的穗状花序组成。小穗长10～18毫米，覆瓦状排列。颖先端多少急尖，具1脉，第一颖短于第二颖，无毛或沿脊疏生短柔毛；花药长5～7毫米。

互花米草的地下部分包括地下茎和须根，地下茎多横向分布，深度可达50厘米以上，根系分布深度可达1～2米。互花米草的扩展包括走茎蔓延和种子繁殖两种，生存能力超强，它具有耐盐碱、耐潮汐淹没、繁殖力强、根系发达等特点，能在低滩高碱环境中快速生长。稀疏草滩以走茎蔓延扩展为主；茂密连片草滩，种子萌发逐渐成为互花米草扩展的主要方式。

由于每年台风季节，在抗风防浪和保滩护堤方面，互花米草还是卓有成效的，并且节省许多修堤费用，因此，它有“绿色挡风墙”之称，具有一定的生态经济效益。因此，有时对互花米草真是爱恨交加。1999年控制互花米草根系的低毒除草剂获得突破，除草率达99%以上，不会污染环境。

# 第二章　植物的运动

陆生植物通常通过根系牢牢地固着于土壤中，因此植物个体（特别是高等植物）不能像动物那样自由地移动整体的位置，但植物体的器官可通过特殊的生长反应使其在空间的位置发生缓慢的移动，调整其在环境作用下的定向。此外，另有一些植物如含羞草和部分食虫植物（insectivorous plant）当遭受外界刺激时，能表现比较剧烈的和快速的“运动能力”。这些运动形式无疑是适应环境的一种机制，有利于更充分地利用环境资源和更有效地保护自己。

植物的运动曾是达尔文潜心研究的领域之一，在他晚年健康状况已很差的情况下，仍坚持与他的儿子弗朗西斯·达尔文（Francis Darwint）合作完成了长篇著作《The Power of Movement in Plants》（1880），书中对植物运动的现象和基本规律作了详尽的描述。达尔文认为，植物的每个部位都在连续不断地进行回旋转头运动（circumnutation），从实生苗的胚根、下胚轴和上胚轴，到以后的茎、叶和花梗，所有植物的所有生长部位都在转头，只是通常幅度很小，如果我们从垂直上方俯视根或茎的尖端，就能发现这一点。回旋转头运动实际是一种上升螺旋运动，缠绕植物（twiner）茎的运动状态就是普通转头运动幅度增加的结果，这种运动显示出对植物直接或间接的有利。例如，胚根的转头运动帮助根钻入土中，而拱形下胚轴和上胚轴的转头运动帮助破土。转头运动如此之普遍，以致人们本能地把它看作是为了某种特殊的目的而被植物获得的、以某种未知的途径伴随着植物组织的生长而出现的现象。

植物的转头运动可以被不同的因素修饰，结果导致运动暂时在某一个方向上加强，而在另一些方向暂时减弱或完全停止。修饰可能主要是由于遗传或结构上的原因，与外界条件没有关系；但在更多的情况下，修饰是依靠外界条件，如每天的光照、温度或重力引力。

修饰转头运动最简单的例子就是缠绕植物的转头。在幼苗时期，缠绕植物像其他实生苗一样运动着，但随年龄的增加，它们的运动便逐渐加大，也就是说修饰的结果主要在于大大增加了运动的幅度，而这种本领显然是遗传的，不为任何外界因素所激发；并且，缠绕植物这种被修饰的转头运动还可以以其他特殊的形式再被修饰，如欧白英（*Solanum duleamara*）的转头茎只能缠绕在细而柔软得像一根绳或线一样的支持物上，而在热带森林里，有些缠绕植物能环抱粗大的树干，这种缠绕本领的极大差异可能与它们的转头方向有某种未知的联系，但显然是由遗传因素或结构上的原因所决定的。

对大部分植物而言，总在进行的转头运动在很大程度上是被外来因素所修饰，根据影响因素的性质和植物反应方式的不同，可以分为向性运动（tropism movement）和感性运动（nastic movement)两种类型。向性运动由光、重力等外界刺激而产生，且运动方向取决于外界刺激的方向；感性运动由光暗转变、触摸或内部时间机制而引发，运动方向与外界刺激的方向无关。

# 2.1 向性运动

向性运动包括三个步骤：感受(感受到外界刺激)、传导(将感受到的信息传导到向性发生的细胞)、反应(接受信息后弯曲生长)。依外界刺激因子的不同，向性运动又可分向光性、向重力性(向地性)等。

## 2.1.1 向光性

向光性(Phototropism)是指植物随光的方向而弯曲生长的能力。很多植物的叶子具有向光性的特点，它们对阳光方向改变的反应很快，并能随着太阳的运动而转动，以使叶子尽量处于最适宜利用光能的位置，这对植物的生活具有重要意义，叶镶嵌现象(leaf mosaic)就是在植物向光性反应的基础上产生的。目前多认为植物的向光性反应是由于植物体内的光受体(存在于质膜上的核黄素)吸收光后引起组织的不均等生长而产生。关于组织不均等生长的原因有两种对立的看法，一种看法认为组织的不均等生长是由于生长素分布不均匀所致，即单方向的光照引起不同部位产生电势差，向光的一面带负电荷，背光的一面带正电荷，促使弱酸性的生长素向正电荷的方向移动，背光的一侧生长素增多，细胞的伸长剧烈，使植物向光弯曲；另一种看法则认为植物向光性的产生是由于生长抑制物质分布不均匀造成的，目前尚无定论。

图 2-1 向日葵

除了叶子以外，棉花、向日葵(*Helianthus annus*)、花生等植物的顶端也能在一天中随阳光而转动，呈所谓"太阳追踪"，这种现象主要是由于溶质控制叶枕细胞的运动而引起的。

## 2.1.2 向重力性

向重力性(向地性)(gravitropism)是植物在重力影响下保持一定生长方向的特性。根顺着重力方向向下生长，称为正向重力性(positive gravitropism)；茎背离重力方向向上生长，称为负向重力性(negative gravitropism)；地下茎则水平方向生长，称为横向重力性(diagravitropism)。感受重力的细胞器是平衡石(statolith)，植物的平衡石是淀粉体(amyloplastl)，一个细胞内有 4～12 个淀粉体，每个淀粉体外有一层膜，内有 1～8 个淀粉粒。植物体内平衡石的分布因器官而异，根部的平衡石在根冠中，茎部的平衡石分布在维管柱周围的 1～2 层细胞

(也称淀粉鞘)中。实验证明,在垂直生长的根中,淀粉体沉积在根冠细胞的远端水平壁上,将根水平放置几分钟后,淀粉体就下滑到下侧的(与土壤平行的)原来的垂直壁上,大约 24 小时内,根弯曲生长。有人推测,根横放时,平横石下沉,对细胞下侧的内质网产生压力,诱发内质网释放 $Ca^{2+}$ 到细胞质内,$Ca^{2+}$ 与钙调素结合,激活细胞下侧的钙泵和生长素泵,于是细胞下侧积累过多钙和生长素,引起不均等生长。

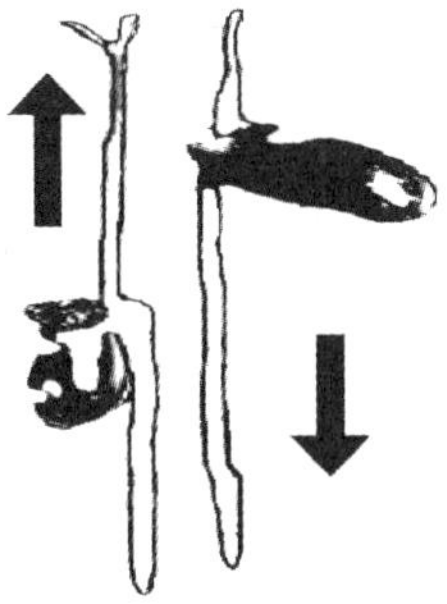

图 2-2 荔树苗的向地性生长

向重力性生长对植物具有明显的生物学意义。例如,种子播到土中,不管胚的方向如何,根总是向下生长,茎总是向上生长,有利于植物的生长发育;对禾谷类植物而言,一旦倒伏后,茎节向上弯曲生长能保证植物继续正常生长发育。

# 2.2 感性运动

感性运动多与叶枕细胞膨压变化相联系。根据外界刺激因子的不同可分为感夜性、感震性等。

## 2.2.1 感夜性

叶子的睡眠运动是一种很引人注目的现象,很多植物(如大豆、花生、合欢等)的叶子(或小叶)白天高挺张开,晚上合拢下垂,这就是感夜性(nyctinasty)。除此以外,蒲公英的花序在晚上闭合,白天开放。相反,烟草、紫茉莉(*Mirabilis jalapa*)的花晚上开放,白天闭合,这种由于光暗变化而引起的运动也属于感夜性。目前认为植物的感夜性主要是由植物体内的生理钟所决定的,因为这种运动即使在不变化的环境条件下(没有昼夜变化),在一定天数内仍能显示这种周期性的、有节奏的变化,这种节奏的振荡周期为 20～30 小时(约为一昼夜),因此被称为近似昼夜节律(circadian rhythm),这种节奏为日光的变化所引导,并且节奏一旦开始,就以大约 24 小时的节奏自主地运动。这一现象反映出植物体内存在一个内在的定时控制机制,也就是生理钟(physiological clok),植物借助于生理钟(细胞的计时机构)准确进行测时,并控制有关器官的节奏性变化。有关近似昼夜节律的物理学基础或生理钟测时过程变化的机理,目前还不很清楚,有实验证据表明:细胞膜的透性和运输特性存在缓慢的近似昼夜节律的变化,并在每一个周期中发生,故认为可能是生理钟组成的一部分;而植物体内存在的光敏色素(受体)感受光暗反应变化,Pr 和 Pfr 之间发生相互转化,可引导膜结构和透性更迅速的变化,其结果导致细胞中 $K^+$ 和 $Cl^-$ 的再分配。睡眠植物叶片的运动主要是由于叶枕中运动细胞的变化,当小叶张开时,叶枕一侧的运动细胞肿胀而另一侧的细胞皱缩;当小叶闭合时,发生相反的变化。运动细胞体积的变化主要就受这些细胞中 $K^+$ 和 $Cl^-$ 的流动出入液泡的调节,$K^+$ 和 $Cl^-$ 的增加降低了细胞的水势,水分吸收量增加,导致细胞肿胀,而 $K^+$ 和 $Cl^-$

的减少，则产生相反的作用。

### 2.2.2 感震性

在感性运动中，含羞草(*Mimosa pudica* L.)的运动是最引人注意的，这种植物不仅在夜晚将小叶合拢下垂，即使在白天，当部分小叶遭受震动或其他刺激(如烧灼、骤冷)时，小叶也会成对地合拢，如刺激较强，这种刺激可以很快地传递到邻近的小叶，甚至整个植物，使小叶合拢，叶柄下垂，但经过一定时间后，整个植株又可以恢复原状。由于这种运动由震动所引起，因此称之为感震性(seismonasty)。含羞草对震动的反应很快，刺激后0.1秒就开始，几秒钟就完成，如此迅速的反应要求高度的协调，这种反应首先是通过将叶柄感受细胞接受的机械刺激转化为电信号而产生的，这种信号或许是一种传递的膜的去极化作用(类似于运动神经细胞的动作电位)，它能迅速地通过组织传播，直至到达叶枕运动细胞，使之发生膨压和体积的变化，导致叶或小叶的运动。

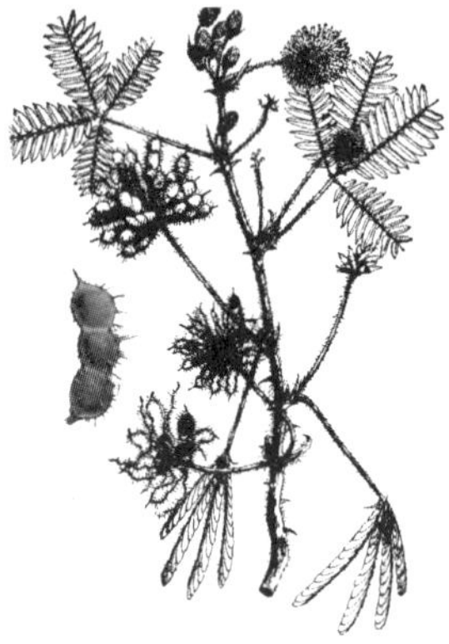

图 2-3 含羞草

### 2.2.3 食虫运动

类似的感震性运动在有些食虫植物和攀缘植物中也普遍存在。
植物吃动物的主题是大家都感兴趣的，因为历来人们只看到牛吃草，兔子吃青菜，从来没有看见倒过来的情景。这里要向你介绍的并不是草吃牛或者是青菜吃兔子，而是一种很小的草吃更小动物的现象。

食虫植物主要靠用叶片特化而成的捕虫器官捕捉昆虫，并消化它们而获得营养。食虫植物有不同的捕虫机制，但大多与感性运动有关，如茅膏菜(*Drosera burmanni* Vahl)的捕虫器官上有很多腺毛，并分泌有许多粘液，昆虫一旦沾上粘性的分泌物就难以逃脱，并不停地踢腿拍翅，从而刺激了触器上的感觉细胞，触器绕着昆虫卷曲，使其与分泌强酸及降解酶的腺体接触，最终杀死昆虫并吸收之。捕蝇草(*Dionaea muscipula*)的捕捉器由带有两个裂片的叶片组成，每一裂片表面有三脉三角形式定位的触发毛，机械刺激这些毛中的一根，将产生一个动作电位，并通过毛和裂片的细胞而传导，导致裂片细胞兴奋，促使捕捉器关闭。捕捉器的运动是极快的，整个过程(包括刺激发送、传导及捕捉器闭合)通常在刺激之后的0.1秒内完成。昆虫每触动一枚感觉毛时，导致一个新的动作电位产生，促使捕捉器闭合得更紧，叶表面上的腺体则受刺激而分泌酸和消化酶，昆虫越是挣扎，就越是加速自身的死亡。捕捉器一直关闭到昆虫的躯体(除骨骼外)被消化完为止，如果虫体较大，这需要一周或更长时间；如果捕捉器受到一个非营养性物体或一个瞬间的机械刺激，而不是一个昆虫的作用，则过几小时后，它又重新开放，其机理可能正像达尔文所推测的那样，消化的产物本身

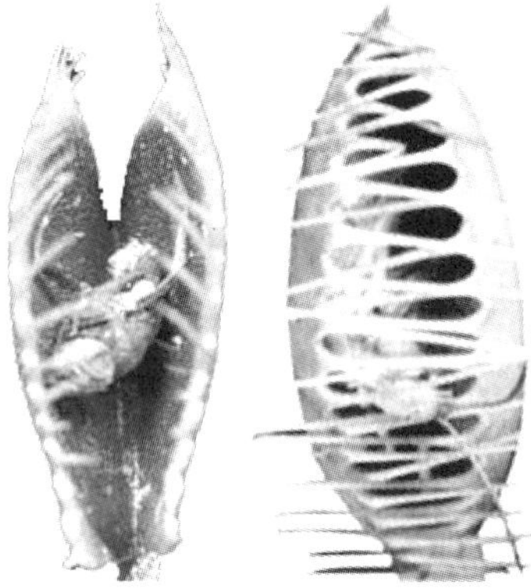

图 2-4 捕蝇草

使捕捉器保持关闭。在消化后捕捉器的重新开放，使叶片重新定向为水平位置，这种位置对于光合作用最为适宜，这样在没有肉类食物时，植株就恢复为自养性营养。

锦地罗 *Drosera burmanni* Vahl(*Drosera spathulata*)是双子叶植物纲茅膏菜科的另一种食虫小草，主要分布在我国浙江、福建、广东、广西、云南等南方山区。

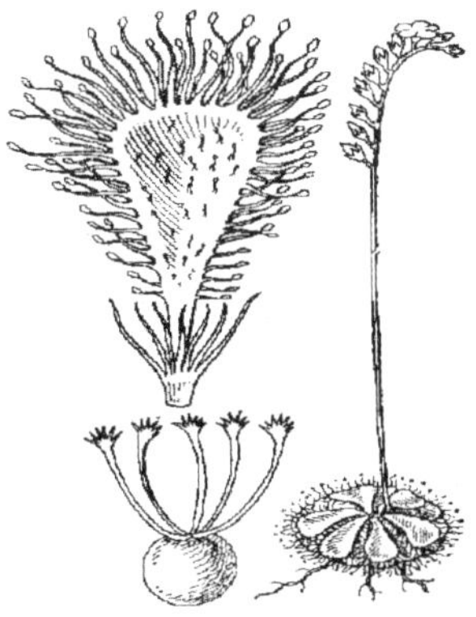

图 2-5　锦地罗

锦地罗根细而短，根系不发达，支根较少，不会入土太深。茎短，其上丛生叶子。叶片根生，通常互生，有时轮生，倒披针状匙形，叶片向四方水平展开，如莲座排列，叶芽最初盘旋状卷曲，可防止水分蒸散，叶基具白色撕裂状苞片，叶片上有分泌黏稠液体的腺毛。夏秋季时开粉红色或白色花，花萼花瓣各五枚，花茎细长，顶端卷曲，总状花序上的花瓣由上往下依序一次开1～3朵，雌雄同株。

锦地罗靠什么捉住跑得很快的小虫呢？锦地罗的植物体通常只有一枚硬币般大小，我们可以将一株锦地罗放在载玻片上观察并进行拍摄，它的叶片由中央向四周伸展，叶面上长满了粘性的腺毛，每根腺毛的顶端都有一团粘性很强的粘液，当蚂蚁或小蜘蛛掉到叶片上时，就被这些腺毛粘住，四周更长的腺毛纷纷向内弯曲，压在小虫身上，最终把小虫压得紧贴在叶片上动弹不得，然后腺毛分泌出蛋白酶把虫体内的蛋白质水解成液体，被叶面吸收。有趣的是锦地罗只享用活的幼小昆虫，对于那些死昆虫或非昆虫不感兴趣，捕食到体积过大的昆虫时，将两败俱伤。

## 2.2.4　转头运动

除含羞草和食虫植物外，有些攀缘植物也表现明显的感震性运动，这些植物多没有坚硬的茎，通常利用纤细的卷须爬伏在附近的植物体或支持物上，维持自身向上的生长。这些植物的卷须通常是茎或叶的变态，它们生长时不停地进行螺旋状的转头运动，以增加与潜在的支持物接触的机会，一旦它们碰上这种支持物，它们就迅速地改变生长的速度和方向，并围绕支持物形成螺圈状结构，以抓住外部的支持物将植株推引向上。有些植物的卷须是感触性的(卷曲的方向为卷须结构的不对称性所预先决定)，而另外一些则是向触性的(卷须卷曲的方向依赖于外界刺激的方向)。不管是感触性的还是向触性的，当接触刺激过早消失时，已开始卷曲的卷须就会伸直；所以，当短暂地接触一个动物、一根被风吹动的枝条或其他移动物体时，不会导致卷须的生长方向发生永久性的变化，通常卷须的顶部对接触刺激最为敏感，这种刺激又能引起基部区域和项部同时发生卷曲，表明刺激能通过组织而传递，但目前还不知道卷须是否含有易激动的细胞(它们能传递动作电位，就像含羞草和某些食虫植物一样)或是否有其他形式的电信号参与其中。

图 2-6　喇叭花

# 第三章　植物的命名及分类阶层系统

## 3.1　植物的命名

每种植物都有它自己的名称，以世界之广，语言之异，同一种植物在不同的国家、不同的民族、不同的地区往往有不同的叫法。例如，北京称甘薯为白薯，湖南叫红薯，江苏叫山芋，四川叫红苕，东北叫地瓜；又如马铃薯，在我国南方称洋山芋（或洋芋），北方则称土豆或山药蛋。所有这些名称，都是地方名或俗名，这种现象称为同物异名（synonym）。另外还有同名异物（homonym）现象，如广东的水果番木瓜叫木瓜，属于番木瓜科，另外蔷薇科有一种中药也叫木瓜，在北京昌平地区则习惯把文冠果（*Xanthoceras sorbifolia*）（一种能源植物）称做木瓜。由于名称不统一，故常常造成混乱，妨碍了国内和国际间的学术交流。因此，植物学家在很早以前就对创立世界通用的植物命名法问题进行探索，在18世纪中叶以前曾采用过多名法（polynomial），此种命名法是用一系列的词来描述一种植物，因而显得非常烦琐；后来多名法被双名法（binomial system）所代替。现代植物的种名，即世界通用的科学名称（scientific name），都是采用双名法。

双名法是由瑞典植物分类学大师林奈（Carolus Linnaeus）创立的，所谓双名命名法是指用拉丁文给植物起名字，每一种植物的种名都由两个拉丁词或拉丁化单词组成，一个完整的学名还需要加上最早给这个植物命名的作者名，故第三个词是命名人。因此，属名＋种加词＋命名人名构成一个完整的学名，如银杏的种名为 *Ginkgo bioloba* L.

植物的属名和种加词都有其特定的含义和来源，并有一些具体规定。

### 3.1.1　属名

一般采用拉丁文的名词，若用其他文字或专有名词，也必须使其拉丁化，亦即使词尾转化成拉丁文语法上的单数、第一格（主格）；书写时第一个字母一律大写。

### 3.1.2 种加词

种加词大多为形容词，少数为名词的所有格或为同位名词。种加词其来源不拘，但不可重复属名；如用2个或多个词组成种加词时，则必须连写或用连字符号连接；用形容词作种加词时，在拉丁文语法上要求其性、数、格均与属名一致。例如，栗（板栗）*Castanea mollissima* BL.，*Castanea* 栗属（阴性、单数、第1格），mollissima 被极柔软毛的（阴性、单数、第1格）。

### 3.1.3 命名人

植物学名最后附加命名者之名，不但是为了完整地表示该种植物的名称，也是为了便于查考其发表日期，而且该命名者要对他所命名的种名负有科学责任。命名人通常以其姓氏的缩写来表示，并置于种加词的后面；命名人要拉丁化，第一个字母要大写，缩写时一定要在右下角加下脚圆点号“.”。

“国际植物命名法规”（International Code of Botanical Nomenclature）（以下简称“法规”）是由国际植物学大会通过，由“法规”委员会根据大会精神拟定的，并在每5年召开的国际植物学会议后加以修订补充。第1届大会是1900年在巴黎举行的，第9届大会1959年在加拿大蒙特利尔举行，于1961年出版了《法规》的第6版，这一版由我国匡可仁教授译成了中文，于1965年由科学出版社出版，我国植物命名多参考这一版。

“法规”是国际植物分类学者命名共同遵循的文献和规章，有了它才能使命名方法统一和正确，便于国际交流。现举其中要点如下：

(1)每一种植物只有一个合法的拉丁学名，其他名只能作异名或废弃。

(2)每种植物的拉丁学名包括属名和种加词，另加命名人名。

(3)一植物如已见有两个或两个以上的拉丁学名，应以最早发表的（不早于1753年林奈的《植物志种》一书发表的年代）并按“法规”正确命名的名称为合法名称。

(4)一个植物合法有效的拉丁学名，必须有有效发表的拉丁描写。

(5)对于科或科以下各级新类群的发表，必须指明其命名模式才算有效，新科应指明模式属；新属应指明模式种；新种应指明模式标本。

(6)保留名（nomina conservenda）是不符命名法规的名称，按理应不通行，但由于历史上已习惯用久了，经公议可以保留，但这一部分数量不大。例如，科的拉丁词尾有一些并不都是以－aceae结尾的，如伞形科 Umbelliferae 或写为 Apiaceae，十字花科 Cruciferae 也可写为 Brassicaceae，禾本科 Gramineae 也可写为 Poaceae。

对一个具体的植物种来讲，按照法规命名时，可以简化成如下5个步骤：

① 植物的学名由2个拉丁单词或拉丁化的单词组成；

② 第一个单词是属名，用名词，首字母必须大写；

③ 第二个单词是种加词，用形容词；

④ 属名和种加词后应附上定名人的姓氏或姓氏缩写，首字母大写；

⑤ 属名和种加词在书写时用斜体，定名人用正体。如：水稻的学名为 *Oryza sativa* L.

# 3.2 植物分类的阶层系统

植物分类的一项主要工作就是将自然界的植物按一定的分类等级(rank)进行排列,并以此表示每一种植物的系统地位和归属。常用的植物分类的等级包括:界、门、纲、目、科、属、种。在每一个等级之下还可分别加入亚门、亚纲、亚目、亚科、亚属等。另外,在科以下有时还加入族、亚族,在属以下有时还加入组或系等分类等级。所有这些分类等级构成了植物分类的阶层系统(hierarchy)。

在植物的分类阶层系统中,种是最基本的分类单元,而划分不同物种的标准主要是植物的形态差异,尤其是花和果实的形态差异,这些差异通常是比较稳定可靠的,易与相近的类群区别开来。但对某些性状的差异程度是否达到种级的水平,不同学者常有不同的看法,因而对同一类植物可能作出不同的等级处理。植物分类学者能不能运用生物学种的概念和方法进行分类工作,这在理论上说是可以的、不矛盾的,但具体做时就会遇到不少困难,因为许多植物的分类、鉴定和命名都是根据采回的腊叶标本进行的。如果所有标本材料在定名以前,都必须先进行杂交试验,看看是否存在生殖隔离,再确定其分类地位,无论从时间上或是从材料的收集和保存等方面看都是不可能的。多数分类学家认为,植物形态上的差异与植物生理、生化及遗传上的差异是有联系的,不同植物生理生化特性的改变以及遗传上的分化多多少少要反映到形态上来,因而根据形态特征的分类在很大程度上能够反映同种植物之间的相似性以及不同种植物之间的本质差异。

表 3-1 植物分类的阶层系统

| 分类的等级 | | | 分类举例 | |
|---|---|---|---|---|
| 中名 | 拉丁名 | 英名 | 中名 | 拉丁名 |
| 界 | Regnum | Kingdom | 植物界 | Regnum vegitabile |
| 门 | Divisio | Phylum | 种子植物门 | Spermatophyta |
| 亚门 | Subdivisio | Subphylum | 被子植物亚门 | Angiospermae |
| 纲 | Classis | Class | 双子叶植物纲 | Dicotyledoneae |
| 亚纲 | Subclassis | Subclass | 合瓣花亚纲 | Sympetalae |
| 目 | Ordo | Order | 菊目 | Asterales |
| 亚目 | Subordo | Suborder | 菊亚目 | Asterineae |
| 科 | Familia | Family | 菊 科 | Compositae(Asteraceae) |
| 亚科 | Subfamilia | Subfamily | 菊亚科 | Asteroideae |
| 族 | Tribus | Tribe | 向日葵族 | Heliantheae |
| 亚族 | Subtribus | Subtribe | 向日葵亚族 | Helianthinae |
| 属 | Genus | Genus | 向日葵属 | *Helianthus* |
| 种 | Species | Species | 向日葵 | *Helianthus annuus* L. |

值得注意的是,强调同种植物之间的形态相似性,并不排斥在同种植物的不同个体之间也存在一定程度的差异。以往常常以一份标本和少数几个植株的特征来代表一个种,过分强

调同种个体在形态上的一致性，而忽视了不同个体间的差异性，把同一个种内的不同变异个体或变异的极端类型定名为新种，造成了许多分类学上的混乱。居群概念的提出，引导分类学者在分类以前，要从居群的角度进行全面的调查和收集材料，尽可能全面地了解同种不同个体性状变异的式样和幅度，减少分类过程中的主观片面性。

在种一级之下，有时可区分出不同的亚种、变种或变型。一般认为一个种内形态上有较明显的区别、地理分布上又有一定程度隔离的个体群可确定为不同的亚种(subspecies)；变种(variety)多指有较稳定的形态差异、但分布范围比较局限的个体群，通常认为变种相当于地方宗，而亚种相当于地理宗；变型(form)主要指没有特定分布区的、零星分布的变异个体。

## 3.3 校园植物识别

### 3.3.1 校园常见种子植物名录

#### 3.3.1.1 裸子植物 Gymnospermae

| 序号 | 植物名 | 科名 | 拉丁名 |
|---|---|---|---|
| 1 | 苏铁 | 苏铁科 Cycadaceae | *Cycas revorulta* Thunb. |
| 2 | 银杏 | 银杏科 Ginkgoaceae | *Ginkgo biloba* L. |
| 3 | 异叶南洋杉 | 南洋杉科 Araucariaceae | *Araucaria heterophylla* (Solisb.) Franco |
| 4 | 雪松 | 松科 Pinaceae | *Cedrus deodora* (Roxb.) G. Don |
| 5 | 罗汉松 | 罗汉松科 Podocarpaceae | *Podocarpus macrophyllus* (Thunb.)D. Don |
| 6 | 柳杉 | 杉科 Taxodiaceae | *Cryptomerica fortunei* Hooibrenk ex Otto et Dietr |
| 7 | 水杉 | | *Metasequoia glyptostroboides* Hu et Cheng |
| 8 | 侧柏 | 柏科 Cupressaceae | *Platycladus orientalis* (L.)France |
| 9 | 千头柏 | | *Platycladus orientalis* 'Sieboldii' |
| 10 | 匍地龙柏 | | *Sabina chinensis* cv. kaizuca procumbens |
| 11 | 塔柏 | | *Sabina chinensis* 'Pyramidalis' |

#### 3.3.1.2 被子植物 Angiospermae

| 序号 | 植物名 | 科名 | 拉丁名 |
|---|---|---|---|
| 12 | 胡桃 | 胡桃科 Juglandaceae | *Juglans regia* L. |
| 13 | 枫扬 | | *Pterocarya stenoptera* DC. |
| 14 | 垂柳 | 杨柳科 Salicaceae | *Salix babylonica* L. |
| 15 | 朴树 | 榆科 Ulmaceae | *Celtis sinensis* Pers. |
| 16 | 杜仲 | 杜仲科 Eucommiaceae | *Eucommia ulmoides* Oliv. |
| 17 | 无花果 | 桑科 Moraceae | *Ficus* carica L. |

| | | | |
|---|---|---|---|
| 18 | 柘树 | | *Cudrania tricuspidata* (Carr.) Bur. ex Lavallee |
| 19 | 榕树 | | *Ficus microcarpa* L. |
| 20 | 黄葛树 | | *Ficus virens* Ait. var. sublanceolata Cornor |
| 21 | 葎草 | | *Humulus scandens* (Lour.)Merr. |
| 22 | 桑 | | *Morus alba* L. |
| 23 | 蓖麻 | 荨麻科 Urticaceae | *Ricinus communis* L |
| 24 | 长叶水麻 | | *Debregeasia longifolia* (Burm. F.) Wedd |
| 25 | 银桦 | 山龙眼科 Proteaceae | *Grevillea robusta* A. Cunn |
| 26 | 扁蓄 | 蓼科 Polygonaceae | *Polygonum aviculare* L. |
| 27 | 齿果酸模 | | *Rumex dentatus* L. |
| 28 | 商陆 | 商陆科 Phytolaccaceae | *Phytolacca acinosa* Roxb |
| 29 | 叶子花 | 紫茉莉科 Nyctaginaceae | *bougainvillea glabra* choisy |
| 30 | 紫茉莉 | | *Mirabilis jalapa* L. |
| 31 | 马齿苋 | 马齿苋科 Portulacaceae | *Portulaca oleracea* L. |
| 32 | 石竹 | 石竹科 Caryophyllaceae | *Dianthus chinensis* L. |
| 33 | 漆姑草 | | *Sagina japonica* (Sweet) Ohwi. |
| 34 | 高雪轮 | | *Silene armeria* L. |
| 35 | 繁缕 | | *Stellaria media* (L.) Cyr |
| 36 | 土荆芥 | 藜科 Chenopodiaceae | *Chenopodium ambrosioides* L. |
| 37 | 藜 | | *Chenopodium album* L. |
| 38 | 牛膝 | 苋科 Amaranthaceae | *Achyrnthes bidentata* Bl. |
| 39 | 喜旱莲子草 | | *Alternanthera philoxeroides* (Mart.)Griseb. |
| 40 | 千日红 | | *Gomphrena globosa* Linn |
| 41 | 二乔玉兰 | 木兰科 Magnoliaceae | *Magnolia soulangeana* Soul. —Bod. |
| 42 | 白兰花 | | *Michelia alba* DC. |
| 43 | 荷花玉兰 | | *Magnolia grandiflora* L. |
| 44 | 鹅掌楸 | | *Liriodendron chinensis* (Hemsl.)Sarg. |
| 45 | 含笑 | | *Michelia figo* (Lour.)Spreng |
| 46 | 厚皮香八角 | | *Illicium ternstroemioides* A. C. Smith |
| 47 | 白玉兰 | | *Michelia denudata* DC |
| 48 | 蜡梅 | 蜡梅科 Calycanthaceae | *Chimonanthus praecox* (L.)Link. |
| 49 | 黑壳楠 | 樟科 Lauraceae | *Lindera megaphylla* Hemsl. |
| 50 | 樟 | | *Cinnamomum camphora* (L.)Presl. |
| 51 | 天竺桂 | | *Cinnamomum japonicum* Sieb. |
| 52 | 石龙芮 | 毛茛科 Ranunculaceae | *Ranunculus sceleratus* L |
| 53 | 十大功劳 | 小檗科 Berberidaceae | *Mahonia fortunei* (Lindl.) Fedde |
| 54 | 南天竹 | | *Nandina domestica* Thunb. |
| 55 | 莲 | 睡莲科 Nymphaeaceae | *Nelumba nucifera* Gaerth. |
| 56 | 蕺菜 | 三白草科 Saururaceae | *Houttuynia cordata* Thund |
| 57 | 山茶 | 山茶科 Theaceae | *Camellia japonica* L. |
| 58 | 金丝梅 | 藤黄科 Clusiaceae | *Hypericum monogynum* L. |
| 59 | 虞美人 | 罂粟科 Papaveraceae | *Papaver rhoeas* L. |

| | | | |
|---|---|---|---|
| 60 | 诸葛菜 | 十字花科 Cruciferae | *Orychophragmus violaceus* (L.) O. E. Sch |
| 61 | 二球悬铃木 | 悬铃木科 Platanaceae | *Platanus acerifolia* (Ait.) Willd. |
| 62 | 蚊母树 | 金缕梅科 Hamamelidaceae | *Distylium racemosum* Sieb. et Zucc |
| 63 | 枫香树 | | *Liquidambar formosana* Hance |
| 64 | 长寿花 | 景天科 Crassulaceae | *Narcissus jonquilla* 'Tom Thumb' |
| 65 | 凹叶景天 | | *Sedum emarginatum* Migo |
| 66 | 绣球 | 虎耳草科 Saxifragaceae | *Hydrangea macrophylla* (Thunb.) Ser. in DC |
| 67 | 虎耳草 | | *Saxifraga stolonifera* Curt. |
| 68 | 海桐 | 海桐花科 Pittosporaceae | *Pittosporum tobira* (Thunb.)Ait |
| 69 | 红叶李 | 蔷薇科 Rosaceae | *Prunus cerasifera* Pissardii |
| 70 | 日本晚樱 | | *Prunus yedoensis* Matsum |
| 71 | 樱桃 | | *Cerasus pseudocerasus* (Lindl.) G. Don |
| 72 | 垂丝海棠 | | *Malus halliana* Koehne |
| 73 | 碧桃 | | *Prunus persica* f. rubro—plena Schneid |
| 74 | 月季花 | | *Rosa chinensis* Jacq |
| 75 | 枇杷 | | *Eribotrya japonca* Lindl. |
| 76 | 麻叶绣线菊 | | *Spiraea cantoniensis* Lour |
| 77 | 蛇莓 | | *Duchesnea indica* (Andr.) Focke |
| 78 | 湖北海棠 | | *Malus hupehensis* (Pamp.) Rehd |
| 79 | 蔷薇 | | *Rosa soulieana* Crep. In Bull |
| 80 | 七姊妹 | | *Rosa multiflora* var. carnea |
| 81 | 槐树 | 豆科 Leguminosae | *Sophora japonica* L. |
| 82 | 倒槐 | | *Sophora japonica* 'Pendula' |
| 83 | 紫藤 | | *Wisteria sinensis* (Sims) Sweet |
| 84 | 龙牙花 | | *Erythrina corallodendron* Linn |
| 85 | 刺槐 | | *Robinia pseudoacacia* L. |
| 86 | 刺桐 | | *Erythrina variegata* var. orientalis |
| 87 | 红花酢浆草 | 酢浆草科 Oxalidaceae | *Oxalis bowiei* Lindl. |
| 88 | 柚 | 芸香科 Rutaceae | *Citrus grandis* (L.)Osbeck. |
| 89 | 红橘 | | *Citrus reticulata* Blanco |
| 90 | 枳 | | *Poncirus trifoliata* (L.) Raf |
| 91 | 竹叶椒 | | *Zanthoxylum planispinum* Sieb. et. Zucc. |
| 92 | 臭椿 | 苦木科 Simaroubaceae | *Ailanthus altissima* (Mill.) Swingle |
| 93 | 苦木 | | *Ailanthus altissima* Var |
| 94 | 川楝 | 楝科 Meliaceae | *Melia toosendan* Sieb. et Zucc |
| 95 | 三角槭 | 槭树科 Aceraceae | *Acer buergerianum* Miq. |
| 96 | 鸡爪槭 | | *Acer palmatum* Thunb |
| 97 | 大果冬青 | 冬青科 Aquifoliaceae | *Ilex macrocarpa* Oliv. |
| 98 | 冬青卫矛 | 卫矛科 Celastraceae | *Euonymus japonicus* Thunb |
| 99 | 黄杨 | 黄杨科 Buxaceae | *Buxus sinica* M. Cheng |
| 100 | 爬山虎 | 葡萄科 Ampelidaceae | *Parthenocissus tricuspidata* Planch. |
| 101 | 木芙蓉 | 锦葵科 Malvaceae | *Hibicus mutabilis* L |

| | | | |
|---|---|---|---|
| 102 | 蜀葵 | | *Althaea rosea* (L. )Cav. |
| 103 | 垂花悬铃花 | | *Malvaviscus arboreus* Cav |
| 104 | 木棉 | 木棉科 Bombacaceae | *Gossampinus malabarica* (DC. )Merr. |
| 105 | 梧桐 | 梧桐科 Sterculiaceae | *Firmiana platanifolia* (L. f. )Marsili |
| 106 | 三色堇 | 堇菜科 Violaceae | *Viola tricolor* L. |
| 107 | 柽柳 | 柽柳科 Tamaricaceae | *Tamarix chinensis* Lour. |
| 108 | 紫薇 | 千屈菜科 Lythraceae | *Lagerstroemia indica* L. |
| 109 | 桉 | 桃金娘科 Myrtaceae | *Eucalyptus robusta* Smith. |
| 110 | 石榴 | 石榴科 Punicaceae | *Punica granatum* L. |
| 111 | 喜树 | 蓝果树科 Nyssaceae | *Camptotheca acuminata* Decne. |
| 112 | 灯台树 | 山茱萸科 Cornaceae | *Bothrocaryum controversum* (Hemsl. ) Pojark |
| 113 | 白勒 | 五加科 Araliaceae | *Cortex Acanthopanacis* (L. ) Merr |
| 114 | 常春藤 | | *Hedara nepalensia* var. sinensis |
| 115 | 积雪草 | 伞形花科 Umbelliferae | *Centella asiaticall* (L. )Urban |
| 116 | 窃衣 | | *Torilis japonica* (Houtt. ) DC |
| 117 | 杜鹃 | 杜鹃花科 Ericaceae | *Rhododendron simsii* Planch |
| 118 | 白花杜鹃 | | *Rhododendron mucronulatum* Turcz. |
| 119 | 聚花过路黄 | 报春花科 Primulaceae | *Lysimachia congestiflora* Hemsl. |
| 120 | 女贞 | 木犀科 Oleaceae | *Ligustrum lucidum* Ait. |
| 121 | 小叶女贞 | | *Ligustrum quihoui* Carr |
| 122 | 木犀(桂花) | | *Osmanthus fragrans* Lour. |
| 123 | 云南黄素馨 | | *Jasminum mesnyi* Hance |
| 124 | 夹竹桃 | 夹竹桃科 Apocynaceae | *Nerium indicum* Mill |
| 125 | 栀子 | 茜草科 Rubiaceae | *Gandenia augusta* Ellis. |
| 126 | 猪殃殃 | | *Galium aparine* L. var. tenerum Reichb |
| 127 | 六月雪 | | *Serissa foetida* Comm. |
| 128 | 臭牡丹 | 马鞭草科 Verbenaceae | *Clerodendron bungei* Steud. |
| 129 | 瘦庋风轮菜 | 唇形科 Labiatae | *Clinopodium chinense* (Benth. )O. Kuntie |
| 130 | 益母草 | | *Leonurus japonicus* Houtt |
| 131 | 紫苏 | | *Perilla frutescens*(L. )Britt. |
| 132 | 夏枯草 | | *Prunella vulgaris* L. |
| 133 | 一串红 | | *Salvia splendens* Ker. —Gawl. |
| 134 | 龙葵 | 茄科 Solanaceae | *Solanum nigrum* L. |
| 135 | 蓝花楹 | 紫薇科 Bignoniaceae | *Jacaranda acutifolia* Humb. & Bonpl |
| 136 | 车前 | 车前草科 Plantaginaceae | *Plantago asiatica* L |
| 137 | 日本珊瑚树 | 忍冬科 Caprifoliaceae | *Viburnum awabuki* K. Koch |
| 138 | 接骨草 | | *Sambucus williamsii* Hance |
| 139 | 金银花 | | *Lonicera japonica* Thunb |
| 140 | 黄花蒿 | 菊科 Compositae | *Artemisia annua* L. |
| 141 | 金盏菊 | | *Calendula officinalis* L. |
| 142 | 瓜叶菊 | | *Cineraria cruenta* (Mass) DC. |
| 143 | 大丽菊 | | *Dahlia hybrida* Cav. |

| | | | |
|---|---|---|---|
| 144 | 野菊 | | *Chrysanthemum indicum* L |
| 145 | 鸡儿肠 | | *Kalimeris indica* (Linn.) Sch. —Bip |
| 146 | 黑心菊 | | *Rudbeckia serotina* Nutt. |
| 147 | 蒲公英 | | *Taraxacum mongolicum* Hand. —Mazz. |
| 148 | 沿阶草 | 百合科 Liliaceae | *Ophiopogon bodinieri* Levl. |
| 149 | 吊兰 | | *Chlorophytum comosum* (Thunb.)Baker |
| 150 | 吉祥草 | | *Reineckia carnea* (Andr.)Kunth |
| 151 | 丝兰 | 龙舌兰科 Agavaceae | *Yucca amalliana* Fern. |
| 152 | 金边龙舌兰 | | *Agave americana* L. var marginata Hort. |
| 153 | 蜘蛛兰 | 石蒜科 Amaryllidaceae | *Hymenocallis narcissiflora* L. |
| 154 | 朱顶红 | | *Hippeastrum vittatum* Herb. —Amaryllisvittata Ait |
| 155 | 玉帘 | | *Zephyranthes candida* Lindl. Herrb |
| 156 | 凤眼莲 | 雨久花科 Pontederiaceae | *Eichhoria crassipes* Lindl. Herrb |
| 157 | 蝴蝶花 | 鸢尾科 Iridaceae | *Iris japonica* Thunb. |
| 158 | 紫竹梅 | 鸭趾草科 Commelinaceae | *Setereasea purpurea* Room. |
| 159 | 白花鸭趾草 | | *Tradescantia albiflora* CV. 'Aureovittata' |
| 160 | 孝顺竹 | 禾本科 Gramineae | *Banbusa multiplex* (Lour.)Raeuchel |
| 161 | 慈竹 | | *Sinocalmus affinis* (Rendle) Mcclure |
| 162 | 花孝顺竹 | | *Bambusa multiplex f.* alphonsekarri |
| 163 | 早熟禾 | | *Poa annua* L. |
| 164 | 结缕草 | | *Zoysia japonica* Steud. |
| 165 | 棕榈 | 棕榈科 Palmae | *Trachycarpus fortunei* (Hook. f.)H. Wendl. |
| 166 | 假槟榔 | | *Archontophoenix atexanderae* Wendl. et Drude |
| 167 | 鱼尾葵 | | *Caryota ochlandra* Hance |
| 168 | 蒲葵 | | *Livistonia chinensis* (Jacq.)R. Br |
| 169 | 棕竹 | | *Rhapis excelsa* (Thunb.) Henry ex Rehd. |
| 170 | 海芋 | 天南星科 Araceae | *Alocasia macrorrhiza* (L.)Schott |
| 171 | 莎草 | 莎草科 Cyperaceae | *Mariscus umbellatus* Vahl |
| 172 | 水蜈蚣 | | *Kyllinga brevifolia* Rottb. var. leiolepis Hara |
| 173 | 芭蕉 | 芭蕉科 Musaceae | *Musa bahjoo* Sieb. et Zucc. |
| 174 | 大花美人蕉 | 美人蕉科 Cannaceae | *Canna generalis* Bailey |

## 3.3.2 校园常见种子植物特征及分布

### 3.3.2.1 苏铁科

1. 苏铁 *Cycas revoluta* Thunb.

苏铁俗称铁树、凤尾蕉、凤尾松，是名副其实的“活化石”。为常绿观叶植物，树干圆柱形，粗壮直立，色棕黑，极少分支，高 0.3 米至数米。叶螺旋状排列，羽片长 9～18 厘米、宽 0.5 厘米，边缘向下弯曲，质地坚硬，浓绿色，有光泽。叶柄两侧具短刺；裂片线状披针边缘波状，幼树被白粉，后呈深绿色，有光泽，先端钝，基部不对称。雌雄异株，雄花序圆柱形，雌花圆头状。

小孢子叶近匙形或宽楔形，黄色，边缘桔黄色，顶部有绒毛，下面有多数3～4枚聚生的小孢子囊；大孢子叶桔黄色，下部长柄状，上部菱状倒卵形，篦齿状分裂，裂片钻形，在其下方两侧生有1～4个近圆形、被绒毛的胚珠。种子成熟时黄色。

原产我国福建、广东；日本、印度尼西亚也有；现各地多栽培。

园林栽培、盆栽布置会场。叶、种子可入药。

图3-1 苏铁

图3-2 银杏

### 3.3.2.2 银杏科

2. 银杏 *Ginkgo biloba* L.

又称"白果树"、"公孙树"。是我国特有的珍贵树种。落叶乔木，幼小时树皮粗糙，有纵行的波纹，年老时树皮灰色，有深刻的龟裂。枝有长枝和短枝之分，长枝光滑而有光泽，短枝粗短而有环纹。叶在长枝上螺旋状散生，在短枝上3～5片簇生，叶片扇形，顶端带2浅裂，叶脉叉状分枝。花单性异株，雄花为倒垂的柔荑花序，雌花不明显。在3月间新出现时开放。每花有一长梗，没有花瓣和花萼，也没有子房和花柱，只有一个裸露的胚株。9～10月间，胚株发育成球状橙黄色的种子。种子核果状，外种皮肉质，熟时橙黄色；中种皮坚硬，白色；内种皮膜质，红色；胚乳丰富。

银杏原是我国特有的树种，现在已经广泛栽种在世界各地。

为优良的园林绿化树种。银杏的种仁、根、叶均可入药。银杏提取物还可以制成化妆品、保健品；茎为较好的工艺雕刻、装饰木材。

### 3.3.2.3 南洋杉科

3. 异叶南洋杉 *Araucaria heterophylla*（Salisb.）Franco

又称"小叶南洋杉、塔形南洋杉"。树皮略灰色，裂成薄片状。树冠塔形。大枝平伸，长达15米；小枝平展或下垂；侧枝常成羽状排列，下垂。叶二型。幼枝及侧生小枝的叶排列疏松，开展，钻形，绿色，向上弯曲。叶上面具多数气孔线，下面气孔线较少或无。大树及花果枝上的叶排列较密，微开展，宽卵形；为阳性植物，但幼苗宜阴，耐寒性不强。

原产大洋洲诺和克岛，我国广东、海南、福建等地，现全国各地均有栽培。

为珍贵的园林栽培树种。

图 3-3　异叶南洋杉

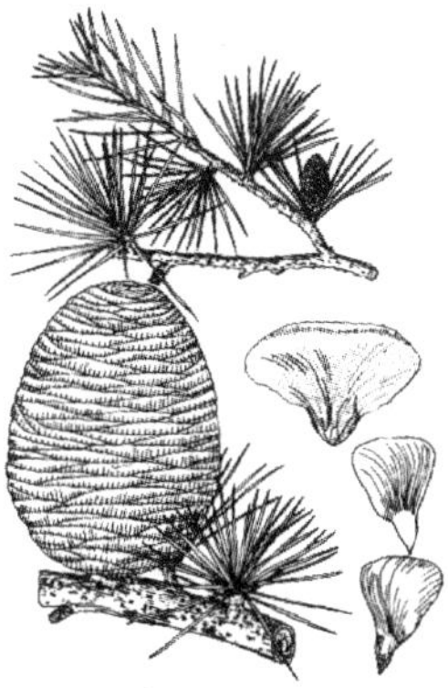

图 3-4　雪松

### 3.3.2.4　松科

4. 雪松 *Cedrus deodara*（Roxb.）G. Don

常绿乔木，高可达 50 米以上。树冠宝塔形，主干端直，大枝不规则轮生，平展，小枝微下垂。树皮灰褐色，幼时光滑，老年后则裂为鳞片状剥落。叶针形，在长枝上螺旋状散生，长 2.5～5 厘米。在短枝上簇生、斜展，针形，坚硬。雌雄异株，罕同株。球花单生枝顶。雌球花初紫红色，后转淡绿色；雄球花近黄色。但雄球花较雌球花约早 7～15 天开放。球果椭圆状卵形，形大直立，翌年 10 月成熟。熟时种鳞与种子脱落，种子有宽三角形的翅。花期 10～11 月。

原产阿富汗、巴基斯坦、印度北部以及我国西藏，目前几乎全国各地均有栽培。

是珍贵观赏树种。木材致密，芳香，可供建筑、造船等用。种子可榨油。还具有较强的防尘、减噪与杀菌能力，也适宜作工矿企业绿化树种。

### 3.3.2.5　罗汉松科

5. 罗汉松 *Podocarpus macrophyllus*（Thunb.）D. Don.

别名土杉。常绿乔木，高达 16 米，胸径 60 厘米；树皮褐灰色或灰白色，鳞状开裂。叶螺旋状排列，辐射状散生，在小枝上端排列紧密，线状披针形，微弯，长 4～10.5 厘米，宽 5～10 毫米，先端尖，基部狭有短柄，两面中脉显著隆起，表面绿色，有光泽，背面灰白色，光滑，有 2 条宽气孔带，无毛。雌雄异株；雄球花穗状，单生或 2～3 簇生叶腋，长 3～5 厘米，几无梗，基部具数枚三角形苞片；雌球花单生叶腋；具梗。种子卵圆形，长 8～10 毫米，直径约 6 毫米；核果状，下部有肥厚、肉质、暗红色的种托。花期 5 月，种熟期 10 月。

图 3-5　罗汉松

分布于海南南部海拔 600～1600 米的山坡或山脊林中。越南、缅甸也有分布。我国长江以南各省、区均有栽培。

树姿优美，可供园林绿化及盆栽观赏。木材供建筑、制器具等用。

### 3.3.2.6　杉科

6. 柳杉 *Cryptomeria fortunei* Hooibrenk ex Otto et Dietr.

又名长叶柳杉、孔雀松。乔木，高达 40 米，胸径可达 2 米余，树冠塔圆锥形，树皮赤棕色，纤维状裂成长条片剥落，大枝斜展或平展，小枝常下垂，绿色。叶长 1～1.5 厘米，幼树及萌芽枝之叶长达 2～4 厘米，钻形，微向内曲，先端内曲，四面有气孔线。雄球花黄色，雌球花淡绿色。球果熟时深褐色，径 1.5～2.0 厘米。种鳞约 20，苞鳞尖头与种鳞先端之裂齿均较短；每种鳞有种子 2 个，花期 4 月，果 10～11 月成熟。

产于浙江、福建，长江流域均有栽培。

较好的园林树种，在江南习俗中，自古以来都用作墓道树，亦宜作风景林栽植。

图 3-6　柳杉

图 3-7　水杉

7. 水杉 *Metasequoia glyptostroboides* Hu et Cheng

落叶乔木，高可达 35～42 米。树干基部膨大，树皮灰色或淡褐色，浅裂呈窄长条片脱落，内皮红褐色，大枝斜上伸展，1 年生枝浅灰色，2、3 年生枝灰褐色，枝的表皮层常成片状剥落，侧生短枝长 4～10 厘米，冬季与叶俱落。小枝对生，下垂。冬芽上方或侧方具有白色短枝痕。叶条形，柔软。交互对生，2 裂，羽状，扁平，柔软，几无柄，上面中脉凹下，下面两侧有 4～8 条气孔线。雌雄同株。球花单生叶腋或枝顶，近四棱圆球形或短圆柱形，有长柄。球果近圆形，下垂；种鳞木质，盾形，当年成熟；种子扁平，倒卵形，周围有窄翅，先端有凹缺。花期 2 月下旬，球果 10 月下旬至 11 月成熟。

分布于湖北、四川、湖南三省交界地区。为中国特有单种属植物，世界著名的孑遗植物。

水杉冠形整齐，树姿优美挺拔，叶色秀丽。最适合堤崖、湖滨、池畔列植、丛植或群植成林带和片林。可作为速生丰产的造林树种。

### 3.3.2.7　柏科

8. 侧柏 *Platycladus orientalis*（L.）Franco

又名扁松、扁柏、香柏；常绿乔木，高可达 20 多米。幼树树冠尖塔形，老树广圆形；树皮薄，灰褐色，细条状纵裂；呈薄片状剥离；大枝斜出；小枝扁平，排成一平面，直展，无白粉。叶全为鳞片状，交互对生，长 1～3 毫米，贴生于小枝上，两面均为绿色，叶被中部均有腺槽。花单性同株。球花单生小枝顶端；雄球花有 6 对雄蕊，每雄蕊有花药 2～4；雌球花有 4 对珠鳞，中间的 2 对珠鳞各有 1～2 胚珠。球果单生枝顶，卵状矩圆形，当年成熟，长 1.5～2 厘米，熟前被白粉，熟后木质，张开，红褐色。种鳞四对与包鳞结合，覆瓦状排列，有反曲尖头，熟时开裂，中部种鳞各有种子 1～2 粒，种子卵圆形或长卵形，无翅或有棱脊。花期 3～4 月，果熟期 10 月。

我国特产，原产华北、东北，目前除新疆、青海外全国各地均有栽培。

常见的绿化树种，是我国最广泛应用的园林树种之一，对土壤适应性广。枝叶及果实可入药。种子可榨油，药用。

图 3-8　侧柏

图 3-9　千头柏

9. 千头柏 *Platycladus orientalis* cv. *sieboldii*

千头柏，又名凤尾柏，是柏属柏科侧柏的变种，为丛生常绿灌木。无明显主干，株高可达 3 米左右，一般栽培高度多在 1～1.5 米。千头柏适应性强，对土壤要求不严，但需排水良好，水多易导致植株烂根。

长江流域及华北南部多有栽培。

树冠为圆形，树形优美，可对植、群植，也可做绿篱，是良好的绿化树种。

10. 铺地龙柏 *Sabina chinensis* cv. *kaizuca procumbens*

常绿匍匐灌木，枝条沿地面扩展，稍向上升。叶轮生，深绿色，刺形，长 6～8 毫米，顶端有角质锐尖头，基部下延，腹面凹，有白粉，背面沿中脉有纵槽，近基部有 2 白点，球果近圆形，蓝色，外有白粉，径 8～9 毫米，有 2～3 种子。

图 3-10　铺地龙柏

原产日本，南京和上海有引种，辽宁、山东、江西、浙江、西南各省也有栽培。

庭院观赏树种。

11. 塔柏 *Sabina chinensis* cv. Pyramidali

常绿乔木。短期内就可长至 5～6 米。树体端直形如塔。树冠幼时为锥状，大树则为尖塔形，枝向上直展，密生。叶多为鳞片状，幼树多为刺叶，交互对生，一部分针刺状，坚硬而披白粉，全体呈淡蓝绿色，四季常青。雌雄异株，雄花球长椭圆形，果实暗褐色。

原产我国及日本，我国各地均有栽培。

园林绿化树种，造型美观，富于艺术感，可作为行道树或风景树，具有较好的抗旱能力。

图 3-11　塔柏

### 3.3.2.8　胡桃科

12. 胡桃 *Juglans regia* L.

又名核桃，落叶乔木。树高可达 10～15 米。一般寿命约 300～400 年。树皮银灰色，老树干有纵裂。奇数羽状复叶,小叶 5～11 枚,卵圆形至广卵圆形,全缘。雌雄异花,核果状果实近球形或长圆形,绿色,成不完全的 2～4 室,形状、大小及核壳的皱纹、厚薄因品种或类型而异。核桃有雌雄花异熟现象。

原产伊朗。现我国各地多有分布。核桃仁营养丰富,除作滋补品和制作糕点、糖果的原料外,也是一种木本油料。木质致密坚实,耐腐蚀。树皮、叶和果实青皮富含单宁,可提取栲胶。

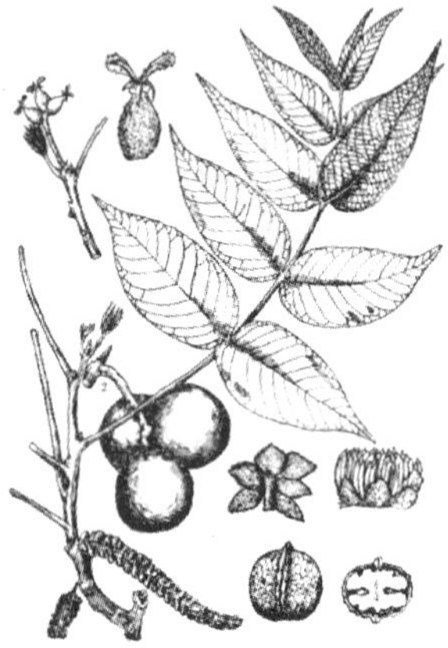

图 3-12 胡桃

图 3-13 枫扬

13. 枫扬 *Pterocarya stenoptera* DC.

别名大叶柳、枫柳、鬼柳。大乔木,可高达 30 米。幼树树皮平滑,浅灰色,老时则深纵裂,叶多为偶数或稀奇数羽状复叶,长 8 厘米,叶柄长 2～5 厘米,叶轴、叶柄被有疏或密的短毛,小叶对生或稀近对生,长椭圆形至长椭圆状披针形,雌花几乎无梗,苞片及小苞片基部常有细小的星芒状毛,并密被腺体。果序长 20～45 厘米,果序轴常被有宿存的毛。果实长椭圆形,长约 6～7 毫米,基部常有宿存的星芒状毛,果翅狭,条形或阔条形,具近于平行的脉。花期 4～5 月,果熟期 8～9 月。

除新疆、西藏外均有分布。生于海拔 1500 米以下的林中。现已广泛栽植作园庭树或行道树。树皮和枝皮含鞣质,可提取栲胶,亦可作纤维原料;果实可作饲料和酿酒,种子还可榨油。

### 3.3.2.9 杨柳科

14. 垂柳 *Salix lmbyionica* L.

落叶乔木,高达 15 米。树冠广阔卵形;小枝细长,下垂,淡紫绿色或褐绿色,无毛或幼时有毛。叶互生,狭披针形或线状披针形,长 7～15 厘米,宽 5～15 毫米,顶端渐尖,基部楔形,有时歪斜,边缘有细锯齿,无毛或幼时有柔毛,背面带白色;叶柄长 6～12 毫米,有短柔毛。花序轴有短柔毛;雄花序长 2～4 厘米,苞片长圆形,背面有较密的柔毛,雄蕊 2,基部微有毛,腺体 2;雌花序长 1.5～2.5 厘米,雌花腺体 1 个,子房无毛,柱头 4 裂。蒴果黄褐色,长 3～4 毫米。花期 4 月。

图 3-14 垂柳

长江流域各省栽培。是优美的园林绿化树种,固堤、防沙、护田树种。枝、须根、叶、花、果可供药用。花期早而长,为早春蜜源植物。树皮含鞣质;材质较旱柳差,可作器具和造纸原料;柳絮可填塞椅垫和枕头；枝和须根能祛风除湿。

### 3.3.2.10 榆科

15. 朴树 *Celtis sinensis* Pers.

又名沙朴、青朴、千粒树，落叶乔木，高达15米；树冠广圆形成偏圆头状，树皮红褐色，粗糙而不开裂，呈鳞片状脱落；小枝红褐色，幼时被毛，后脱落。叶小略革质，窄椭圆形、卵形或倒卵形，先端钝尖，上半部具钝锯齿，基部不对称，一边楔形一边圆形，大树之叶为单锯齿，萌芽枝叶为复锯齿；上面亮绿色，无毛，下面幼时有细毛，后无毛，3出脉。花两性或单性，簇生于新枝叶腋。翅果较小，椭圆形或椭圆状卵形；橙红色，单个或2个并生，果柄与叶柄等长，果核有凹点及核脊背。种子位于翅果中央或上部。花期8～9月，果熟期10～11月。

图 3-15 朴树

原产我国；主要分布于长江流域各省。越南、朝鲜、老挝也有分布。园林绿化树种。木材坚韧，对二氧化硫、氯气等有毒气体的抗性强。果核可榨油制皂。果实榨油作润滑油；根、皮、嫩叶入药有消肿止痛、解毒治热的功效。

### 3.3.2.11 杜仲科

16. 杜仲 *Eucommia ulmoides* Oliv.

落叶乔木。树皮灰色，折断有银白色细丝。叶椭圆形或椭圆状卵形，长6～18厘米，宽3～7.5厘米，边缘有锯齿。花单性，雌雄异株，常先叶开放，生于小枝基部。翅果狭椭圆形，长约3.5厘米。

图 3-16 杜仲

分布于长江中游各省。杜仲产硬橡胶，为海底电缆和粘着剂重要材料。树皮入药，补肝肾、强筋骨，治腰膝痛、高血压等症。木材可制家具和建筑用，种子可榨油。

### 3.3.2.12 桑科

17. 无花果 *Ficus carica* L.

落叶灌木或小乔木。叶互生，厚膜质，宽卵形或矩圆形，3～5掌状裂，先端钝，基部心形，边缘波状或粗齿，表面粗糙，下面生短毛，叶柄长；托叶三角状，早落。花序托有短梗，单生于叶腋。夏季开花，花单性，隐藏于倒卵形囊状的总花托内。无花果梨形，肉果，倒卵形，在盛夏成熟，外面暗紫色，里面红紫色，质地柔软，味酸甜。

产于地中海沿岸；我国各地栽培。绿色的大叶，美味的佳果，使得它是一种有价值的果树和观赏植物。根、叶供药用，能消肿解毒；种子含油30%。

18. 柘树 *Cudrania tricuspidata* (Carr.) Bur. ex Lavallee

小乔木或落叶小灌木植物，高可达8米或者更高。叶卵形至倒卵形，长3～14厘米，全缘，叶柄长5～20毫米。花单性，雌雄异株，成头状花序。枝条无毛，但具硬棘刺，刺长5～35毫米。聚花果近球形，直径约2.5厘米，红色。

分布于自中南、华东、西南至河北南部。朝鲜、日本等国也有分布。果实可食并可酿酒；叶是养蚕材料；茎皮是很好造纸原料；根皮可药用，具清热、凉血、通络之功效，亦是黄色染料。

图 3-17 无花果

图 3-18 柘树

19. 榕 *Ficus microcarpa* L.

常绿乔木，有须状气生根，树冠广展，高可达 25 米，胸径 50 厘米。树皮深灰色。单叶互生，革质，深绿色，光亮，椭圆形或倒卵形，长 4～8 厘米，宽 3～4 厘米，顶端微急尖，全缘或浅波形，基出脉 3 条，每边有侧脉 5～6 条，上面不明显。隐花果球形，成为腋生或生于已落叶的叶腋。

中国南方各省有分布。东南亚也有分布。多作孤立树，也可丛植、行植，或作行道树。

图 3-19 榕

图 3-20 黄葛树

20. 黄葛树 *Ficus virens* Ait. var. *sublanceolata* Cornor

又名大叶榕、黄桷榕，为桑科黄桷树属高大落叶乔木。其茎干粗壮，树形奇特，悬根露爪，蜿蜒交错，古态盎然。枝杈密集，大枝横伸，小枝斜出虬曲。树叶茂密，叶片油绿光亮。寿命很长，百年以上大树比比皆是。

原产我国华南和西南地区，尤以重庆、四川、湖北等地最多。园林应用中适宜栽植于公园湖畔、草坪、河岸边、风景区，孤植或群植造景，提供人们游憩、纳凉的场所，也可用作行道树。

21. 葎草 *Humulus scandens* (Lour.) Merr.

一年生缠绕草本。茎多分枝，淡绿色，强韧，表面具 6 条棱线，棱上有双叉小钩刺，与茎延长的方向平行，上叉细短，下叉较粗，形倒向短刺，白色透明，刺基部圆盘状，多突起，借以缠绕其他物体，全株被短柔毛。叶对生，托叶披针形，密被刚毛或细短毛；叶柄长 5～11 厘米，具 6 条棱线，上有双叉小钩刺，较细弱；叶片通常掌状 5 裂，有时 3 或 7 裂，长 4～10 厘米，基部心形，裂片卵形至卵状披针形，顶端渐尖，边缘具齿牙或重齿牙，表面有刚毛，背面生淡黄色油点，脉上有刚毛，两面均粗糙。花单性，雌雄异株；雄花形成圆锥花序，腋生或顶生，花期 7～8 月，果期 9～10 月。

除新疆、青海外，分布于全国各地，日本、朝鲜、俄罗斯也有分布。茎皮纤维强韧，可造纸及纺织用。全草药用，消热解毒、利尿消肿。

图 3-21　葎草

图 3-22

22. 桑 *Morus alba* L.

落叶乔木，高 3～7 米或更高，通常灌木状，植物体含乳液。树皮黄褐色，枝灰白色或灰黄色，细长疏生，嫩时稍有柔毛。叶互生；卵形或椭圆形，先端锐尖，基部心脏形或不对称，边缘有不整齐的粗锯齿或圆齿；花单性，雌雄同株；花黄绿色，与叶同时开放；雄花成柔荑花序；雌花成穗状花序；花期 4～5 月，果期 6～7 月。

南北广泛栽植，以长江中下游为多。

桑的根、根皮、嫩枝、树皮中的白色液汁、果穗均可入药。且是蚕丝业发展的基础。

### 3.3.2.13　荨麻科

23. 蓖麻 *Ricinus communis* L

一年生草本。生长在热带或亚热带地区，则为小乔木或灌木。茎直立，分枝，中空。叶盾形，直径 20～60 厘米，掌状 5～11 裂，裂片卵形或窄卵形，缘具齿，无毛，叶柄长，托叶合生，早落。花单性，雌雄同株。无花瓣，聚伞圆锥花序，长约 20 厘米，顶生或与叶对生。雄花的萼 3～5 裂，直径约 1 厘米。雌花萼 5 裂，裂片不等大。蒴果，长圆形或近球形，长 1.5～2.5 厘米，直径 1～1.4 厘米。种子长圆形，有种阜，具白色斑纹。花期 7～8 月，果期 9～10 月。

原产非洲，现全国各地均有栽培。种子是重要工业用油原料，又可药用。根、茎、叶入药。种子含油达 70%以上。

24. 长叶水麻 *Debregeasia longifolia* (Burm. F.) Wedd

灌木或小乔木，高 2～3 米；小枝密生伸展的褐色或灰褐色粗毛。叶片纸质，倒卵状长圆形至长圆状披针形或披针形，长 9～20 厘米，宽 2～5 厘米，边缘密生细牙齿或细锯齿，上面被糙毛，有时有泡状隆起，下面被灰色、灰白色或蓝灰色毡毛，脉上有短粗毛，托叶长圆状或椭圆状披针形，背面有短柔毛。雌雄异株，稀同株；雄花花被片 4，长 1.5～2 毫米；雄蕊 4；退化雌蕊倒卵圆形。雌花花被倒卵状筒形，柱头画笔头状。花期 5～8 月，果期 8～12 月。

图 3-23 蓖麻

图 3-24 长叶水麻

我国大部分地区有分布。国外主要分布于东南亚。茎皮纤维可代麻用和作人造棉原料；果可食用和酿酒；叶作饲料；根、叶可入药。

### 3.3.2.14 山龙眼科

25. 银桦 *Grevillea robusta* A. Cunn

常绿乔木。高可达 40 米，胸径 1 米，树冠圆锥形。幼枝、芽及叶柄上密被锈褐色绒毛。单叶互生，叶 2 回羽状深裂、裂片 5～10 对，近披针形，长 5～10 厘米，边缘外卷，叶背密生银灰色绢毛。春季开花，总状花序，花橙色、白色或红色，未开放时弯曲管状，长约 1 厘米。果有细长花柱宿存。

原产大洋洲，我国主要在南部及西南部引种栽培。宜作行道树、庭荫树；亦适宜低山营造速生风景林、用材林。

图 3-25 银桦

### 3.3.2.15 蓼科

26. 扁蓄 *Polygonum aviculare* L.

一年生草本，高约 10～40 厘米。茎直立或平卧，具棱槽，无毛，从基部分枝。叶蓝绿色或鲜绿色，披针形、窄椭圆形、宽卵状披针形或倒宽卵形，长 1～4 厘米，宽 3～10 毫米，先端圆钝或稍尖，基部狭楔形，全缘，两面无毛，背面叶脉突起；叶柄短或近无柄；托叶鞘膜质，具明显或稍明显的脉纹，下部褐色或火红色，上部白色，先端多裂。花被长 2～2.5 毫米，5 深裂，裂片椭圆形，绿色，沿缘白色、粉红色或紫红色。瘦果卵形，长 2～3 毫米，具 3 棱，黑褐色，密生小点，稍有光泽。花果期 5～9 月。

我国南北各省区，欧、亚、美三洲北温带的国家也有分布。全草可入药，有杀虫止痒的功效。也可作草坪绿化。

27. 齿果酸模 *Rumex dentatus* L.

又名羊蹄大黄、土大黄。一年生或多年生草本，根粗大，茎直立，高 1 米左右，多分枝，绿色。叶互生，具长柄；叶片椭圆形或椭圆状披针形，基部圆形或浅心形，叶脉在下面突起；托叶鞘膜质，筒状。花序顶生；花序上通常有叶，花簇呈轮状排列；花小，两性，黄绿色；花梗基部有关节;花被片6,成2轮,内轮果时增长,长卵形,具明显网纹,边缘有长短不齐的刺齿针状。瘦果三角形,有3锐棱,褐色、平滑、光亮。

图3-26 扁蓄

图3-27 齿果酸模

分布于西南地区。根茎可入药。用于清热解毒、止血通便、补经凉血。

### 3.3.2.16 商陆科

28. 商陆 *Phytolacca acinosa* Roxb.

别名山萝卜、水萝卜、土人参。多年生草本,高约达1.5米。叶互生,卵圆形或椭圆形,长12～25厘米,宽5～10厘米;叶柄长3厘米。总状花序顶生或与叶对生;花被片5,卵形;雄蕊8;心皮8～10,离生。果穗直立,分果浆果状,扁球形,紫黑色,具宿存花被。花期6～7月,果期8～9月。

除东北、内蒙古、青海、新疆外均有分布。茎可入药,有逐水消肿、通利二便、泻水、解毒散结的功效。

图3-28 商陆

### 3.3.2.17 紫茉莉科

29. 叶子花 *Bougainvillea glabra* choisy

又称三角梅、三叶梅、凌霄花,紫荣莉科叶子花属常绿攀缘灌木。有枝刺,枝条常拱形下垂,密被柔毛。单叶互生,卵形或卵状椭圆形,长5～10厘米,全缘,密生柔毛。花3朵顶生,各具1枚叶状大苞片,鲜红色,椭圆形,长3～3.5厘米;花被管长1.5～2厘米,淡绿色,顶端5裂。瘦果有5棱。变种砖红叶子花苞片为砖红色;品种有红花重瓣、白花重瓣、斑叶等。另外一种光叶子花与叶子花很相似 ,但枝叶无毛或近无毛,苞片多为紫红色。

原产巴西,我国华南、西南各地均有栽培。主要作为园林绿化。

30. 紫茉莉 *Mirabilis jalapa* L.

多年生草本花卉。株高40～100厘米,茎直立,多分枝,节部膨大。单叶,对生,卵形。花朵簇生于枝顶、叶腋,花冠漏斗状,边缘呈5浅裂。7～9月开花,花色有紫红、白、粉、蓝及黄色。果期9～10月,种子黑褐色,瘦果球形。

原产南美洲,我国各地均有栽培,供观赏。宜于林缘周围大片自然栽植,或房前屋后、篱旁路边丛植点缀,也可作树桩状露根式盆栽。根叶可入药。

图 3-29　叶子花

图 3-30　紫茉莉

### 3.3.2.18　马齿苋科

图 3-31　马齿苋

31. 马齿苋 *Portulaca oleracea* L.

又名长寿菜、瓜子菜。一年生草本，通常匍匐，肉质，无毛。茎带紫色。叶楔状长圆形或倒卵形，长 10～25 毫米，宽 5～15 毫米。花 3～5 朵生枝顶端，黄色，中午开放最盛；花瓣 4～5 裂，裂片顶端凹；雄蕊 10～12；花柱顶端 4～5 裂，线形，伸出雄蕊上。种子细小，扁圆，黑色，表面有细点。

全世界温带和热带地区均有分布。性寒，味酸。清热，解毒，止痢。

### 3.3.2.19　石竹科

32. 石竹 *Dianthus chinensis* L.

多年生草本，高约 30 厘米。茎簇生，直立，无毛。叶条形或宽披针形，有时为舌形，长 3～5 厘米，宽 3～5 毫米。花顶生于分叉的枝端，单生或对生，有时成圆锥状聚伞花序；花下有 4～6 苞片；萼筒圆筒形，萼齿 5；花瓣 5，鲜红色、白色或粉红色，瓣片扇状倒卵形，边缘有不整齐浅齿裂，喉部有深色斑纹和疏生须毛，基部具长爪；雄蕊 10；子房矩圆形，花柱 2，丝形。蒴果矩圆形；种子灰黑色，卵形，微扁，缘有狭翅。

分布于东北、华北、西北和长江流域各省；朝鲜也有。现世界各国广泛栽培。全草作利尿药。

图 3-32　石竹

图 3-33　漆姑草

33. 漆姑草 *Sagina japonica* (Sweet) Ohwi.

一年生或二年生小草本。茎多数簇生,稍铺散,高5~8(15)厘米,只上部疏生短柔毛,其余部分无毛。叶条形,长5~10(20)毫米,宽约1毫米,叶基部相连处薄膜质,微成短鞘状。花小,单生于枝端叶腋;花梗细长,长1~2厘米,疏生短柔毛;萼片5,卵形,疏生短柔毛;花瓣5,白色,卵形,比萼片稍短,全缘;雄蕊5,花丝比花瓣短;子房卵形,花柱5,丝形。蒴果卵形,微长于宿存萼片,5瓣裂,有多数种子;种子微小,密生瘤状突起。

主要分布于长江流域各省,也产黄河流域和东北南部;朝鲜、日本、印度也有。生于山地或田间路旁草地。全草入药,退热解毒。

34. 高雪轮 *Silene armeria* L.

一年生草本,高30~50厘米。茎直立,粉绿色,近无毛,或有疏柔毛,上部有粘质。叶对生,卵形或卵状披针形,长2.5~7.0厘米,宽0.7~3.0厘米,基部微心形,抱茎,顶端急尖,无毛。花两性;花序呈伞房状;花梗短;花萼管状棒形,长约15毫米,具10条纵脉,顶端具5齿,基部脐形;花瓣5,粉红色或淡紫色,瓣片倒卵状楔形,长4~7毫米,顶端微缺;爪无耳;副花冠2,线形,长2~3毫米;雄蕊10,花柱3。蒴果长椭圆形,长6~7毫米,顶端6齿裂;种子肾形,具瘤状突起。花期5~6月。

原产欧洲,我国各城市公园和庭院栽培供观赏。

图3-34　高雪轮

图3-35　繁缕

35. 繁缕 *Stellaria media* (L.) Cyr.

直立或平卧的一年生草本,高10~30厘米。茎纤弱,基部多分枝,茎上有一行短柔毛,其余部分无毛。叶卵形,长0.5~2.5厘米,宽0.5~1.8厘米,顶端锐尖;有或无叶柄。花单生叶腋或成顶生疏散的聚伞花序,花梗长约3毫米,花后不下垂;萼片5,披针形,长4毫米,有柔毛,边缘膜质;花瓣5,白色,比萼片短,2深裂近基部;雄蕊10;子房卵形,花柱3~4。蒴果卵形或矩圆形,顶端6裂;种子黑褐色,圆形,密生纤细的突起。

广布于全国各省区;为欧、亚广布种。生于田间、路旁或溪边草地。全草入药,消炎抗菌;可作饲料。

### 3.3.2.20　藜科

36. 土荆芥 *Chenopodium ambrosioides* L.

一年生草本。茎直立,高可达1米,有分枝,茎有纵槽纹,被腺毛,揉之有特殊芳香。叶互生,具短柄,着生于茎基部的叶为长椭圆形至长椭圆状披针形,长3~16厘米,边缘有不规则的钝齿及波浪边缘；着生在茎上部的叶较小，全缘，逐步变狭小而成线形或线状披针形的苞片，叶背有腺点。花杂性，绿色，顶生或腋生，穗状花序，再汇成为具叶的圆锥花序；萼片 5 枚，有时 3 枚；无花瓣，雄蕊 5 枚；子房上位，1 室。胞果，长不及 1 毫米，包藏在萼内。

产我国南部和西南部；生于村落附近旷地、田边较低湿地方。性味辛、苦，芳香，有小毒，有特殊臭气。除直接应用全草外，尚可提取挥发油用，能杀虫驱虫，驱风消肿，祛湿止痒。

图 3-36　土荆芥

图 3-37　藜

37. 藜 *Chenopodium album* L.

别名粉仔菜、灰条莱、灰翟、白藜，一年生草本植物，高 60～120 厘米。茎直，粗壮，多分枝。叶互生，叶片菱状卵形或披针形，长 3～6 厘米，宽 2.5～5 厘米，边缘有不整齐的锯齿。秋季开黄绿色小花，花两性，数个集成团伞花簇，多数花簇排成腋生或顶生的圆锥花序。胞果全包于花被内或顶端稍露，果皮薄和种子紧贴。种子双凸镜形，光亮。

生于田间路边、旷野宅旁等处。全国各地均有分市。广布于世界各国。全草入药，有小毒。能清热利湿，止痒透疹。幼苗饲牲畜，亦可做野菜食用。种子可榨油。

### 3.3.2.21　苋科

38. 牛膝 *Achyrnthes bidentata* Bl.

多年生草本，高 30～110 厘米。茎直立，方形，有疏柔毛，茎节膨大。叶对生，椭圆形或阔披针形，顶端锐尖，基部楔形，全缘，幼时密生毛，成长后两面有疏毛。穗状花序顶生和腋生，每花有 1 苞片、膜质，上部突出成刺；小苞片 2，坚刺状，略向外曲；花被片 5，绿色，披针形，雄蕊 5，花丝带状，基部连合成筒。胞果长圆形。花期 8～9 月，果期 10～11 月。

除东北外全国广布。朝鲜、俄罗斯、印度、越南、菲律宾、马来西亚、非洲均有分布。全草入药补肝肾，强筋骨，逐瘀通经，引血下行。

39. 喜旱莲子草 *Alternanthera philoxeroides* (Mart.)Griseb.

又称空心莲子草、革命草、水花生等。多年生宿根草本。茎基部匍匐、上部伸展，中空，有分枝，节腋处疏生细柔毛。叶对生，长圆状倒卵形或倒卵状披针形，先端圆钝，有芒尖，基部渐狭，表面有贴生毛，边缘有睫毛。头状花序单生于叶腋，总花梗长 1～6 厘米；苞片和小苞片干膜质，宿存；花被片 5，白色，不等大；雄蕊 5，基部合生成杯状，退化雄蕊顶端分裂成 3～4 窄条；子房倒卵形，柱头头状。花期 5～11 月。

原产巴西；现除东北外均有危害。清热，凉血，解毒。

图 3-38　牛膝

图 3-39　喜旱莲子草

图 3-40　千日红

40. 千日红 *Gomphrena globosa* L.

一年生草本，茎直立多分枝，节部膨大，头状花序，单生成两三簇生于枝顶，呈多数覆瓦状，花序球形。每花有小苞片两个，膜质呈紫红色，因此也叫火球花、红火球。经久不变的颜色是苞片的颜色，而不是花冠的颜色。栽培中苞片常有变种，白色叫千日白，粉色叫千日粉。还有淡黄和浅红色的变种，花期从 8 月到 10 月。

原产我国和印度，全国范围内均有种植，是主要的花坛及盆栽花卉。

### 3.3.2.22　木兰科

41. 二乔玉兰 *Magnolia soulangeana* Soul. -Bod

落叶小乔木，高 6～10 米。小枝无毛。叶倒卵形，先端短急尖，叶面中脉基部常有毛，背面多少被柔毛，叶柄被柔毛，托叶痕长为叶柄的三分之一。花先叶开放，花大呈钟状，紫色或红色，里面白色，有芳香，花被片 6～9 枚。蓇葖果黑色，具白色皮孔，种子深褐色。花期 2～3 月，果熟期 9～10 月。

我国大部分地区均有分布，是优良的观赏树种。

图 3-41　二乔玉米

图 3-42　白玉兰

42. 白玉兰 *Magnolia denudata* DC

又名玉兰，落叶乔木，高达 15 米，胸径 60 厘米。冬芽密被黄绿色茸毛，小枝淡灰褐色或灰色，具环状托叶痕。叶纸质，互生，倒卵状矩圆形，长 10～15 厘米，先端短突尖，基部楔形或阔楔形，基部背面有柔毛，主要在叶脉上，全缘。叶柄被柔毛，有托叶痕。花大，先叶开放，顶生，白色微香，直径12～15厘米；花被片9，3片一轮，长圆状倒卵形，无萼片；雄蕊和雌蕊均多数，褐色。聚合果圆筒形，长8～12厘米，淡褐色；果梗有毛。花期3月，果熟期9～10月。

白玉兰原产于我国安徽、浙江、江西、湖北、贵州、湖南及广东北部，现全国各大城市皆有栽培。珍贵的绿化观赏树种。花可食用；种子可榨油；树皮可入药。花蕾入药，散风寒，治头痛、鼻窦炎；花提制浸膏，花瓣可食；种子可榨油。对二氧化硫、氯气等抗性较强，可以在大气污染较严重的地区栽植。

43. 荷花玉兰 *Magnolia grandiflora* L.

常绿乔木。高可达30米，树皮灰褐色；树冠卵状圆锥形。小枝和芽均有锈色柔毛。叶椭圆形或倒卵状矩圆形，厚革质，长10～20厘米，宽4～9厘米，顶端钝尖，基部球型，全缘，表面深绿色有光泽，背密生锈褐色绒毛，边缘微反卷。叶柄长约2厘米，嫩时有淡黄色绒毛。花荷花状，白色，通常6瓣，有时多为9瓣，长7～8厘米；心皮密生长绒毛，顶生有香味。聚合果圆筒形，长6～8厘米，密生锈褐色绒毛，果熟时露出红色的种子。蓇葖果卵圆形，紫褐色，顶端有外弯的喙。花期5月，果熟期9月下旬。

原产北美东南部；我国长江以南各省也有栽培。为观赏树木；花可制鲜花浸膏；叶供药用，治高血压。对二氧化硫、氯气等抗性强，可在大气污染严重地区栽植。

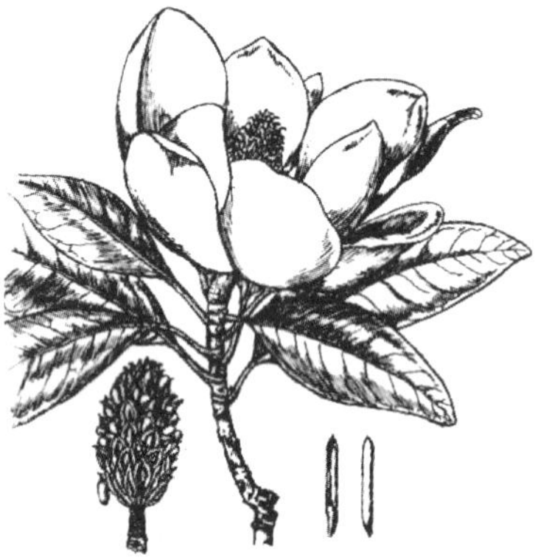

图3-43　荷花玉兰

图3-44　鹅掌楸

44. 鹅掌楸 *Liriodendron chinense* (Hemsl.) Sarg.

落叶乔木；高达16米，胸径1米以上；1年生枝灰色或灰褐色。叶马褂状，长4～18厘米，宽5～19厘米，每边常有2裂片，背面粉白色，老叶背部有白色乳状突点；叶柄长4～8厘米。花杯状；直径4～6厘米；花被片淡绿色，外面绿色较多而内方黄色较多；长3～4厘米；花瓣长3～4厘米，花丝短，约0.5厘米。雄蕊和心皮多数，花药长10～15毫米。聚合果纺锤形，长7～9厘米，小坚果有翅，顶端钝。花期5～6月；果10月成熟。

原产江西庐山，苏南各地多有栽培；分布于长江以南各省。是优美的庭荫树和行道树种。可独栽或群植，树皮入药，祛风湿。

45. 含笑 *Michelia figo* (Lour.) Spreng.

常绿灌木或小乔木，高3～5米。嫩枝有密生褐色绒毛，叶互生，椭圆形或倒卵状椭圆形，革质，花单生于叶腋，花小，直立，乳黄色，花开而不全放，故名“含笑”。花瓣肉质，香气浓郁，有香蕉味，4～6月开花。

原产广东、福建，为亚热带树种，现长江流域有栽培。为家庭养花之佳品。花可提芳香油，并可制茶饮用。

图 3-45　含笑

图 3-46　厚香八角

图 3-47　白兰花

46. 厚皮香八角 *Illicium ternstroemioides* A. C. Smith

乔木，高 5～12 米。叶 3～5 片簇生，革质，长圆状椭圆形或倒披针形或狭倒卵形，长 7～13 厘米，宽 2～5 厘米，先端渐尖或长渐尖，尖头长 5～10 毫米，基部宽楔形；中脉在叶上面微凹下，在下面凸起，侧脉在两面均不明显；叶柄长 7～20 毫米。花红色，单生或 2～3 朵聚生于叶腋或近顶生；药隔截形或微缺，药室突起。花期 1～8 月，果期 4～11 月。

分布于我国西南至东南部。有毒种可作农业杀虫剂和毒杀鱼、鼠、野兽，少数种药用能祛风消肿。

47. 白兰花 *Michelia alba* DC

又名黄葛兰。常绿乔木，可高达 17 米，叶互生，托叶痕几达叶柄中部，叶薄革质，长椭圆形或披针形椭圆形，上面无毛，背面疏生微柔毛；树皮灰色。花单生于叶腋，白色，极香；花被片 10 片以上，披针形；雄蕊群有长约 4 毫米的柄；穗状聚合果，蓇葖革质，花期 4～9 月，夏季盛开。

原产印尼爪哇。我国南方地区多有栽培。花可药用，叶可蒸取香油，根也可作药。是著名的观赏树。

### 3.3.2.23　蜡梅科

48. 蜡梅 *Chimonanthus praecox* (L.)Link.

落叶或半常绿大灌木，最高可达 4～5 米，丛生性，其根茎块状发达。老枝近圆柱形，灰白色，粗糙，椭圆形皮孔特别明显；嫩枝节部膨大，四棱形，表面光滑。叶为单叶，对生，椭圆状卵至卵状披针形，全缘，纸质，顶端渐尖，基部圆形或阔楔形。表面绿色而粗糙，背面白色而光滑，长 7～15 厘米。先叶开花，花两性，花多生长于去年生枝条下部，隆冬腊月陆续开放，有芳香，直径 2.5 厘米。花被多数，外部花被片卵状椭圆形，黄色，内层较小，紫红色；中层较大，黄色稍有光泽，似蜡质，稍透明；内层基部紫色至全紫色，成对着生或叶芽生，有浓香；花朵最外层由细小鳞片组成；萼片与花瓣

图 3-48　蜡梅

相似，不易区别；心皮离生着生在一中空的花托内，成熟时花托椭圆形，长约 4 厘米，发育成蒴果状，口部收缩，内含栗褐色小瘦果数粒，8 月份成熟。花期 12～3 月。

我国中部、湖北等各地均有栽培，作观赏植物。茎入药，有止咳平喘之效。

### 3.3.2.24 樟科

49. 黑壳楠 *Lindera megaphylla* Hemsl.

常绿乔木，高达 25 米。树皮灰黑色。小枝较粗，无毛。叶片倒卵状披针形或倒卵状长椭圆形，长 10～23 厘米，羽状脉，叶背面灰白色，基部楔形，先端尖或渐尖。伞形花序常成对生于叶脉，花裂片椭圆形。花期 3～4 月。果期 9～10 月。

产中国西南、东南、江西、陕西、甘肃、湖北等地。以根、枝、树皮入药。辛、微苦，温。有祛风除湿，消肿止痛等功效。

50. 香樟树 *Cinnamomum camphora* (L.)Presl

常绿大乔木，树冠广卵形。树皮黑灰褐色，纵裂。单叶，互生，薄革质，卵状椭圆形，长 5～8 厘米，全缘，常上半部呈波状，离基三出脉，脉腋有腺体，叶表面暗绿色，背面微被白粉。圆锥花序腋生；花小，淡黄绿色，6 裂。浆果球形，径约 6 毫米，成熟后紫黑色，有杯状果托。花期 5 月，果熟期 10～11 月。

我国特产，分布长江流域以南及西南地区，江西、台湾较多。日本也有。是贵重家具、高级建筑、造船、雕刻等理想的用材。香樟还用于芳香油、工业用油、土农药、中草药，也是常用的绿化树。

图 3-49 黑壳楠

图 3-50 香樟树

图 3-51 天竺桂

51. 天竺桂 *Cinnamomum japonicum* Sieb.

常绿乔木，树冠广卵形。单叶，互生，薄革质，叶卵形、卵状披针形，背面有白粉，有毛，离基 3 出脉在表面显著隆起。花期 4～5 月，果期 9～10 月。

产浙江、安徽南部、湖南、江西及西南等地。为较好的园林绿化树种，树皮和叶入药。

### 3.3.2.25 毛茛科

52. 石龙芮 *Ranunculus sceleratus* L.

一年生草本，全株几无毛，多枝，地下有白色须根。茎粗壮，高 15～60 厘米。根生叶丛生，有柄，单叶 3 深裂，圆形、肾脏形或心脏形，长 3～4 厘米，宽 1.2～4 厘米，基部广心形，侧裂片2裂，中裂片楔形，钝头，边缘浅裂，且有钝粗齿牙；茎叶互生，基部膜质，扩大，通常3全裂，裂片狭窄不分裂或3裂，先端钝圆；最上部叶几无柄，裂片矩圆线形，有光泽，无毛。春时上部多分枝，上生黄色小花；花径6～8毫米；萼片5，外面带微毛，花时反卷；花瓣5，与萼片等长，平开，倒卵形，有光彩，基部有1小鳞片；雄蕊与雌蕊均多数，药呈长椭圆形，子房细小。聚合果椭圆形乃至长椭圆状圆柱形，花托长7～12毫米，无毛或散生白毛，瘦果多数，广卵圆形，无毛，长1～1.2厘米，花柱甚短。花期3～6月。

我国南北各地皆有分布。全草有毒。药用可治淋巴结核、疮毒和毒蛇咬伤等症。

图3-52　石龙芮

### 3.3.2.26　小檗科

53. 十大功劳 *Mahonia fortunei*（Lindl.）Fedde

粗壮常绿灌木。株高2米。单数羽状复叶，小叶7～13枚，均无柄，狭披针形，顶端急尖或渐尖，边缘有刺针状锯齿，革质，上面亮绿色，有6～13锐齿。下面淡绿色，平滑而有光泽；秋后叶色转红，艳丽悦目。总状花序直立，密生多数小花，4～8个簇生；花小，黄色；花梗长1～4毫米。浆果圆形或长圆形，长4～5毫米，蓝黑色，有白粉。花期7～8月。

原产我国中部，现各地广为栽培，为观赏树种。花可提取芳香油，又能解暑生津。根、茎可入药。

图3-53　十大功劳

图3-54　南天竹

54. 南天竹 *Nandina domestica* Thunb.

常绿灌木，高达2米。丛生，茎直立，不分枝，枝鞘常为红色。叶对生，2～3回羽状复叶，小叶革质，近无柄，椭圆状披针形，先端长尖，基部楔形，全缘，深绿色，秋季常变红色，两面光滑无毛。圆锥花序顶生；花小，白色；萼片多轮，外轮较小，卵状三角形，内轮较大，卵圆形。浆果球形，鲜红色；种子扁圆形。花期5～7月，果熟期9～10月。

原产于中国和日本。现国内外庭园广泛栽培，是优美的观叶、观果树种，也可盆栽观赏。果实、根、叶可供药用。

### 3.3.2.27 睡莲科

55. 莲 *Nelumbo nucifera* Gaertn.

多年生浮叶型水生植物。根状茎粗短，有黑色细花。叶丛生，具细长叶柄，浮于水面，圆心形或肾圆形，纸质或近革质，长 5～12 厘米，宽 3.5～9 厘米，先端纯圆，基部具深弯缺，全缘，无毛，上面浓绿，幼叶有褐色斑纹，下面暗紫色。花期 5～9 月，花单生于细长的花梗顶端，花瓣多数白色，漂浮于水，也有挺水而出的，直径 3～6 厘米。聚合果球形，种子多数，椭圆形，黑色。

产我国及日本、朝鲜、印度、俄罗斯西伯利亚及欧洲等地。为美丽的庭园水生观赏花卉。

图 3-55 莲

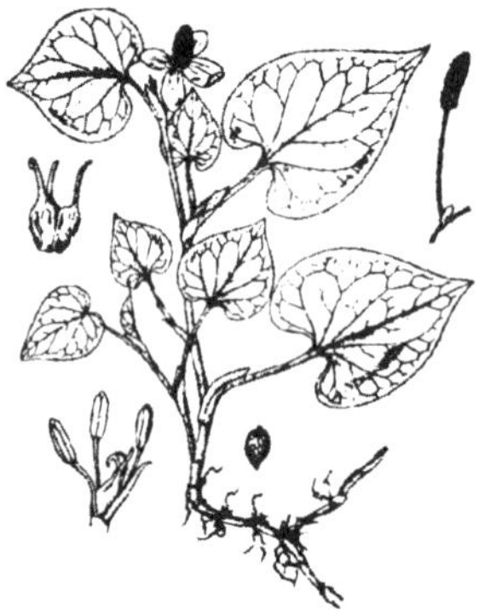

图 3-56 蕺菜

### 3.3.2.28 三白草科

56. 蕺菜 *Houttuynia cordata* Thund

又名蕺菜、蕺儿根、摘儿根。多年生草本，高 15～50 厘米，有腥臭气，茎下部伏地，生根，上部直立，叶互生，心形或阔卵形，脉上稍被柔毛，下面紫红色，穗状花序生于茎顶，与叶对生，基部有白色花瓣状苞片 4 枚，花小，无花被。

广泛分布在我国南方各省区，西北、华北部分地区及西藏也有分布。是我国重要的食药兼用植物。

### 3.3.2.29 山茶科

57. 山茶花 *Camellia japonica* L.

图 3-57 山茶花

别名茶花。常绿阔叶灌木或小乔木。枝条黄褐色，小枝呈绿色或绿紫色至紫褐色。花两性，常单生或 2～3 朵着生于枝梢顶端或叶腋间。花梗极短或不明显，苞萼 9～1 片，覆瓦状排列，被茸毛。花单瓣，花瓣 5～7 片，呈 1～2 轮覆瓦状排列，花朵直径 5～6 厘米，色大红，花瓣先端有凹或缺口，基部连生成一体而呈筒状；雄蕊发达，多达 100 余枚，花丝白色或有红晕，基部连生成筒状，集聚花心，花药金黄色；雌蕊发育正常，子房光滑无毛，3～4 室，花柱单一，柱头 3～5 裂，结实率高。一年有 2 次枝梢抽生，第一次为春梢，于 3～4 月开始夏梢，7～9 月抽生。花期长，多数品种为 1～2 个月，单朵花期一般为 7～

15天，花期2～3月。

原产中国，主产于浙江、江西、四川及山东；日本、朝鲜半岛也有分布。现各地多栽培。山茶花为我国著名观赏花卉，木材细致可作雕刻；花供药用，有收敛止血之功效；种子可榨油，供食用。

### 3.3.2.30 藤黄科

58. 金丝梅 *Hypericum monogynum* L.

常绿灌木，小枝拱曲，有两棱，暗褐色。单叶对生，长椭圆形或广披针形，先端圆钝或尖，基部渐狭或圆形，柄极短，叶面深绿色，叶背粉绿色，有稀疏的油点。6月开花，花单生于枝端，或成聚伞花序，花金黄色。

产陕西、四川、云南、贵州、江西、湖南、湖北、安徽、江苏、浙江、福建等省。为较好的园林树种。

图3-58 金丝梅

图3-59 虞美人

### 3.3.2.31 罂粟科

59. 虞美人 *Papaver rhoeas* L.

为一、二年生草本植物，株高30～90厘米，茎细长，分枝细弱。全株被绒毛，具白色乳汁。叶互生，叶片为不整齐的羽状分裂，有锯齿，花单生于茎顶，具长梗，花蕾下垂，花开后花梗直立，花朵向上，花瓣质薄，具光泽，似绢。花径4.5厘米以上。花瓣宽倒卵形或近圆形，全缘或稍裂。有半重瓣和重瓣品种。花色有深红、鲜红、粉红、紫红、淡黄、白色和复色，有的具不同颜色镶边，有的在花瓣基部具黑色斑点。

原产欧洲和亚洲，北美也有分布。我国大部分地区均可种植。是春季装饰公园、绿地、庭园的理想材料。

### 3.3.2.32 十字花科

60. 诸葛菜 *Orychophragmus violaceus* (L.) O. E. Sch

又名雏罂粟、赛牡丹、丽春花。二年生草本，高10～50厘米，有白粉。叶有时变化很大；基生叶和下部茎生叶大头状羽裂，顶生裂片特别大，圆形或卵形，侧生裂片小，1～3对，长圆形，全缘或有牙齿状缺刻；茎上部叶无柄，长圆形或狭卵形，顶端短尖，基部耳状抱茎，边缘有不整齐的牙齿。总状花序顶生5花，淡紫色，直径约2厘米；萼片淡紫色，线状披针形；花瓣长卵形，有密的细脉纹，爪部渐狭呈丝状。长角果线形，长6～9厘米，略有四棱，果瓣中脉明显，顶端有钻状喙，长约2厘米；果梗粗短；种子每室1行，卵形至长圆形，长1.5～2毫米，稍扁平，黑褐色，无翅。花期3～4月，果期4～5月。

辽宁、河北、河南、山东、山西、陕西、江西、湖北等省常见栽培。花供观赏；嫩茎叶可做野菜食用。

图3-60 诸葛菜

图3-61 二球悬铃木

### 3.3.2.33 悬铃木科

61. 二球悬铃木 *Platanus acerifolia* (Ait.) Willd.

又名法国梧桐。落叶大乔木，高达35米，枝条开展，树冠广阔，树皮灰绿色，不规则剥落，剥落后呈粉绿色，光滑，叶轮廓五角形，3～5裂近中部，裂片边缘疏生牙齿，幼时密生星形状柔毛，后变无毛，花序球形，通常两个生一串上，花单性，雌雄异株，花丝极短，花柱长；聚花果基部有长毛。

原产于英国，世界各国都有栽培。常用作行道树。

### 3.3.2.34 金缕梅科

62. 蚊母 *Distylium racemosum* Sieb. et Zucc.

常绿灌木或小乔木，小枝和芽有垢状鳞毛。叶厚革质，椭圆形或倒椭圆形，顶端钝或稍圆，基部楔形，全缘，下面无毛，侧脉在上面不明显，在下面略隆起，总状花序，苞片披针形，萼筒极短，花后脱落，萼齿大小不等，有鳞毛，花瓣不存在，蒴果卵圆形。

主要分布在长江三峡两岸海拔200米以下的江河岸边。主要用于园林方面，盆栽、花坛栽培。

63. 枫香树 *Liquidambar formosana* Hance

又名路路通，落叶乔木，高达40米，小枝有柔毛，叶轮廓宽卵形，6～12厘米，掌状3裂，边缘有锯齿，背面有柔毛或变无毛，掌状脉3～5条，托叶红色，条形，早落；花单性，雌雄异株，雄花排列成柔荑花序，无花被，雌花排列成头状花序，无花瓣，子房半下位，胚珠多数，头状果序圆锥形，宿存花柱和萼齿针刺状。

主要分布于长江流域及以南各地。朝鲜、日本也有分布。为著名的秋色树种，可作庭园树、行道树等。

图 3-62　蚊母

图 3-63　枫香树

## 3.3.2.35　景天科

64. 长寿花 *Narcissus jonquilla* ‘Tom Thumb’

常绿多肉植物。肉质叶对生，椭圆形，深绿色，有光泽。花色较多有大红、橙红、玫瑰红、黄、紫、白等。花朵小，排列紧密，花序大。花期很长，从 12 月份直到来年 4 月份。

原产于马达加斯加岛，我国大部分地区有种植。主要用于室内布置。

图 3-64　长寿花

图 3-65　凹叶景天

65. 凹叶景天 *Sedum emarginatummigo* Migo

为多年生匍匐状肉质草本。高 10～17 厘米。茎节的下部平卧于地面或地下，节上生有不定根；上部直立，淡紫色，略呈四棱形；叶片顶端圆而且有一个凹陷；枝叶密集如地毯，花较小，黄色，着生在花枝的顶端。4～5 月开花，6～7 月结果。室外越冬时部分叶片紫红色。

产苏州、宜兴、松江等地，生阴湿山坡岩石上；西南、西北和华东都有分布。生长于海拔 600～1400 米的潮湿岩石上。适作封闭式的地被植物材料。

## 3.3.2.36　虎耳草科

66. 绣球花 *Hydrangea macrophylla*（Thunb.）Ser. in DC.

又名紫阳花、绣球。虎耳草科落叶灌木。地栽株高可达 1.5 米～2 米，盆栽 30 厘米～50 厘米。温暖地区或温室盆栽不落叶。叶对生卵圆或椭圆形，大而薄，长 20 厘米左右。花序巨大，顶生，呈球形伞房状，花极美丽，粉红色或蓝色；花期甚长，从 5 月一直开到下霜。

分布于中国长江流域以南，日本和朝鲜也有。为重要温室盆花和暖地庭园花卉。

图 3-66　绣球花

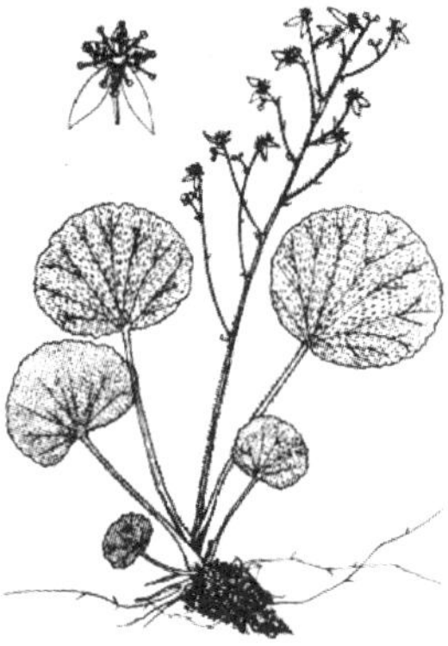

图 3-67　虎耳草

67. 虎耳草 *Saxifraga stolonifera* Curt.

多年生草本，高 14～45 厘米，有细长的匍匐茎。叶数个全部基生或有时 1～2 个生茎下部；叶片肾形，长 1.7～7.5 厘米，宽 2.4～12 厘米，不明显的 9～11 浅裂，边缘有牙齿，两面有长伏毛，下面常红紫色或有斑点；叶柄长 3～21 厘米，与茎都有伸展的长柔毛。圆锥花序稀疏；花梗有短腺毛；花不整齐；萼片 5，稍不等大，卵形，长 1.8～3.5 毫米，花瓣 5，白色，披针形；雄蕊 10；心皮合生。

原产于我国及日本、朝鲜，广泛分布于台湾、华南、西南至河南南部等山区阴湿地。是观赏价值较高的室内观叶植物之一。

## 3.3.2.37　海桐花科

68. 海桐 *Pittosporum tobira*（Thunb.）Ait

小乔木或灌木，高 2～6 米，枝条近轮生，叶聚生枝端，革质，狭倒卵形，顶端圆形或微凹，边缘全缘，无毛或近叶柄处疏生短柔毛，花序近伞形，多少密生短柔毛，花有香气，白色或带淡黄绿色，蒴果近球形，果皮木质，种子暗红色。因苍蝇传粉而不被作为重点环境植物。

产我国东南各地；朝鲜、日本亦有分布。较好的园林绿化树种，根、叶和种子可入药。

图 3-68　海桐

## 3.3.2.38　蔷薇科

69. 红叶李 *Prunus cerasifera* Pissardii

落叶小乔木，高达 8 米。树冠圆形或扁圆形，多直立，长枝，质较脆，枝光滑无毛，红褐色。叶卵形至倒卵形，边缘具重锯齿，全叶紫红色，早春花先叶而开，花多单生或 2～3 朵聚生，生于叶腋，淡粉红色。核果小，球形，暗红色。果枝、叶片及果实为暗红色。花期 3～4 月，果熟期 6～7 月。

原产亚洲西南部。我国园林中常见栽培。较好的园林绿化树种。

图 3-69 红叶李

图 3-70 日本晚樱

70. 日本晚樱 *Prunus yedoensis* Matsum

落叶乔木，高达 16 米，树皮粗糙，带银灰色；枝粗壮而开张。叶片椭圆状卵形、长椭圆形至倒卵形，长 5～12 厘米，宽 3～6 厘米，边缘有尖锐的单或重锯齿，多少带刺芒状，表面无毛，背面沿叶脉有短柔毛，叶柄上部有腺体。花 3～6 朵成伞房状总状花序，多重瓣，有芳香，花序梗短；花先于叶开放，初放时淡红色，后白色，直径 2～3 厘米；花柄长约 2 厘米，有短柔毛；萼筒管状，带紫红色，外有短柔毛，萼片边缘有细齿；花瓣顶端内凹；花柱近基部有柔毛。核果近球形，熟时由红色变紫褐色，直径约 1 厘米。花瓣顶端有凹陷，心皮有时变为叶状。花期 4 月。

产于日本，我国有栽培。是重要的园林观花树种，宜作行道树。可盆栽或作切花材料。

71. 樱桃 *Cerasus pseudocerasus* (Lindl.) G. Don

落叶小乔木，高可达 8 米，基部枝干有丛生气根。叶卵圆形、倒卵形或椭圆形，边缘有尖锐重锯齿，齿尖有小腺体。花 2～6 朵成总状花序，先叶开放，花瓣白色，先端凹缺。核果球形，红色。

产于长江流域，东北南部也有。日本、朝鲜半岛有分布。是较好的水果之一。

图 3-71 樱桃

图 3-72 垂丝海棠

72. 垂丝海棠 *Malus halliana* Koehne

落叶小乔木。树冠疏散，枝条开展，小枝紫色。单叶互生，卵形或长卵形，先端渐尖，叶面深绿色，有光泽，边缘具圆钝细锯齿。4 月开花，鲜玫瑰红，伞房花序，花 4～7 朵簇生，花梗紫色，细长而下垂。果熟 10 月，果倒卵形，紫色。

我国各地广泛栽培。在江南庭园中尤为常见；北方常盆栽观赏。

73. 碧桃 *Prunus persica f. rubro-plena* Schneid

碧桃别名桃花。落叶小乔木。高可达 8 米左右，树皮灰褐色，光滑无毛，有横环纹；小枝红褐或褐绿色，无毛，芽有细毛。叶互生，椭圆状披针形，先端渐长尖，基部阔楔形，边缘有细锯齿，无毛，叶柄有腺点。花单生，粉红色。核果近球形，一侧有纵沟，表面密被短绒毛。花期 3～4 月，果熟期 6～9 月。

我国各地均有栽培。园林绿化树种；也可盆栽造型观赏。果可食用，枝、叶、花、果和根入药。

图 3-73　碧桃

图 3-74　月季花

74. 月季花 *Rosa chinensis* Jacq

常绿或半常绿直立灌木，枝开展，通常钩状皮刺。单数羽状复叶，小叶 3～5，广卵至卵状椭圆形，长 2.5～6 厘米，先端尖，缘有锐锯齿，两面无毛，表面有光泽、暗绿色；背面淡绿色。叶柄和叶轴散生皮刺和短腺毛，托叶大部附生在叶柄上，边缘有具腺纤毛，羽状花常数朵簇生，罕单生，径约 5 厘米，深红、粉红至近白色，微香；萼片常羽裂，缘有腺毛；花梗多细长，有腺毛。果卵形至球形，红色。花期 4 月下旬～10 月；果熟期 9～11 月。

原产中南西南等地，现各地普遍栽培。园林绿化中最常用的观花灌木，也可盆栽。干花可入药。

75. 枇杷 *Eriobotrya japonica* Lindl.

常绿小乔木；小枝密生锈色或灰棕色绒毛。叶革质，倒披针形、倒卵至矩圆形，先端尖或渐尖，基部楔形或渐狭成叶柄，边缘上部疏锯齿，表面多皱，亮绿色，背面及叶柄密生灰棕色绒毛，有柄。圆锥花序顶生，花梗及萼筒皆密生锈色绒毛；花白色，有芳香。果球形或矩圆形，黄色或橘黄色；种子褐色。花期冬春，果熟期 5～6 月。

我国长江流域有栽培；分布于日本及印度等东南亚地区。是结合生产的绿化树种。果甘美，为著名果品；叶、果仁供药用。

76. 麻叶绣线菊 *Spiraea cantoniensis* Lour

落叶灌木，高达 1.5 米。小枝细而密集，拱曲，无毛。叶菱状披针形或菱状长圆形，羽状脉，缘中部以上具缺刻状锯齿。伞形花序，花多且小，白色，单瓣或重瓣。花期 3～4 月，果熟期 6 月。

绿化树种，宜丛植、群植、片植，形成绿篱极为美观，也为蜜源植物。原产于东南地区，现我国南方地区均有分布。

图 3-75　枇杷

图 3-76　麻叶绣线菊

77. 蛇莓 *Duchesnea indica*（Andr.）Focke

多年生草本，具长匍匐茎，有柔毛。三出复叶，小叶片近无柄，菱状卵形或倒卵形，长 1.5～3 厘米，宽 1.2～2 厘米，边缘具钝锯齿，两面散生柔毛或上面近于无毛；叶柄长 1～5 厘米；托叶卵状披针形，有时三裂，有柔毛。花单生于叶腋，花梗有柔毛；花托扁平，果期膨大成半圆形，海绵质，红色；瘦果小，矩圆状卵形，暗红色。

分布于辽宁以南各省区。日本至阿富汗以及欧洲、美洲也有分布。宜栽在斜坡作地被植物。全株入药。

图 3-77　蛇莓

图 3-78　湖北海棠

78. 湖北海棠 *Malus hupehensis*（Pamp.）Rehd

落叶小乔木，株高 6～8 米，枝硬直斜出，小枝紫色或紫褐色，叶卵状椭圆形，长 5～10 厘米。叶片绿色，秋季变成橙黄色至红色。白花，直径 1.2 厘米。花期 4～5 月，果实黄红色，有香气，9～10 月果熟。

湖北海棠可在北至辽宁省南部，南至湖南、江西、四川北部的区域内良好生长。为优良观花树种及苹果砧木。

79. 蔷薇 *Rosa soulieana* Crep. In Bull

又名刺蘼、刺红、买笑。落叶灌木。有刺灌木或呈蔓状、攀缘状植物。叶互生，奇数羽状复叶。圆锥状伞房花序，花单生或排成伞房花序、圆锥花序；花瓣 5 枚或重瓣。花小密集，有香味，多为粉红色、红色，较少黄、白色，一年仅在 5～6 月开一次花。

广泛分布于我国除东北、西北以外的广大地区。生路边、林缘和旷野。较好园林树种。

图 3-79　蔷薇

图 3-80　七姊妹

80. 七姊妹 *Rosa multiflora* Thunb. var. carnea Franch. & Sav.

丛生灌木，茎枝有刺，羽状复叶，叶通常较小，花重瓣，粉红色。茎枝细软，蔓生，亦可依附其他物攀缘生长，羽状小叶多为 7 枚，倒卵形至长圆形，叶面光滑，叶缘为裂锯齿，冬季落叶。果实球形，9 月至 10 月成熟后为橙色。

广泛分布于我国除东北、西北以外的广大地区。生路边、林缘和旷野。较好园林树种。

### 3.3.2.39　豆科

81. 槐树 *Sophora japonica* L.

落叶乔木，高 10～25 米；树冠圆形。树皮灰色或深灰色，粗糙纵裂，内皮鲜黄色，有臭味；枝棕色，幼时绿色，具毛，皮孔明显。叶为单数羽状复叶互生，小叶 7～12 片，卵状披针形至卵形，长 2.5～5 厘米，宽 1.5～2.6 厘米，先端尖，基部浑圆，全缘，上面绿色，微亮，背面有白粉及细毛；小叶柄长 2.5 毫米；托叶镰刀状，早落。圆锥花序顶生；萼钟状，具 5 小齿，疏被毛；蝶形花冠乳白色或略带黄色，旗瓣阔心形，凹头，有爪，微带紫脉，雄蕊 10，不等长；子房筒状，花柱弯曲。荚果肉质，节荚之间紧缩成串珠状，长 5 厘米，黄绿色，无毛，不开裂。种子 2～6 粒，棕黑色，肾形。花期 8～9 月，果熟期 9～10 月。

我国北部各地栽培；日本也有。园林绿化优良树种。花、果实可供药用，花为蜜源。

图 3-81　槐树

图 3-82　倒槐

82. 倒槐 *Sophora japonica* ‘Pendula’

又名龙爪槐。落叶乔木，奇数羽状复叶，小叶对生、卵形、全缘。顶生圆锥花序，花黄白色，花期 6～9 个月，荚果念珠状，10～11 月成熟。老枝盘曲，似游龙戏水，小树细小下垂，树冠如伞。落叶后，树枝曲折似龙爪，是北京地区用于庭园中的特色树种。

长江流域均有分布。常用的园林观赏树种。

83. 紫藤 *Wisteria sinensis* (Sims) Sweet

落叶攀缘灌木；小枝灰褐色至赤褐色，稍有细棱，叶痕灰色近圆形，明显凸出。单数羽状复叶，互生；小枝 7～13 枚，卵形或卵形披针形，先端渐尖，基部圆形或阔楔形，有细毛。总状花序侧生，长达 20～30 厘米，下垂；花大，密集而醒目，紫色，稍有芳香。每花序可着花 50～100 朵。荚果坚硬，长 10～20 厘米，密生绒毛；种子扁圆形。花期 5 月，果熟期 9～10 月。

产山东、河南、河北、江苏、浙江及西南各省；各地栽培。在园林中最适合于花架、绿廊垂直绿化；也可盆栽，造型观赏。树皮纤维可供织物；种子入药。

图 3-83　紫藤

图 3-84　龙牙花

84. 龙牙花 *Erythrina corallodendron* L.

灌木或小乔木，高可达 4 米。枝上有刺。三出羽状复叶，叶柄和小叶中脉上有刺；顶生小叶比侧生小叶大，菱状卵形，长 4～10 厘米，宽 3～7 厘米，先端渐尖，基部圆形或阔楔形，全缘，无毛。总状花序腋生，初被柔毛，后渐脱落，先叶开放，或与叶同时开放；花大，红色，长 4～6 厘米；萼钟状，口部斜截形，有刺芒状萼齿；花瓣长短不齐，旗瓣椭圆形，长 4.5～6 厘米；雄蕊 10，成二体；子房有柄，有白色柔毛，花柱向上弯曲，柱头头状。荚果带状，长 10 厘米；种子深红色，有黑斑。花期 6～7 月。

原产热带美洲，我国南方有栽培。绿化树种，树皮供药用。

85. 刺槐 *Robinia pseudoacacia* L.

又名洋槐。落叶乔木，高 1～25 米；树皮褐色，有纵裂纹。羽状复叶有小叶 7～25，互生，椭圆形或卵形，长 2～5.5 厘米，宽 1～2 厘米，顶端圆或微凹，有小尖头，基部圆形。花白色，花萼筒上有红色斑纹。花果期 4～6 月。

原产美国，我国各地广有栽培。用材及防护林树种，亦可观赏，花为蜜源。

86. 刺桐 *Erythrina variegata* var. orientalis (L. )Merr

落叶乔木；具刺，易落。三出叶，具小腺质叶托；顶小叶卵形，长宽各 10～15 厘米，无毛，先端突尖，小叶柄基部具一对密槽。总状花序，花常密生。花萼钟形。花瓣蝶形，早落。荚果念珠状，长 15～30 厘米。

分布于长江流域。为优良的庭园和行道树种及盆栽树。

图 3-85　刺槐

图 3-86　刺桐

### 3.3.2.40　酢浆草科

87. 红花酢浆草 *Oxalis bowiei* Lindl.

又名铜锤草。多年生直立草本，无地上茎，地下部分有球状鳞茎，外层鳞片膜质，褐色，背具 3 条肋状纵脉，被长缘毛。内层鳞片呈三角形，无毛，叶基生叶柄，被毛，小叶 3 扁圆状倒心形，顶端凹入，两侧多圆形，顶部狭尖，与叶柄基部合生，总花梗基生，多歧聚伞花序，花梗苞片、萼片均被毛，花淡紫色至紫红色，果期 3～12 月。

我国各地广有栽培。全草入药，有清热消肿、散瘀血、利筋骨的效用。

图 3-87　红花酢浆草

### 3.3.2.41　芸香科

88. 柚 *Citrus grandis* (L.)Osbeck.

常绿乔木，高 5～10 米，树皮褐色平滑。小枝扁，被柔毛，有刺。叶互生，叶柄有倒心形宽翅；叶片宽卵形或椭圆状卵形，长 8～20 厘米，先端渐尖，顶部浑圆或微凹入，生于幼枝上的渐狭成一钝尖头，边缘有钝锯齿，下面脉上有时被疏毛。春季开白色花，单生或通常为腋生花束，极香，花瓣反曲，雄蕊 20～25；子房圆球形，有一圆柱状花柱，柱头头状。

图 3-88　柚

图 3-89　红橘

分布西南、东南等区，越南、印度、缅甸也有。较好的水果，根叶有理气止痛、消积、解毒祛风消肿的功效。

89. 红橘 *Citrus reticulata* Blanco

常绿小乔木或灌木，高约 3 米，枝叶茂盛，小枝细弱，通常有刺。叶长卵状披针形。春季花香，花黄白色单生或簇生叶腋，10～12 月果熟。

分布于长江以南地区。是中国著名果树之一。

90. 枳 *Poncirus trifoliata*（L.）Raf

为落叶灌木或小乔木，株高约 7 米。小枝绿色，略扁平，具棱角，枝刺粗长，基部稍扁。掌状三出叶，顶生小叶倒卵形至卵状椭圆形，侧生小叶基部略偏斜。花白色，径 3～4 厘米，有香气，单生或成对腋生。柑果近球形，黄绿色，有香气，果期 9～10 月。

产中国长江流域及中部地区。枳多用作屏障和绿篱，还是较好的柑橘砧木。

图 3-90　枳

图 3-91　竹叶椒

91. 竹叶椒 *Zanthoxylum planispinum* Sieb. et. Zucc.

又名野花椒，常绿灌木，枝有皮刺。单数羽状复叶，叶轴具翅，下面有皮刺，在上面小叶片的基部处有托叶状小皮刺 1 对；小叶 3～9，对生，革质，长 5～9 厘米，宽 1～3 厘米，边缘具细锯齿，有透明腺点。聚伞圆锥花序腋生，花小，单性。黄绿色；雄花雄蕊 6～8；雌花子房上位，心皮 2～4。蓇葖果红色，种子卵形。花期 3～5 月，果期 8～10 月。

产于我国中部及南部的广东、广西、湖南、浙江、江苏等地，北至秦岭，而在秦岭以北则极为罕见。叶片可入药，治腹胀痛、肿毒、乳痈、皮肤瘙痒。

### 3.3.2.42　苦木科

92. 臭椿 *Ailanthus altissima*（Mill.）Swingle

落叶乔木。叶为羽状复叶或单叶，揉之有臭味；花小，杂性或单性异株，排成顶生的圆锥花序；花萼和花瓣 5 枚；花盘 10 裂；雄蕊 10 枚，着生于花盘基部；子房 2～5 深裂；果为 1～5 个长椭圆形的翅果；种子 1 颗，生于翅的中央。

产湖北、四川、云南等省。种子可入药，有清热、消炎、止痛之功效。

图 3-92　臭椿

图 3-93　苦木

93. 苦木 *Ailanthus altissima* Var

又名白椿。落叶乔木，高可达 30 米，树冠呈扁球形或伞形。树皮灰白色或灰黑色，平滑，稍有浅裂纹。小枝粗壮。叶痕大，倒卵形，内具 9 个维管束痕。奇数羽状复叶，互生，小叶 13～25 枚，卵状披针形，中上部全缘，近基部有 1～2 对粗锯齿，齿顶有腺点，叶总柄基部膨大，有臭味。5～6 月开花，圆锥花序顶生，花白色，蒴果椭圆形，种子多数，有扁平膜质的翅。

东北南部、华北、西北至长江流域各地均有分布。朝鲜、日本也有。木材可制家具；树皮可药用。

### 3.3.2.43　楝科

94. 川楝 *Melia toosendan* Sieb. et Zucc

落叶乔木，高 15～20 米；树皮丛裂。叶 2～3 回单数羽状复叶，互生，长约 20～40 厘米；小叶卵形至椭圆形，长 3～7 厘米，宽 2～3 厘米，边缘有钝锯齿，幼时被星状毛。圆锥花序与叶等长，腋生；花紫色或淡紫色，长约 1 厘米；花萼 5 裂，裂片披针形，被短柔毛；雄蕊 10，花丝合生成筒。核果短矩圆形至近球形，长 1.5～2 厘米，淡黄色，4～5 室；每室有种子一枚。

生于丘陵、田边。主产我国西南地区。木材可制家具；种子可入药。

图 3-94　川楝

### 3.3.2.44　槭树科

95. 三角槭 *Acer buergerianum* Miq.

落叶乔木，高 5～10 米；树皮暗灰色，片状剥落。叶倒卵状三角形、三角形或椭圆形，长 6～10 厘米，宽 3～5 厘米，通常 3 裂，裂片三角形，近于等大而呈三叉状，顶端短渐尖，全缘或略有浅齿，表面深绿色，无毛，背面有白粉，初有细柔毛，后变无毛。伞房花序顶生，有柔毛；花黄绿色，发叶后开花；子房密生柔毛。翅果棕黄色，两翅呈镰刀状，中部最宽，基部缩窄，两翅开展成锐角，小坚果突起，有脉纹。花期 4～5 月，果熟期 9～10 月。

分布于长江流域各省，北达山东，南至广东。木材优良，可制农具；也可栽培作绿篱。

图 3-95　三角槭

图 3-96　鸡爪槭

96. 鸡爪槭 *Acer palmatum* Thunb.

落叶乔木，高可达 10 米。树皮灰色，浅裂；枝常细弱，呈紫色、紫红色或略带灰色，幼时略被白粉。单叶，近圆形，径 7～10 厘米，7 裂，稀 5 或 9 裂，裂深常达叶片直径的 1/2 或 1/3，裂片长卵形至披针形，先端渐尖或尾尖，缘有细锐重锯齿，叶基心形或近心形，上面绿色，下面淡绿色，初密生柔毛，后脱落仅在脉腋间残留簇毛；叶柄较细软，长 4～6 厘米，无毛。花杂性，顶生伞房花序：花形小，萼片 5，卵状披针形，暗红色，花瓣 5，椭圆形或倒卵形，较萼片略短，紫色，雄蕊 8，生于花盘内侧，子房平滑或少有毛。翅果连翅长 1～2.5 厘米，果体两面突起，近球形，上有明显的脉纹，两果翅开展成钝角，翅的先端微向内弯。花期 5 月；果期 9～10 月。

国内分布于江苏、浙江、安徽、江西、湖北、湖南、贵州及河南等省，供观赏。

### 3.3.2.45　冬青科

97. 大果冬青 *Ilex macrocarpa* Oliv.

落叶乔木，高达 15 米；树皮青灰色，平滑无毛；有长枝和短枝。叶纸质，卵状椭圆形，长 5～8 厘米，宽 3.5～5 厘米，顶端短渐尖，基部圆形，边缘有疏细锯齿，两面均无毛。花白色，雄花序有花 2～5 朵，簇生于二年生长枝及短枝上，或单生于长枝的叶腋或基部鳞片内；雌花单生于叶腋。果实球形，直径 8～11 毫米，成熟时黑色，宿存柱头头状；果柄长 6～14 毫米；分核 7～9 颗，背部有纵纹，木质。花期 5 月，果熟期 7～8 月。

分布于华东和湖北、四川、贵州、广东、广西及云南。木材可制家具；叶可制作茶，其药用价值极高。

图 3-97　大果冬青

图 3-98　冬青卫矛

### 3.3.2.46 卫矛科

98. 冬青卫矛 *Euonymus japonicus* Thunb

又名大叶黄杨、万年青。常绿灌木，高可达3米，小枝4棱，具细微皱突，叶革质，有光泽，倒卵形或椭圆形，先端圆阔或急尖，基部楔形，边缘具有线细钝齿，叶柄短，聚伞花序5～12花，花梗2～3次分支，花白绿色，花瓣近卵圆形，雄蕊花药长圆状，蒴果近球状，淡红色。种子椭圆状。

产日本。我国各地普遍栽培。园林中多作为绿篱材料和整型植株材料，植于门旁、草地，或作大型花坛中心。

### 3.3.2.47 黄杨科

99. 黄杨 *Buxus sinica* M. Cheng

又名小叶黄杨。常绿灌木或小乔木。树皮灰白色。小枝绿褐色，四棱形，具短柔毛。叶对生，长圆形、阔卵形或倒卵状椭圆形，长1.5～3厘米，宽5～20毫米，先端圆或钝，具凹陷，基部楔形，中脉凸起，侧脉明显，全缘，革质；叶柄长1～2毫米，具毛。花簇生叶腋或枝端，无花瓣。雄花萼片4，卵状椭圆形或近圆形，长2.5～3毫米，雌花萼片6，长约3毫米；子房比花柱长；花柱粗扁，柱头倒心形，下延达花柱中部，近球形，长6～8毫米。花期4月，果期6～7月。

全国各地均有栽培。木材供雕刻用。各地栽培供观赏。根、枝、叶供药用。

图3-99 黄杨

图3-100 爬山虎

### 3.3.2.48 葡萄科

100. 爬山虎 *Parthenocissus tricuspidata* Planch.

落叶大藤本。枝条粗壮，卷须短，多分枝，枝端有吸盘。叶宽卵形，通常三裂，基部心形，叶缘有粗锯齿，表面无毛，下面脉上有柔毛；幼苗或下部枝上的叶较小，常分成三小叶或为三全裂；叶柄长8～20厘米。聚伞花序通常生于短枝顶端的两叶之间；萼全缘，花瓣顶端反折，雄蕊与花瓣对生，花盘贴生于子房，不明显；子房两室，每室有2胚珠。浆果蓝色。

广泛分布于我国各地，暖温带植物，久经栽培。主要作为绿化用。

## 3.3.2.49 锦葵科

101. 木芙蓉 *Hibicus mutabilis* L.

又名芙蓉、拒霜花，落叶灌木丛生，株高1～2米，小枝密被星状灰色短柔毛。叶大，互生，阔卵形至圆卵形，掌状3～5浅裂至深裂，裂片三角形，先端尖，基部心脏形，边缘有钝锯齿，两面均具星状绒毛。叶柄圆筒形，长达20厘米。花生于叶腋或枝顶，花大，单生或簇生枝端，初放时白色或粉红色，单瓣或重瓣，花色有红、粉、白、黄等。小苞片10枚。花梗长5厘米至8厘米，近端有节。蒴果球形，5瓣裂。花期8～10月；果熟期12月。

产于华南，长江以南地区广为栽培。常作庭院绿化或盆栽观赏。其根、叶、花和叶均可入药。

图 3-101 木芙蓉

图 3-102 蜀葵

102. 蜀葵 *Althaea rosea* (L.)Cav.

多年生草本，茎直立而高，叶互生，心脏[illegible]花呈总状花序顶生，单瓣或重瓣，有紫、粉、红、白等色，花期6～8月，蒴果，种子扁圆，肾脏形。

原产中国，华东、华中、华北分布很广。适宜片植于林缘、草地、花圃、路边、墙角等。

103. 垂花悬铃花 *Malvaviscus arboreus* Cav

又名扶桑，常绿灌木，高1～2米。叶子长椭圆形，有锯齿边缘。花为鲜红色含苞状，花瓣略左旋而且下垂，花柱微露，终年开花，但花瓣不开展，故又有卷瓣朱槿之称。

原产墨西哥和哥伦比亚，我国广东广州、云南西双版纳均有分布。非常重要的绿化花种。

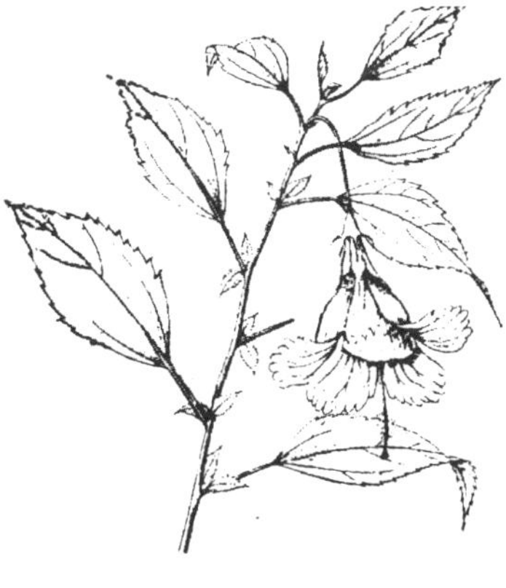

图 3-103 垂花悬铃花

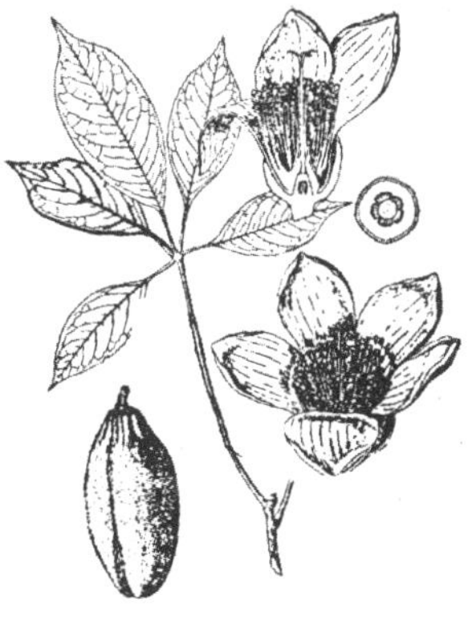

图 3-104 木棉

### 3.3.2.50 木棉科

104. 木棉 *Gossampinus malabarica* (DC.)Merr.

落叶大乔木,高可达25米;茎和大枝有短而粗的圆锥形硬刺,树皮灰白色。叶互生,掌状复叶具5～7片小叶;小叶长圆形或椭圆形,长10～20厘米,宽5～7厘米,顶端渐尖,基部阔或稍狭,边全缘。花早春先叶开放,红色,直径约10厘米或更大,簇生于枝的近顶处;萼杯状,长3～4.5厘米,顶端5浅裂,裂片阔而钝;花瓣5片,肉质,长圆形,长8～10厘米,两面被星状柔毛;雄蕊多数,排成多轮,花丝基部合生。果大,木质,长10～15厘米,果瓣内面有丰富的绵毛;种子多数,倒卵形,黑色。

分布海南、台湾、广西、云南和四川南部;广东及福建中部以南广为栽培。印度、中南半岛、马来西亚至热带澳洲均有分布。树皮及花可入药。花还是非常好的保健枕头的材料。

### 3.3.2.51 梧桐科

105. 梧桐 *Firmiana platanifolia* (L. f.)Marsili

落叶大乔木,高达15米;树干挺直,树皮绿色,平滑。叶心形,3～5掌状分裂,通常直径15～30厘米,裂片三角形,顶端渐尖,全缘,5出脉,背面有细绒毛;叶柄长8～30厘米。花小,黄绿色;萼片5深裂,裂片被针形,向外反卷曲,外面密生黄色星状毛;花瓣缺;子房球形,5室,基部有退化雄蕊。蓇葖4～5,纸质,叶状,长6～10厘米,宽1.3～2.4厘米,有毛;种子形如豌豆,2～4颗着生果瓣边缘,成熟时棕色,有皱纹。花期7月,果熟期11月。

原产我国,南北各省都有栽培,为普通的行道树及庭园绿化观赏树。木材宜制乐器、家具;种子可食,亦可榨油;树皮可作造纸原料;叶、花、果、根入药。

图3-105 梧桐

图3-106 三色堇

### 3.3.2.52 堇菜科

106. 三色堇 *Viola tricolor* L.

一年生无毛草本;主根短细,灰白色。地上茎高达30厘米,多分枝。基生叶有长柄,叶片近圆心形,茎生叶矩圆卵形或宽披针形,边缘具圆钝锯齿;托叶大,基部羽状深裂成条形或狭条形的裂片。花大,两侧对称,直径3～6厘米,侧向,通常每花有三色,蓝色、黄色、近白色;花梗长,从叶腋生出,每梗1花;萼片5,绿色,矩圆披针形,顶端尖,全缘,底部的大;果椭圆形。

原产西欧。我国中、南部广泛栽培。三色堇是冬、春季优良花坛材料。全草人药。

### 3.3.2.53　柽柳科

107. 柽柳 *Tamarix chinensis* Lour.

落叶灌木或小乔木。树皮红褐色，枝细长，多下垂。叶楔形或卵状披针形，先端尖。总状花序集合成圆锥花序，花小、粉红色，1 年开花 3 次，自春至秋陆续开放。

产于欧洲、亚洲及非洲，中国主要分布于西北、华北地区。柽柳萌条坚韧，可作农具和编筐；枝叶为优良燃料和饲料；茎皮含鞣质，可制栲胶；嫩枝叶入药。

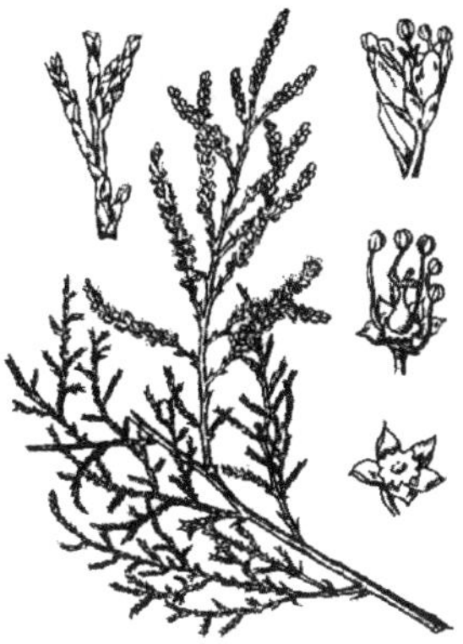

图 3-107　柽柳

图 3-108　紫薇

### 3.3.2.54　千屈菜科

108. 紫薇 *Lagerstroemia indica* L.

又名百日红、痒痒树。落叶乔木；高 3～6 米，枝干屈曲光滑，树皮灰褐色，秋冬块状脱落。小枝略呈四棱形，上面红色，下面淡红色至黄绿色；有狭翅。叶对生或近对生，上部互生，椭圆形至倒卵形，长 2～7 厘米，宽 1～4 厘米，先端钝圆，基部楔形或圆形，全缘。圆锥花序顶生；长 6～20 厘米，花径 2～3 厘米。花淡红至红色，花瓣近圆形，呈皱缩状，边缘有不规则缺刻，基部具长爪。萼外面光滑，先端通常 6 裂花瓣，蒴果近球形，基部有宿存花萼；种子有翅。花期 7～9 月，果熟期 10～11 月。

黄河流域以南各省都有栽培，是城市绿化的首选品种。

### 3.3.2.55　桃金娘科

109. 桉 *Eucalyptus robusta* Smith.

又名大叶桉。乔木，树皮不剥落，暗褐色，有槽纹；小枝淡红色。叶互生，革质，长 8～18 厘米，宽 3～7.5 厘米；有叶柄。伞形花序腋生或侧生，有花 5～10 朵；总花梗粗而扁。萼帽状，体厚。蒴果倒卵形至壶形。

原产澳大利亚。我国西南部和南部有栽培。为较好的先锋树种，可做木材之用；叶可入药。

### 3.3.2.56　石榴科

110. 石榴 *Punica granatum* L.

落叶小乔木；株高 2～5 米，高达 7 米。树皮青灰色，有片状剥落，粗糙；幼枝常呈四棱形，顶端多为棘状，无顶芽。叶对生或近簇生，倒卵形至长椭圆形，长 2～8 厘米不等，全缘，先端尖，表面无毛而有光泽，短柄，新叶嫩绿或古铜色。花 1 朵至数朵生于枝顶或叶腋；花萼钟形，肉质，先端 6 裂，表面光滑具腊质，橙红色，宿存。花瓣 5～7 枚红色或白色，单瓣或重瓣。浆果球形，黄红色。种子多数具肉质外种皮，9～10 月果熟。

图 3-109　桉

图 3-110　石榴

我国南北各地栽培，以陕西临潼产的最为著名，是园林中主要的夏秋观花树种。果皮、根皮、花供药用。

### 3.3.2.57　蓝果树科

111. 喜树 *Camptotheca acuminata* Decne.

别名旱莲、千丈树、水白杂。落叶乔木，高可达 20 余米，树干端直；枝条伸展，树皮灰色或浅灰色，有稀疏圆形或卵形皮孔。叶互生，纸质，卵状椭圆形或长圆形，长 10～26 厘米，宽 6～10 厘米，先端渐尖，基部圆形，上面亮绿色，嫩时叶脉上被短柔毛，其后无毛，下面淡绿色，被稀疏短柔毛，侧脉显著。头状花序近于球形，顶生或腋生，顶生的花序具雌花，腋生的花序具雄花，翅果长圆形，长 2～2.5 厘米，顶端具宿存的花盘，两侧具窄翅，着生于近球形的头状果序上。花期 6～8 月，果期 10～11 月。

主要分布在长江流域及南方各省。根皮及果实含有喜树碱，有抗癌作用。本种生长迅速，为优良的庭园树和行道树，可作为绿化城市和庭园的优良树种。

图 3-111　喜树

图 3-112　灯台树

### 3.3.2.58 山茱萸科

112. 灯台树 *Bothrocaryum controversum*（Hemsl.）Pojark.

又名女儿木、六角树。落叶乔木，高 10～15 米。树皮光滑灰色，枝条紫红色。树干端直，分枝呈层状，宛如灯台，更似倒挂的伞，层间极其分明、规整，饶富风韵。单叶互生，椭圆状卵形或宽卵形，长 6～13 厘米，叶表面绿色，背面灰绿，叶大而碧绿秀美，颇具观赏性。花序长约 12 厘米，5～6 月盛开白色花朵。

我国大部分地区均有栽培，是公园、庭院、街道、风景区等各种园林的绿化佳品。木材可供建筑、雕刻、文具用。

### 3.3.2.59 五加科

113. 白勒 *Acanthopanax trifoliatus*（L.）Merr

又名五加。落叶灌木，有时蔓生状。枝无刺或于叶柄基部单生扁平的刺。掌状复叶互生，在短枝上簇生，小叶通常 5，倒卵形或倒披针形，边缘具细锯齿，两面无毛或沿脉疏生刚毛。伞形花序多腋生；花小，萼齿 5，花瓣 5，黄绿色；雄蕊 5，子房下位，2 室，花柱 2，分离。浆果状核果近球形，黑色。种子 2，扁平，细小。花期 7 月，果期 9～10 月。

主产湖北、河南，辽宁、安徽亦产。树皮可入药，有祛风湿、补肝肾、强筋骨功效。

图 3-113 白勒

图 3-114 常春藤

114. 常春藤 *Hedara nepalensia* var. sinensis

别名：钻天风、三角风、爬墙虎、爬山虎、散骨风。茎枝有气生根，幼枝被鳞片状柔毛。叶互生，2 裂，革质，具长柄；营养枝上的叶三角状卵形或近戟形，长 5～10 厘米，宽 3～8 厘米，先端渐尖，基部楔形，全缘或 3 浅裂；花枝上的叶椭圆状卵形或椭圆状披针表，长 5～12 厘米，宽 1～8 厘米，先端长尖，基部楔形，全缘。伞形花序单生或 2～7 个顶生；花小，黄白色或绿白色，花 5 朵；子房下位，花柱合生成柱状。果圆球形，浆果状，黄色或红色。

产于陕西、甘肃及黄河流域以南至华南和西南，主要为绿化用途。

### 3.3.2.60 伞形科

115. 积雪草 *Centella asiatica*（L.）Urban

多年生匍匐草本。茎光滑或稍被疏毛，节上生根。单叶互生，叶片圆形或肾形，直径 2～4

厘米，边缘有钝齿，上面光滑，下面有细毛；叶有长柄，长1.5～7厘米。伞形花序单生，伞梗生于叶腋，短于叶柄；每一花梗的顶端有花3～6朵，通常聚生成头状花序，花序又为2枚卵形苞片所包围；花萼截头形；花瓣5，红紫色，卵形；雄蕊5，短小，与花瓣互生；子房下位，花柱2，较短，花柱基不甚明显。双悬果扁圆形，光滑，主棱和次棱同等明显，主棱间有网状纹相连。花期夏季。

分布于长江流域。全草入药，有镇痛、美容等作用。

图3-115 积雪草

图3-116 窃衣

116. 窃衣 *Torilis japonica* (Houtt.) DC

一年生或多年生草本，全身有贴生短硬毛。茎单生，叶卵形，1～3回羽状分裂，小叶片披针状卵形，边缘具条裂状的粗齿至缺刻或分裂。花小，白色；复伞形花序顶生或腋生；花5朵，萼齿三角状披针形，花瓣倒心形。双悬果圆卵形，有3～6个具钩较长而张开的皮刺。

分布于我国及日本，并引种至北美。全草入药有活血消肿、杀虫消积功效。

### 3.3.2.61 杜鹃科

117. 杜鹃 *Rhododendron simsii* Planch

常绿大乔木、小乔木、常绿灌木、落叶灌木。有的主干粗大，高达20余米，有的呈匍匐状、垫状或附生类型，高仅10～20厘米。基本形态是：主干直立，单生或丛生；枝条互生或假轮生。分枝细而多，密被棕褐色平伏硬毛。枝、叶有毛或无，枝、叶、花梗有鳞片或无；叶多形，但不呈条形，先端锐尖，基部楔形，全缘，叶面疏生硬毛，叶背密被褐色细毛。极少有细锯齿，革质或纸质，常绿、半常绿或落叶，有芳香或无；花顶生、侧生或腋生，单花、少花或20余朵集成总状伞形花序，先叶开花或后于叶，花冠显著，漏斗形、钟形、辐射状杆臼式钟形、碟形至碗形或管形，4～5裂，也有6～10裂的；花药紫色。蒴果卵圆形，有密糙毛。花色丰富多采。花期4～6月。

我国四川、云南、贵州山区常绿杜鹃种类极为丰富，是园林中重要观花灌木。根、叶、花入药，有和血调经、消肿止血的功效；花叶外用根治内伤、风湿等症。

118. 白花杜鹃 *Rhododendron mucronulatum* Turcz.

半常绿灌木，高2～3米；分枝密。幼枝、叶、花柄、子房被褐色粗伏毛或有腺毛。叶椭圆形至椭圆状披针形，长3～5厘米，宽1～2厘米，顶端钝而有小尖头，基部楔形。花1～3朵，顶生，有芳香；萼片披针形，长约1.5厘米，有腺毛；花冠白色，钟状或宽漏斗形，长3.5～5厘米，5 裂，裂片卵状椭圆形；雄蕊 10，有时 8，近基部有腺毛。蒴果长约 1 厘米，短于花萼。花期 4～5 月。

本种分布于华东、西南及日本，是园林中的重要观花灌木；根、叶、花入药，有和血调经、消肿止血的功效；花叶外用根治内伤、风湿等症。杜鹃花辛、温，有大毒，还可主治风痰剧痛、风湿痹痛和风虫牙痛等症。

图 3-117　杜鹃

图 3-118　白花杜鹃

### 3.3.2.62　报春花科

119. 聚花过路黄 *Lysimachia congestiflora* Hemsl.

又名临时救。多年生草本，高达 20 厘米。茎深紫红色，具短柔毛，多分枝，下部匍匐地面，节处生不定根，上部斜升。叶对生，具短柄；叶片卵形或广卵形。3～4 月开花，花多朵集生于枝端，呈密集状。朔果，种子多数，萼宿存。

产西南、西北地区；分布于尼泊尔、不丹、印度、缅甸、泰国、越南。以全草入药。有祛风散寒、止咳化痰、消积解毒的功效。

图 3-119　聚花过路黄

### 3.3.2.63　木犀科

120. 女贞 *Ligustrum lucidum* Ait.

常绿乔木；高可达 8～13 米，枝斜展成广卵形圆整的树冠。树皮灰色，平滑。叶对生革质，卵形至卵状披针形，先端渐尖，全缘，表面深绿色有光泽，背面淡绿色平滑无毛，有细小原型腺点。芳香的白色小花在枝顶端密集成圆锥花序顶生，长 12～20 厘米。浆果状核果椭圆形，长约 0.8 厘米。蓝黑色。花期 6～7 月，果熟期 11～12 月。

原产我国，广泛分布于长江流域及以南地区，华北、西北地区也有栽培。园林绿化优良树种。果实可入药，性凉，味甘，能滋补肝肾，明目乌发，治眩晕耳鸣、腰膝酸软、须发早白、目暗不明等症。可放养白蜡虫，产白蜡；种子可榨油。小苗供作嫁接桂花、丁香的砧木。

121. 小叶女贞 *Ligustrum quihoui* Carr

落叶或半常绿灌木，枝条铺散，小枝具短柔毛。花白色，芳香，无梗，花冠裂片与筒部等长；核果椭圆形，紫黑色。花期 7～8 月。

我国大部分地区均有栽培。为较好的草坪绿化造型树种。

图 3-120　女贞

图 3-121　小叶女贞

122. 桂花 *Osmanthus fragrans* Lour.

常绿小乔木;高可达 10 米。树冠圆球形,可覆盖 400 平方米。树干粗糙、灰白色。根系发达深长,幼根浅黄褐色,老根黄褐色。树皮粗糙,灰褐色或灰白色,有时显出皮孔。叶对生,革质,长椭圆形至椭圆状披针形,全缘或上半部疏生细锯齿。花序中 3～5 朵花簇生于叶腋,多着生于当年春梢,二、三年生枝上亦有着生,花冠分裂至基部,有乳白、黄、橙红等色,香气极浓,花梗纤细;核果椭圆形,紫黑色。花期 9～10 月,果熟期次年 5 月。

分布于我国西南部;各地普遍栽培。是著名的园林观赏树种;木材可做雕刻用。花作香料和供药用。

图 3-122　桂花

图 3-123　云南黄素馨

123. 云南黄素馨 *Jasminum mesnyi* Hance

又名迎春花,常绿灌木,高可达 3 米,树形圆整。枝细长拱形,柔软下垂,绿色,有四棱。小枝无毛。三出复叶,对生,小叶长椭圆状披针形,基部渐狭成短梗,侧生 2 枚较小而无柄。3～4 月开花,花单生于小枝端部,淡黄色,有叶状苞片,常重瓣。

分布于中国云南,南方庭园中颇常见。北方常温室盆栽,主要作为观花植物栽培。

### 3.3.2.64　夹竹桃科

124. 夹竹桃 *Nerium indicum* Mill.

常绿大灌木,高达 5 米,含水液,无毛;叶 3～4 枚轮生,枝条基部叶对生,窄括针形。叶背面浅绿色，侧脉扁平密生而平行。聚伞花序，花萼直立，花冠深红色，重瓣，副花萼鳞片状，顶端散裂生；矩圆形。种子顶端有种毛。原产伊朗。

全国各地庭园常作观赏植物栽培。茎皮纤维为优良混纺原料；叶及茎皮有剧毒，入药煎汤或研末，均宜慎用。能强心利尿，定喘镇痛。

图 3-124　夹竹桃

### 3.3.2.65　茜草科

125. 栀子花 *Gardenia augusta* Ellis.

常绿灌木或小乔木；高 1～2 米，枝丛生。叶长椭圆形，对生或 3 叶轮生，革质，广披针形至倒卵形，长 5～14 厘米，先端和基部钝形，全缘，表面青绿色而有光泽。花白色，顶生或腋生，有短梗，极芳香。果实卵形，有纵直六角棱；花冠高脚碟状；6 裂，肉质。种子扁平，球形，外被有黄色粘物质。花期 6～7 月，果熟期 11 月。

分布于我国及日本，各地栽培。为美化庭院的优良花木。木材可供雕刻用。果实可提取黄色染料和供药用；花可作香料或供茶用。

图 3-125　栀子花

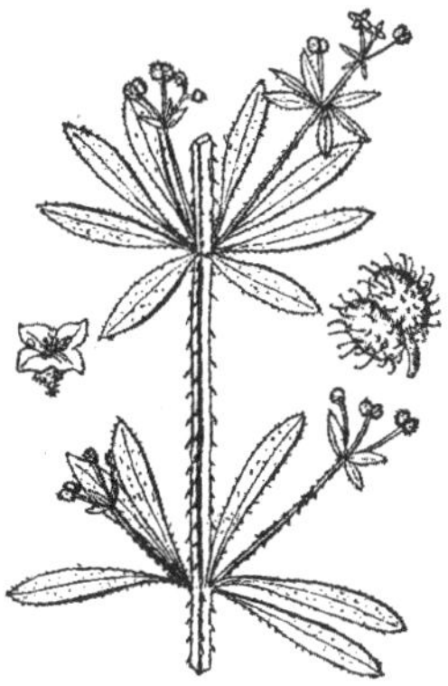

图 3-126　猪殃殃

图 3-127　六月雪

126. 猪殃殃 *Galium aparine* L. var. tenerum(Gren. et Godr.) Reichb

蔓状或攀缘状一年生草本。茎纤弱，四棱形，有倒生小刺。叶 6～8 轮生，无柄；叶片膜质。长 1～2 厘米或更长。聚伞花序腋生，花小白色；萼齿不显；花冠 4 裂；雄蕊 4；子房下位。果小，心皮稍分离，各成一半球形，被密集钩刺。种子小，背部凸起，表面凹入。花期 4～5 月，果期 6～8 月。

全国大部均有分布，生于路边、墙边荒地、草丛中等。以全草入药，有清热解毒、利尿消肿的功效。

127. 六月雪 *Serissa foetida* Comm.

小灌木，高 60～90 厘米，有臭气，叶革质，卵形至倒披针形，顶端短尖至长尖，边全缘，无毛；叶柄短，花单生或数朵丛生于小枝顶部或腋生，有被毛，苞片边缘洪波状，花冠淡白色或白色，花期 5～7 月。

我国大部均有分布。庭园绿化，全株清热利湿、消肿拔毒、止咳化痰。

### 3.3.2.66 马鞭草科

128. 臭牡丹 *Clerodendron bungei* Steud.

小灌木，嫩枝稍有柔毛，枝内白色，中髓坚实。叶有强烈臭味，宽卵形或卵形，长 10～20 厘米，宽 5～15 厘米，顶端尖或渐尖，基部心形或近截形，边缘有大或小的锯齿，两面多少有糙毛或近无毛，下面有小腺点。聚伞花序紧密顶生，苞片早落，花有臭味；花萼紫红色或下部绿色，外面有微毛和腺点；花冠淡红色或紫色。核果倒圆卵形或球形，成熟后蓝紫色。

我国大部分地区均有分布。全草入药可治疝气、头晕、阳痿、吐血、疔疮。

### 3.3.2.67 唇形科

129. 瘦风轮菜 *Clinopodium chinense*（Benth.）O. Kuntie

茎四方形，多分枝，全体被柔毛。叶对生，卵形，长 1～5 厘米，宽 5～25 毫米，顶端尖或钝，基部楔形，边缘有锯齿。

分布于我国东北、华东、西南各地。全草入药，有疏风清热、解毒消肿的功效。

图 3-128　臭牡丹

图 3-129　瘦风轮菜

图 3-130　益母草

130. 益母草 *Leonurus japonicus* Houtt

一年或二年生草本。茎直立，方形，单一或分枝，高 0.6 米～1 米，被微毛。叶对生；叶形多种，一年根生叶有长柄，叶片略呈圆形，直径 4～8 厘米，叶缘 5～9 浅裂，每裂片具 2～3 钝齿，基部心形；茎中部的叶有短柄，3 全裂，裂片近披针形，中央裂片常 3 裂，两侧裂片常再 1～2 裂，最终裂片近线形，先端渐尖，边缘疏生锯齿或近全缘；最上部的叶不分裂，线形，近无柄，上面绿色，下面浅绿色，两面均被短柔毛。花多数，生于叶腋，呈轮伞状；苞片针刺状；花萼钟形，先端有 5 长尖齿，下方 2 片较上方 3 片为长；花冠唇形，淡红色或紫红色，长 9～12 毫米，上下唇几等长，上唇长圆形，全缘，下唇 3 裂，中央裂片较大，倒心脏形，花冠外被长绒毛，尤以上唇为甚；雄蕊 4，2 强，着生于花冠内面近裂口的下方；子房 4 裂，花柱与花冠上唇几等长，柱头 2 裂。小坚果褐色，三棱状，长约 2 毫米。花期 6～8 月。果期 7～9 月。

全国大部分地区均有分布。有活血调经、利水消肿、凉血消疹的功效。

131. 紫苏 *Perilla frutescens*（L.）Britt.

一年生草本。茎被长柔毛。叶片宽卵形或圆形，先端短尖或突尖，边缘有粗锯齿，两面紫色或上面青色下面紫色，有毛；轮伞花序 2 花，组成顶生和腋生、偏向一侧、密被长柔毛的假总状花序；每花有一苞片，苞片宽卵圆形或近圆形；花萼钟状，下部被长柔毛，有黄色腺点，果时增大，基部一边肿胀，花二唇形，上唇宽大，3 齿，下唇 2 齿；花冠常粉红至紫红，上唇微缺，下唇 3 裂，中裂片较大。小坚果近球形，灰褐色，具网纹。

主产于长江流域。紫苏供药用和香料用。有镇痛、镇静、解毒作用，可治感冒，种子油供食用，又有防腐作用。

图 3-131　紫苏

图 3-132　夏枯草

132. 夏枯草 *Prunella vulgaris* L.

多年生草本，高 13～40 厘米。茎直立，常带淡紫色，有细毛。叶对生，卵形或椭圆状披针形，长 1.5～5 厘米，宽 1～2.5 厘米，全缘或疏生锯齿。轮伞花序集成穗状，长 2～6 厘米；苞片肾形，顶端骤尖或尾状尖，外面和边缘有毛；花萼二唇形；花冠紫色，上唇顶端微凹，下唇中间裂片边缘有细条裂。小坚果棕色。花期 5～6 月，果期 7～8 月。

分布几乎遍于全国。全草入药，有清火明目、散结、消肿功效。

133. 一串红 *Salvia splendens* Ker. ～Gawl.

半灌木状草本，茎高达 90 厘米。叶片卵圆形或三角状卵圆形，长 2.5～7 厘米，下面具腺点；叶柄长 3～4.5 厘米。轮伞花序具 2～6 花，密集成顶生假总状花序；苞片卵圆形，大，花前包裹花蕾，顶端尾状渐尖；花萼钟状，红色，花后增大，外被毛，上唇三角状卵形，下唇二深裂；花冠红色至紫色，稀白色，筒状，上唇直伸，顶端微缺。小坚果椭圆形，顶端有不规则少数皱褶，边缘有厚而狭的翅。

原产巴西，我国大部均有分布。供观赏。

图 3-133　一串红

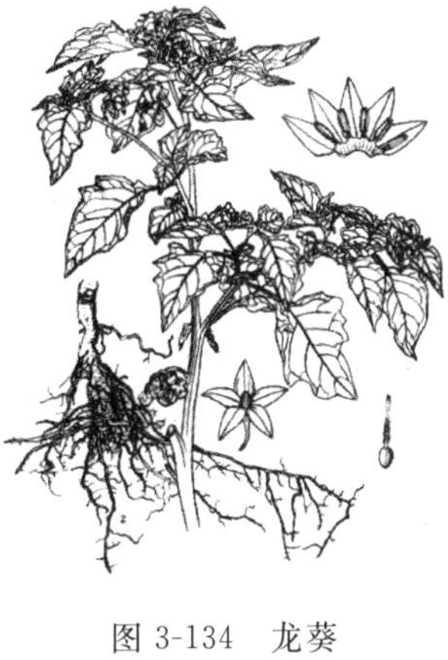

图 3-134　龙葵

### 3.3.2.68　茄科

134. 龙葵 *Solanum nigrum* L.

一年生草本，高 0.3～1 米。茎直立，上部多分枝，绿色或紫色，近无毛或疏被短柔毛。单叶互生，叶片卵圆形，长 2.5～10 厘米，宽 1.5～5 厘米，先端渐尖，边缘波状，基部楔形，下延至柄，两面疏被短白毛；叶柄长 1～2 厘米。花序短蝎尾状或近伞状，腋外生，有 4～10 花，花萼杯状，绿色，5 裂，裂片卵圆形，花冠钟状，花冠檐长均 2.5 毫米，5 深裂，裂片卵状三角形，长约 3 毫米；雄蕊 5，花丝短，花药椭圆形，黄色，雌蕊 1，子房球形，花柱下部密生柔毛，柱头圆形。浆果圆形，深绿色，成熟时紫黑色，直径约 8 毫米。种子卵圆形。花期 6～8 月；果期 7～10 月。

全国各地广泛分布。全草药用，有清热解毒、利水消肿之功效。

### 3.3.2.69　紫葳科

135. 蓝花楹 *Jacaranda mimosifolia* Humb. & Bonpl

又名尖叶蓝花楹，乔木，叶对生，2 回羽状复叶，羽片通常在 16 对以上，每一羽片有小叶 14～24 对；小叶狭矩圆形，先端锐尖，略被微柔毛。圆锥花序，花较大型，蓝色，花冠 2 唇形，5 裂，长 4～5 厘米。蒴果木质，扁圆形，种子有翅。

原产于南美，我国南方一些省市早有引种。是一种美丽的观赏树木。

图 3-135　蓝花楹

### 3.3.2.70　车前科

136. 车前 *Plantago asiatica* L.

多年生草本，高 20～60 厘米，有须根。基生叶直立，卵形或宽卵形，长 4～12 厘米，宽 4～9 厘米，顶端圆钝，边缘近全缘、波状，或有疏钝齿至弯缺，两面无毛或有短柔毛；叶柄长 5～22 厘米，花葶数个，直立，长 20～45 厘米，有短柔毛；穗状花序占上端 1/3～1/2 处，具绿白色疏生花；苞片宽三角形，较萼裂片短；花葶有短柄，裂片倒卵状椭圆形至椭圆形，长 2～2.5 毫米；花冠裂片披针形。蒴果椭圆形，周裂；种子 5～6，矩圆形，黑棕色。

国内广布于全国各地。种子及全草药用，有利水、清热、祛痰的功效。

图 3-136　车前

### 3.3.2.71　忍冬科

137. 日本珊瑚树 *Viburnum awabuki* K. Koch

常绿灌木或小乔木，高达 10 米。树皮灰褐色。具圆形皮孔，单叶对生，厚革质，长椭圆形或矩圆形，先端渐尖或钝，全缘或近先端有波状钝锯齿，表面深绿色，有光泽，叶背灰绿色，叶柄锈褐色。5～6 月开花，圆锥花序顶生，花白色芳香。果 10 月后成熟，椭圆形，红色。

长江流域均有栽培；日本、印度及朝鲜半岛也有。较好的园林造型树种。

图 3-137　日本珊瑚树

图 3-138　接骨草

图 3-139　金银花

138. 接骨草 *Sambucus williamsii* Hance

落叶灌木或小乔木，高 4～6 米。髓心淡黄褐色。奇数羽状复叶，对生，小叶 5～7，有短柄；小叶椭圆形或长圆状披针形，长 5～12 厘米，宽 2～5 厘米，先端渐尖或尾尖，基部楔形，常不对称，缘有细锯齿，揉碎有臭味，上面绿色，初被疏短毛，后渐无毛，下面浅绿色，无毛。聚伞圆锥花序，顶生，无毛；花小，白色，花萼裂齿三角状披针形，稍短于筒部，花冠辐状，5 裂，径约 3 毫米，筒部短；雄蕊 5，约与花冠等长而互生，开展；子房下位 3 室，花柱短，3 裂。浆果状核果，近球形，直径 3～5 毫米，红色，稀蓝紫色，分核 2～3，每核 1 种子。花期 4～5 月；果期 6～9 月。

国内分布于东北、华东及河北、山西、陕西、甘肃、湖北、湖南、广东、广西、四川、贵州、云南等省区。茎、根皮及叶供药用，有舒筋活血、镇痛止血、清热解毒的功效。亦为观赏植物。

139. 金银花 *Lonicera japonica* Thunb

缠绕半灌木，常绿。幼枝密被柔毛和腺毛，老枝棕褐色，呈条状剥离，中空。叶对生，卵形至长卵形，长 3～8 厘米，宽 1.5～4 厘米，初时两面有毛，后则上面无毛。花成对腋生，花梗及花均有短柔毛；花冠初开时白色，后变黄色，外被柔毛和腺毛，花冠筒细长；雄蕊 5，伸出花冠外；子房下位。浆果球形，熟时黑色。花期 4～6 月，果期 7～10 月。

我国大部分地区均有栽培。花可入药有清热解毒、凉散风热的功效。

### 3.3.2.72　菊科

140. 黄花蒿 *Artemisia annua* L.

一年生草本，植物体有强臭，被不明显的毛，幼时毛较多。茎直立，高达 150 厘米，直径达 0.6 厘米，有纵棱，多分枝。基生叶有长柄，叶片卵圆形，长 4～5 厘米，宽 3～4 厘米，多三至四回羽状深裂，花期枯萎，中部叶片近卵形，长 4～7 厘米，宽 1.5～3 厘米，二至三回羽状深裂；上部叶小，常一回羽裂，裂片及小裂片倒卵形，先端尖，叶裂片轴有狭翼，全缘，基部裂片常抱茎，叶上面绿色带黄，下面色较淡。头状花序小，多数，类球形，长与宽约 1.5 毫米，有短梗，排列成广阔的圆锥状，总苞苞片 2～3 层，外层狭长圆形，边缘膜质，中层及内层椭圆形，除中脉外边缘宽膜质，雌花花冠管状，长 0.7 毫米，花柱分枝顶端凹状，两性花花冠管近柱形，下部窄，长近 1 毫米，花冠黄白色，外被腺毛；花序托近球形。瘦果近椭圆形，长小于 1 毫米。花期 9～10 月，果期 10～11 月。

国内各省均有分布。全草供药用，有解热消暑、除烦止痒的功效，并为抗疟良药青蒿素的原料药。

图 3-140　黄花蒿

图 3-141　金盏菊

141. 金盏菊 *Calendula officinalis* L.

二年生草本，有圆柱状直根，通常基部分枝，叶匙形，全缘，光亮；头状花序生于枝顶，直径约 3 厘米，总苞片 2～3 层，条形或条状披针形；舌状花约一层，舌片黄色或淡黄色，瘦果。

原产南欧，现全国各地广为栽培。可作切花或盆栽。花还可提芳香油，全草药用。

142. 瓜叶菊 *Cineraria cruenta*（Mass）DC.

一、二年生栽培。株高 30～60 厘米，全株被柔毛，茎粗大。叶大，心脏形卵状，叶缘呈波状，具细齿牙，叶柄有翼较长；叶面翠绿，背面紫红。花为头状花序簇生成伞状，舌状花具有各种颜色及斑纹；管状花紫色，少数黄色。因播种期不同，花期也有先后，常在 1～5 月开放，瘦果纺缍形。

原产西班牙加那利群岛，我国广为种植。是冬春时节主要的观花植物之一。

143. 大丽菊 *Dahlia hybrida* Cav.

又名大理花、天竺，多年生草本，地下具肥大纺缍状肉质块根，高 50～100 厘米，茎中空。叶对生，1～3 回羽状分裂，小叶卵形，正面深绿色，背面灰绿色，具粗钝锯齿，总柄微带翅状。头状花序，具长梗，顶生或腋生，外围舌状花色彩丰富而艳丽，除蓝色外，有紫、红、黄、雪青、粉红、洒金、白、金黄等。

原产墨西哥高原，现世界各地广为栽培。庭院栽植或摆放盆花群或室内及会场布置。

图 3-142　瓜叶菊

图 3-143　大丽菊

图 3-144　野菊

144. 野菊 *Chrysanthemum indicum* L.

多年生草本，高 30～60 厘米，亦可达 120 厘米。顶部的枝通常被白色柔毛，有香气。叶互生，卵圆形至长圆状卵形，长 4～6 厘米，宽 1.5～5 厘米，有羽状深裂片，中裂片较大，侧裂片 2～3 对，椭圆形或长圆状卵形，先端尖，上面被疏柔毛，下面被白色短柔毛及腺体，沿脉毛较密；具叶柄。头状花序顶生，直径 1.5～2.5 厘米，数个排列成伞房花序状；总苞半球形，外层苞片椭圆形，较内层稍短小，边缘干膜质，中肋绿色，被绵毛或短柔毛，内层苞片长椭圆形，全部干膜质；外围为舌状花，淡黄色，1～2 层，舌瓣长 11～13 毫米，宽 2.5～3 毫米，无雄蕊；中央为管状花，深黄色，先端 5 齿裂，雄蕊 5，聚药，花丝分离，雌蕊 1，花柱细长，柱头 2 裂。瘦果约长 1.5 毫米，具 5 条纵纹，基部窄狭。花期 9～10 月。

全国大部分地区均有分布。

145. 鸡儿肠 *Kalimeris indica*（Linn.）Sch. ～Bip

又名马兰。根状茎有匍枝，有时有直根。茎直立，高 30～70 厘米，上部有短毛。基部叶在花期枯萎，叶倒披针形或倒卵状长圆形，长 3～6 厘米，宽 0.8～2 厘米，先端钝或尖，基部渐狭成有翅的长柄，边缘有尖齿或羽状分裂；上部叶小，全缘，基部急狭无柄，全部叶两面或上面有疏微毛或近无毛，边缘及下面沿脉有短粗毛，中脉在下面凸起。头状花序单生于枝端并排列成疏伞房状；瘦果倒卵状长圆形，极扁，长 1.5～2 毫米，宽 1 毫米，褐色，边缘浅色而有厚肋，上部被短毛及腺；冠毛长 0.1～0.8 毫米，易脱落，不等长。花期 5～9 月，果期 8～10 月。

国内分布于西部、中部、南部和东部各省区。全草药用，清热、利湿、解毒。

146. 黑心菊 *Rudbeckia serotina* Nutt.

多年生草本，一般作 1～2 年生栽培，枝叶粗糙，全株被毛，近根出叶，上部叶互生，叶匙形及阔披针形，头状花序，呈半球形。花心隆起，紫褐色，周边瓣状小花金黄色。花期自初夏至降霜。栽培变种边花栗褐色，重瓣和半重瓣类型。

原产北美。我国大部分地区有栽培，用于庭院内摆放盆花群或室内及会场布置。

图 3-145　鸡儿肠

图 3-146　黑心菊

图 3-147　蒲公英

147. 蒲公英 *Taraxacum mongolicum* Hand. ～Mazz.

多年生草本，有乳汁；高 10～25 厘米。叶基生、匙形、长圆状倒披针形或倒披针形，长 5～15 厘米，宽 1～4 厘米，逆向羽状分裂，侧裂片 4～5 对，长圆状倒披针形或三角形，有齿，顶裂片较大，戟状长圆形，羽状浅裂或仅有波状齿，基部渐狭成短柄，疏被蛛丝状毛或几无毛。花葶数个，与叶近等长，被蛛丝状毛；头状花序单生于花葶顶端。瘦果，褐色，长 4 毫米，有多条纵沟，并有横纹相连，全部有刺状突起，喙长 6～8 毫米；冠毛白色，长 6～8 毫米。花、果期 3～6 月。

国内分布于东北、华北、华东、华中、西北、西南等地区。全草药用，能清热解毒、利尿散结。

### 3.3.2.73 百合科

148. 沿阶草 *Ophiopogon bodinieri* Levl.

又名麦冬。多年生草本，须根长，下端常有念珠状肉质块根，块根呈纺缍形，长约 1～1.5 厘米。地下匍匐茎细长，茎短。叶基生成密丛，较粗，禾叶状，中部以上最宽，绿色，中脉突出，叶背脉间发白，边缘具细密齿。花茎 4～5 月从叶丛基部抽出，比叶短；总状花序顶生；花小、白色或淡紫色，稍下垂，雄蕊 6，花丝很短，花药三角状披针形，子房半下位，花柱较粗钝。浆果球形，蓝色而有光泽，似珠宝，挂果期长，不易落果。花期 5 月。种子球形，果成熟期 10 月。

我国及日本有野生和栽培，是良好的盆栽观叶植物，也可栽于花坛边缘或街沿路边。块根为常用中药"麦冬"，为滋养强壮药。

149. 吊兰 *Chlorophytum comosum* (Thunb.)Baker

多年生草本，具簇生圆柱状稍肥厚的根，根状茎短；叶剑形，基部抱茎，较坚硬，有时具黄色条纹或边为黄色。花葶较叶长，常为匍枝而在近末端具叶簇或幼小植株，花白色；果实为蒴果。

图 3-148 沿阶草

图 3-149 吊兰

图 3-150 吉祥草

原产于南非，现我国大部分地区均有栽培，供观赏。根和全草可药用，有清肺止咳、凉血止血的功效。

150. 吉祥草 *Reineckia carnea* (Andr.)Kunth

多年生草本，根状茎匍匐于地面，逐年延伸或发出新枝，节上有残留叶鞘。叶 3～8 簇生于节上；叶片条形或条状披针形，长 10～35 厘米，宽 0.5～3 厘米，先端渐尖，全缘，基部渐狭成柄，深绿色，平行脉明显，在背面稍凸起。花葶短于叶，长 5～15 厘米；穗状花序长 2～6.5 厘米；苞片卵状三角形，长 5～7 毫米；花芳香，花被粉红色；裂片长圆形，长 5～7 毫米，先端略钝，稍肉质；雄蕊 6，短于花柱，花药近长圆形，长 2～2.5 毫米，两端微凹；子房瓶状，长 3 毫米，花柱丝状，细长。浆果球形，直径 6～10 毫米，熟时鲜红色。花期 7～9 月，果期 9～11 月。

国内分布于西南、华中、华南地区及陕西、江西、浙江、安徽、江苏等省。常栽培供观赏，全株可入药。

### 3.3.2.74 龙舌兰科

151. 丝兰 *Yucca amalliana* Fern.

常绿木本，茎极短或不明显，叶近莲座状簇生，叶片剑形或条状披针形，长 25～65 厘米，宽 2.5～4.5 厘米，先端锐尖，有 1 硬刺，边缘有白色丝状纤维，叶脉平行，不明显，质地较软，常反曲。花葶粗大，高约 1 米；花大，白色，有时带绿色或黄白色，下垂，多数，排成狭长的圆锥花序；花序轴有乳突状毛；花被片 6，长椭圆状卵形，长 3～4 厘米；雄蕊 6，花丝较扁平，肉质，有疏柔毛，花药箭头形；雌蕊 1，柱头 3 裂。蒴果长约 5 厘米，开裂。花期 6～9 月。

原产北美。我国大部地区均可栽培。可栽培供观赏。根可供药用，有凉血解毒、利尿通淋的功效。

图 3-151　丝兰

图 3-152　金边龙舌兰

152. 金边龙舌兰 *Agave americana* L. var marginata Hort.

又名剑麻。多年生常绿草本。茎短、稍木质。叶多丛生，长椭圆形，大小不等，小者长 15～25 厘米，宽 5～7 厘米，大者长可达 1 米，宽约 20 厘米左右，质厚，平滑，绿色，边缘有黄白色条带镶边，有紫褐色刺状锯齿。

分布我国西南、华南一带。可栽培供观赏，全草可入药。

### 3.3.2.75　石蒜科

153. 蜘蛛兰 *Hymenogallis narcissiflora* L.

多年生球根花卉。鳞茎直径 7～11 厘米。叶剑形，先端锐尖，多直立，鲜绿色，长 50～80 厘米，宽 3～6 厘米。花葶扁平，高 30～70 厘米；花白色，无梗，呈伞状着生，有芳香；花筒部长短不一，15～18 厘米，带绿色；花被片线状，一般比筒部短；副冠钟形或阔漏斗形，具齿牙缘。

原产美洲，分布于东南亚和大洋洲，栽培供观赏。

图 3-153　蜘蛛兰

图 3-154　朱顶红

图 3-155　玉帘

154. 朱顶红 *Hippeastrum vittatum*（L' Her.）Herb. —Amaryllisvittata Ait

多年生草本。地下鳞茎肥大球形。叶着生于鳞茎顶部，4～8 枚呈二列迭生，带状质厚，花、叶同发，或叶发后数日即抽花葶，花葶粗壮，直立，中空，高出叶丛。近伞形花序，每支花葶着花2～6朵，花较大，漏斗状，红色或具白色条纹，或白色具红色、紫色条纹，花期4～6月，果实球形。

原产秘鲁，我国南北各省均有栽培。常作盆栽观赏或作切花，也可露地布置花坛。

155. 玉帘 *Zephyranthes candida* Lindl. Herrb

又名葱兰。多年生常绿草本植物，株高15～20厘米。鳞茎小，颈部细长，长卵圆形。叶基生，线形稍肉质，暗绿色，叶直立或稍倾斜。花期7～9月，花茎从叶丛一侧抽出，花梗中空，顶生一花，白色。

原产南美，现我国大部分地区有栽培，供观赏。

### 3.3.2.76　雨久花科

156. 凤眼莲 *Eichhoria crassipes* Lindl. Herrb

又名水浮莲、水葫芦。每叶基部有气囊承担叶花的重量悬浮于水面生长，其根须发达，靠毛根吸收养分，主根(肉根)分蘖下一代。叶单生，叶片基本为荷叶状，叶顶端微凹，圆形略扁；杆(茎)灰色，气囊稍带点红色，嫩根为白色，老根偏黑色；花为浅蓝色，多棱喇叭状，花瓣上生有黄色斑点，看上去像凤眼，也像孔雀羽翎尾端的花斑，非常耀眼、靓丽(图1-41)。

全国各地均有分布，是很好的青饲料，用来处理废水，净化环境。

### 3.3.2.77　鸢尾科

157. 蝴蝶花 *Iris japonica* Thunb.

又名扁竹根。多年生常绿草本。根状茎细，横生。茎分枝，高25～75厘米；枝成双，每分叉处生1苞片。叶剑形，嵌迭状，宽0.6～2.2厘米。花3～5朵一簇，白色，有少数紫褐色或红紫色斑点，外轮花被具白色斑块，近正方形，平展无髯毛，长1.8厘米，内轮花被倒披针形，较短；雄蕊3；花柱3深裂，柱头瓣状。蒴果狭长圆形，长达3.7厘米，种子暗褐色。花期7～8月。

产我国长江流域地区及福建、广东、广西，日本也有分布。庭园观赏，全株药用，用于清热解毒、消瘀逐水。

图3-156　蝴蝶花

图3-157　紫竹梅

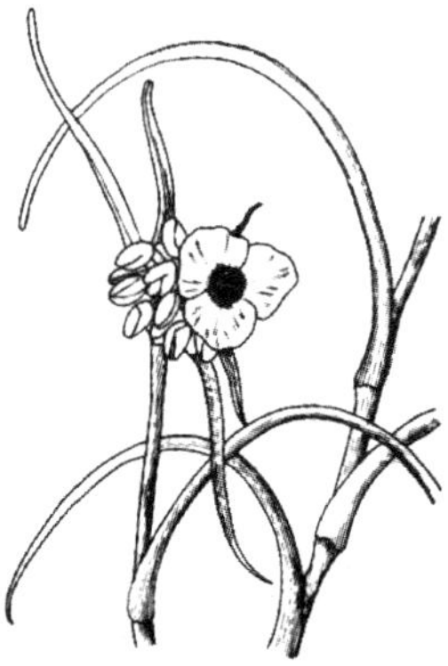

图3-158　白花鸭趾草

### 3.3.2.78 鸭趾草科

158. 紫竹梅 *Setereasea purpurea* Room.

多年生常绿草本。茎肉质，下垂或匍匐状呈半蔓性，茎为紫红色，每节有1叶，叶抱茎互生，披针形，全缘，叶色为紫红色，被有短毛。花生于枝端，较小，为粉红色，苞片盔状，花期5～10月。

原产于美洲墨西哥，我国长江流域地区有种植。庭园观赏，全株药用。

159. 白花鸭趾草 *Tradescantia albiflora* CV. 'Aureovittata'

又名紫露草。多年生草本；高30～50厘米。茎直立，光滑，苍绿色，簇生。叶条形，淡绿色，长15～30厘米，多弯曲，基部有叶鞘。花多朵簇生于枝顶，成伞形，托以2片长短不等的苞片；苞片长10～20厘米；花梗细，绿褐色，光滑或微被疏毛，花径2～3厘米；萼片3，绿色，卵形，顶端有一束毛；花瓣3，蓝紫色；雄蕊6，花丝有蓝紫色念珠状长毛；子房3室，每室有2胚珠。花期5～6月；果期7～9月。

原产南美热带，各地广为栽培。为观叶植物，常盆栽吊挂观赏。

### 3.3.2.79 禾本科

160. 孝顺竹 *Banbusa multiplex* (Lour.)Raeuchel

幼时节间上部有白色或棕色小刺毛，毛脱落后秆壁表面留有细凹痕。箨鞘硬脆，厚纸质，绿色，无毛。箨耳缺或很细小；箨舌全缘或微有细碎缺刻，箨叶直立，三角形，顶端渐尖，基部宽度与箨鞘的圆形顶端相等；每小枝通常有5～10叶；叶鞘无毛，或鞘口顶端有暗色遂毛；叶舌截平，叶片质薄，表面深绿色，无毛，背面灰色或淡绿色，因有细毛而粗糙，顶端渐尖，基部圆形或楔形，有次脉4～8对，无小横脉，有时有微小透明点。花枝通常无叶；单生或数枝簇生于花枝各节。笋期9～11月。

分布于我国华南和西南各省，现各地均有栽培。可供庭院观赏，其叶有清热解毒、消炎止痛之功效。

图3-159 孝顺竹

图3-160 慈竹

图3-161 花孝顺竹

161. 慈竹 *Sinocalmus affinis* (Rendle) Mcclure

秆高5～10米，径3～6厘米，顶端细长作弧形或下垂如钓丝状，节间长达60厘米，贴生长2毫米的灰褐色脱落性小刺毛，箨环明显，在秆基数节者其上下各有宽5～8毫米的一圈紧贴白色绒毛。箨鞘革质，背面贴生棕黑色刺毛，先端稍呈山字形；箨耳不明显，狭小，呈皱折状,鞘口具长 12 毫米,细毛;箨舌高 4～5 毫米,中央凸起成弓形,边缘具流苏状纤毛;箨叶直立或外翻,披针形,先端渐尖,基部收缩成圆形,腹面密被白色小刺毛,背面之中部亦疏生小刺毛。

长江流域各省区均有分布。秆材可编织竹器及建筑用材、造纸。

162. 花孝顺竹 *Bambusa multiplex f. alphonsekarri*

又名小琴丝竹。观茎类竹子,秆高 2～3 米,直径 1～2 厘米,丛生竹。新秆浅红色,老秆金黄色,并不规则间有绿色纵条纹。

长江以南地区均有分布。庭院观赏。也可做篱。

163. 早熟禾 *Poa annua* L.

一年生或二年生草本。秆柔软,丛生,高 8～30 厘米。叶鞘无毛,常在中部以下闭合,上部叶的叶鞘短于节间,下部者长于节间;叶舌长 1～2 毫米,圆头;叶片柔软,先端船形,长 2～10 厘米,宽 1～5 毫米。圆锥花序开展,每节有 1～3 分枝,分枝光滑;小穗含 3～5 小花,长 3～6 毫米;颖质薄,边缘宽膜质,第一颖长 1.5～2 毫米,1 脉;第二颖长 2～3 毫米,3 脉;外稃先端及边缘宽膜质,卵圆形,脊下部有长柔毛;基盘无毛;内稃与外稃近等长或稍短,2 脊上有长柔毛。颖果纺缍形。花果期 4～5 月。

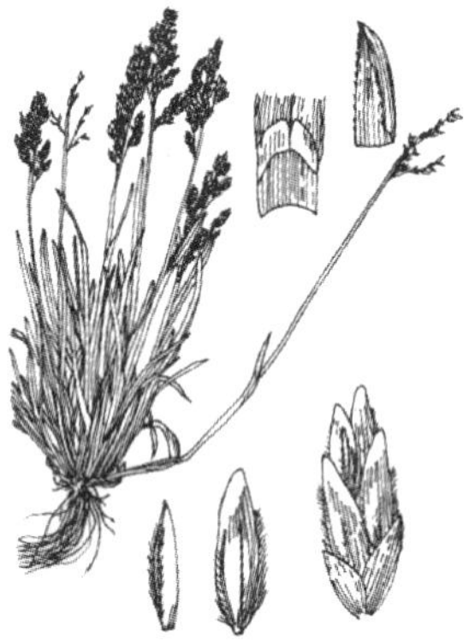

图 3-162　早熟禾

图 3-163　结缕草

分布遍及全国各省区。可作草皮,也可作饲料。对臭氧有灵敏的反应,可监测环境。

164. 结缕草 Zoysia japonica Steud.

多年生草本,有匍匐茎,植株高约 15 厘米。下部叶鞘松弛,上部叶鞘紧密抱茎;叶舌不明显,有白柔毛;叶片质较硬,扁平或稍卷折,长 2.5～5 厘米,宽约 5 毫米。总状花序长 2～4 厘米,宽 3～5 毫米;小穗卵圆形,长 3～3.5 毫米,宽约 12 毫米,小穗柄可长于小穗并且常弯曲;外稃膜质,1 脉,长 2.5～3 毫米。花果期春夏季。

国内分布于江苏、浙江、河北、辽宁等省,是理想的草坪植物,尤宜铺设足球场。

### 3.3.2.80　棕榈科

165. 棕榈 *Trachcarpus fortunei*（Hook.）H. Wendl

常绿乔木,树干圆柱形,直立不分枝,大型叶多层簇生于茎的上半部和顶端,向外扩展,全形如掌,有皱纹而分裂,多数狭长的裂片;叶柄长,下端为褐色苞毛,即棕皮,苞痕在干上呈节状。花单性,肉穗花序生于叶丛中,淡黄色。核果球形或肾形,熟时蓝黑色,有白粉。花期 5～6 月,果熟期 12 月。

我国长江流域以南广为栽培，印度和缅甸也有分布。对烟尘、二氧化硫、氟化硫等抗性较强，是工厂区绿化的优良树种。棕皮可制棕绳、棕榈等；花、皮、根可供药用。

图 3-164　棕榈

图 3-165　假槟榔

166. 假槟榔 *Archontophoenix atexanderae* Wendl. et Drude.

乔木；山东盆栽的高可达 4 米。茎圆柱形，紫灰色，叶鞘脱落后现梯状环纹，基部常膨大。叶簇生茎顶呈拱状下垂，长可达 2 米以上，羽状全裂，裂片长约 60 厘米，多可到 137～141 片，有明显的中脉及纵侧脉，上面绿色，下面灰绿色，有白粉或淡灰褐色的鳞秕状覆被物；叶轴下面密被褐色鳞秕状绒毛，总柄较短，叶鞘肥大，抱茎而生，长可达 1 米。肉穗花序，生于叶鞘束内，雌雄异序；雄花序长可达 75 厘米，宽 55 厘米，总苞 2 片，鞘状扁舟形，软革质，花序分枝呈之字形折曲；雄花淡米黄色，雄蕊 9～10，稀 15；雌花序比雄花序略长；雌花单生，近卵形，米黄色。果卵状球形，长 12～14 厘米，红色。

原产澳大利亚。广东、广西及西南有栽培。为树姿优美的热带庭院树木。

167. 鱼尾葵 *Caryota ochlandra* Hance.

乔木，高可达 20 米，盆栽植株高达 4 米以上；茎上有环纹。叶大，2 回羽状全裂，长 2～3 米，宽 1～1.5 米，每侧羽片 14～20，在梢部常下垂，裂片厚革质，顶端一片，扇形；有不规则的齿缺，侧面的菱形而似鱼尾，长 20～30 厘米，外缘一侧较长，延伸成长尾尖，内缘一侧短，不足裂片全长的一半，上半部有缺蚀状裂齿，裂片近对生，沿叶轴及羽片轴两侧排列；叶轴及羽片轴上有棕褐色的毛及鳞秕；叶鞘长可达 1 米以上，长圆筒状，抱茎而生。肉穗花序圆锥形，分枝密，生于叶丛间，下垂，长 1.5～3 米；花 3 朵聚生，雌花介于 2 雄花之间，雄花花蕾卵状长圆形，雌花花蕾三角卵状，略小。果圆球形，成熟时淡红色。花期 7 月间。

图 3-166　鱼尾葵

图 3-167　蒲葵

国内分布于广东、广西及西南各省。优美的风景树及温室观赏植物。茎内含淀粉，可代槟榔粉食用；干材可做筷子、手杖等手工艺品的原材料。

168. 蒲葵 *Livistonia chinensis* (Jacq.)R. Br.

常绿乔木，高可达 20 米，盆植高不过 3 米。茎通直，有较多的密环状纹。叶宽肾状扇形，直径可达 1 米，掌状分裂，裂深常不到叶片中部，裂片条状披针形，宽 1.8～2 厘米，先端长渐尖，深 2 裂，其分裂部分多下垂；上面绿色，有光泽；横生细脉连缀于粗大的掌状主脉形成细方格状；叶柄长可超过 1 米，基部宽大，沿两侧生倒钩状刺，叶柄与叶片的连接处形成戟叉状的突起。肉穗花序生于茎顶的叶丛内，长可达 1 米；佛焰苞棕色，2 裂状，多紧包花序；花形小，黄绿色。果椭圆形至长圆形，长 1.8～2 厘米，径 1 厘米，成熟时黑色、蓝黑色，光滑。

国内分布于华南、西南。著名的观赏植物。嫩叶为葵扇的原料；老叶可制蓑衣、编席；扇骨可制牙签。果实及根、叶药用。

169. 棕竹 *Rhapis excelsa* (Thunb.) Henry ex Rehd.

图 3-168　棕竹

常绿丛生灌木，高 2～3 米，盆栽植物多在 1 米左右。茎直立有节，直径约 2 厘米，常包有棕褐色纤维网状的叶鞘。叶掌状 5～10 裂，裂深常达叶片基部，裂片条状披针形，长约 30 厘米，宽 3～5 厘米，先端钝宽，上有不规则的齿缺，裂缘及叶脉上常有褐色的锐刺；横脉多而明显；叶柄长 8～20 厘米，略扁，横断面宽椭圆形，与叶片连接处的戟突呈半圆形，有毛或无毛。肉穗花序长达 20 厘米，分枝多；佛焰苞 2～3 片，管状，外有棕色弯卷的绒毛；雄花序纤细；雄花小，淡黄色，花冠裂片卵形；雌花序较粗壮。浆果近球形，直径约 8 毫米，外皮黄褐色，常 3 个生于宿存的花冠管上，稀结实不良；宿存的花冠管呈空心柱状。

国内分布于广东、广西、台湾及西南各省。著名的温室观赏植物。根及叶鞘纤维药用。

### 3.3.2.81　天南星科

170. 海芋 *Alocasia macrorrhiza* (L.)Schott

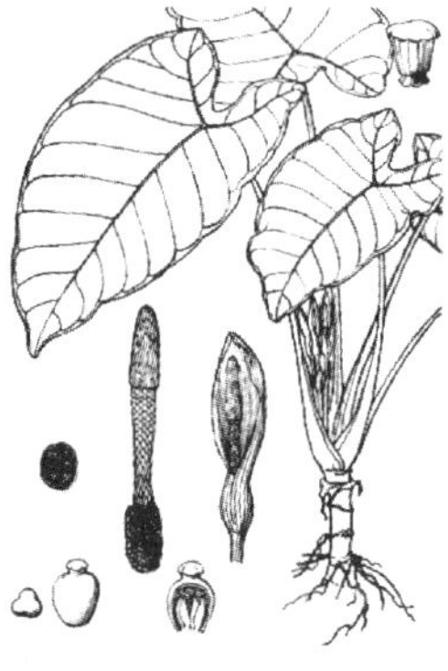

图 3-169　海芋

多年生常绿草本。茎粗短，高 10～40 厘米。叶多数，螺旋状排列，聚生于茎顶；叶片盾状着生，卵状戟形，长 30～90 厘米，宽 20～80 厘米，先端锐尖，全缘或浅波状，基部心形，后裂片 1/5～1/10 合生，1 级侧脉 9～12 对，两面绿色，近革质；叶柄粗厚，长 40～90 厘米。花序梗 2～3 丛生，圆柱形，比叶柄短，绿色或带污紫色；佛焰苞管部卵形，绿色，檐部船形，黄绿色或绿白色；肉穗花序圆柱形，下部为雌花序，白色，上部为雄花序，淡黄色，中间为不育花序，绿白色；顶端附属器圆锥形，淡绿色至乳黄色。浆果熟时红色，卵状；种子 1～2 枚。花期四季。

国内分布于长江流域各省区。块茎供药用。根状茎含淀粉，可供工业用。

### 3.3.2.82　莎草科

171. 莎草 *Mariscus umbellatus* Vahl

又名香附子。根状茎短，秆疏丛生，高 10～50 厘米，锐三棱形。叶短于秆或与秆等长，宽

3～6 毫米；叶鞘褐色或红棕色。叶状苞片 5～8 枚，长于花序；伞形花序具 6～12 个辐射枝，辐射枝长短不等，最长达 8 厘米；穗状花序圆筒形或长圆形，具多数密生的小穗；小穗平展或稍俯垂，线状披针形，具 1～2 个小坚果；小穗轴具宽翅，白色，透明；鳞片膜质，边缘常内卷，淡黄色或绿白色，下面具多数脉，中间 3 条脉明显；雄蕊 3 枚，花药线形；花柱短，柱头 3 个，细长。小坚果狭长圆形、三棱形，褐色，表面具微突起的细点。

分布于陕西、湖北、湖南、江苏、浙江、安徽、江西、福建、台湾、广东、广西、贵州、云南、四川、重庆等地。全草入药有祛风止痒，解郁调经的功效。

图 3-170　莎草

图 3-171　水蜈蚣

172. 水蜈蚣 *Kyllinga brevifolia* Rottb. var. 1eiolepis (Franch. et Savat.) Hara

多年生草本。根状茎匍匐，外被紫褐白鞘状鳞片；有节，地上茎直立；叶条形，扁平，上部边缘及背面中肋具细刺毛，叶有鞘，膜质。叶状总苞通常 3 枚，长短不一，极展开。穗状花序单生茎顶；小穗多数密聚；小穗长圆状披针形，压扁状，具 3～4 鳞片；无被；花药线形，外露；子房上位，花柱细长。小坚果倒卵状长圆花形，稍扁，三棱形，棱明显隆起，黄褐色。花果期 4～7 月。

国内分布于辽宁、吉林、河北、山西、陕西、甘肃、河南、江苏等省及西南地区。全草入药，用于清热、截疟、止痢。

## 3.3.2.83　芭蕉科

173. 芭蕉 *Musa basjoo* sieb. & Zucc

多年生草本，通常直立，不分枝。茎粗壮，全由叶鞘层层重叠包围。叶片大型，长圆形，长 2～3 米，宽 25～40 厘米，鲜绿色，有光泽，中脉明显粗壮，宽约 2 厘米，侧脉平行，多而密；叶柄粗壮。穗状花序顶生，直立或稍下垂，佛焰苞片通常红褐色，每苞片有多数小花；花单性，花冠近唇形，顶端 5 齿裂，下唇较上唇短；雄花具雄蕊 5，离生，花药条形，2 室；雌花子房下位，3 室，花柱 1，柱头近头状。浆果三棱形，熟时呈黄绿色。种子多数，黑色。花期 12 月，果期次年 5～6 月。

分布于亚热带，我国长江以南各地栽培。园林中观赏栽培。叶鞘的纤维耐水力强，可结绳索，也供药用。

图 3-172　芭蕉

图 3-173　大花美人蕉

## 3.3.2.84　美人蕉科

174. 大花美人蕉 *Canna generalis* Bailey

多年生草本。植株高1～2米。茎绿或紫红色，有粘液，被白粉。叶大，阔椭圆形，长约40厘米，宽约20厘米，叶缘、叶鞘紫色。总状花序顶生；花大，比较密集，每1苞片内有花2～1朵；萼片3，绿色或紫红色，苞片状，长约2.5厘米；花瓣黄绿色或紫红色，长约6.5厘米；外轮3枚退化雄蕊倒卵状匙形，宽2～5厘米，通常鲜艳，有深红、桔红、淡黄、白等各种颜色；唇瓣倒卵状匙形，宽1.2～4厘米；能育雄蕊披针形，宽2.5厘米。蒴果近球形，有小瘤状突起；种子黑色而坚硬。花果期7～10月。

原产于美洲。公园、庭院常见栽培。全国各地亦普遍栽培。供观赏。

# 第四章　营养器官的变态

高等植物的基本结构和功能单位是细胞(cell)。植物体的生长发育过程中,来源相同的细胞(如都来源于精卵细胞受精的合子)在形态结构和功能上变得彼此互异的过程称为分化(differentiation),已经生长发育成熟的细胞一般条件下是不能够进行细胞分裂的,但是在一定的条件下这些细胞又恢复细胞分裂的能力,这个现象称脱分化(dedifferentiation),脱分化的细胞在适宜的条件下进一步生长分化发育成熟称再分化(redifferentiation)。来源相同、形态结构相似、担负某种生理功能的细胞群(或集合)称组织(tissue),依据植物组织发育程度的不同,可以将组织分为分生组织和成熟组织。

由多种组织组成的具有一定形态结构和功能的复合结构称为器官,主要担负生殖功能的器官称为生殖器官,如花、果实和种子;主要担负营养生长功能的器官称营养器官,如根、茎、叶。

在日常印象中,大多数高等植物营养器官的生长发育、形态结构和功能是正常的,茎总是生长在地面以上,而根则在地面以下。但是有些植物的根、茎却不是如此。例如,莲藕是从泥中挖出来的,人们总误以为它是根,其实,它是茎变来的。自然界中有一些植物的营养器官在长期的历史演化过程中,为了适应某种特殊的生态环境,行使特殊的生理功能,在生长发育、形态结构和功能方面会出现一些显著的异常变化,经历若干世代以后,这种变化越来越明显,并能将这种变化稳定地遗传下去,从而能够执行某种特殊的生理功能,这种区别于正常发育、形态结构和功能又发生了巨大变化的营养器官称为变态营养器官(metamorphism of vegetative organ 或 abnormal vegetative organ)。这种变态与植物的病理的或偶然的变化不一样,是健康、正常的现象。植物营养器官的变态具有多样性,根、茎、叶都有变态,除了根、茎、叶水平的变态外,每种营养器官还有多种形式的变态。

# 4.1 根的变态

## 4.1.1 贮藏根

变态根内薄壁组织发达，细胞内贮藏着大量的营养物质，肥厚多汁，是越冬植物的一种适应，常见于二年或多年生草本双子叶植物。

## 4.1.2 肉质直根

萝卜等植物的肉质直根由下胚轴和主根发育而来，植物的营养贮藏在变态根内，以供抽苔和开花使用。根增粗的主要原因是在次生生长后，部分木质部（萝卜）或韧皮部（甜菜）的薄壁细胞恢复分裂能力，转变成副形成层，进而产生三生木质部和三生韧皮部之故。

## 4.1.3 块根

由不定根或侧根发育而来，根内细胞也贮藏大量的淀粉等营养物质，一株植物可形成多个块根，块根的增粗是维管形成层和副形成层共同活动的结果，常见的块根有甘薯、木薯、大丽菊、何首乌等。

## 4.1.4 支持根

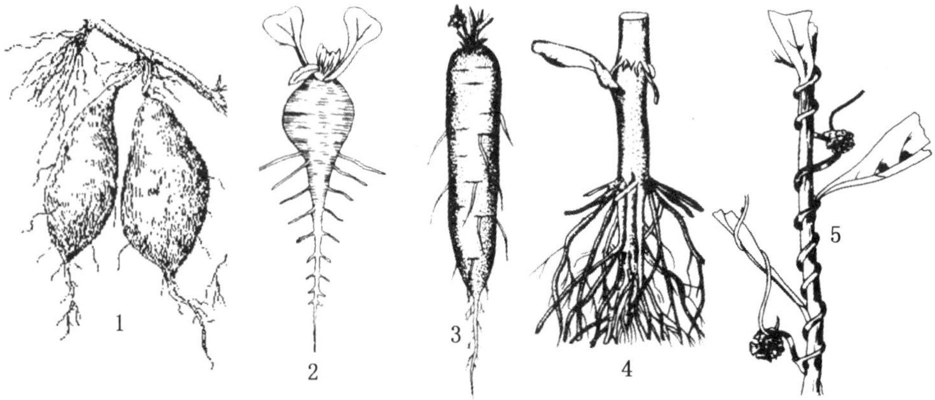


图 4-1　根的变态
1　红苕块根　2、3　萝卜肉质直根　4　玉米支持根　5　菟丝子寄生根

玉米植株在靠近地面的茎节上，生出一些不定根，它们向下伸入土中，有支持植株、增强

吸收的作用，这种根称为支持根。

### 4.1.5 攀缘根

一些植物如常春藤等，它们的茎细长柔弱不能直立，茎上生出不定根，以固着于其他支持物表面而攀缘上升，这种根属于攀缘根。

### 4.1.6 寄生根

也是不定根的变态，它们直接伸入到寄主的组织中，吸收生活所需要的物质，因而严重影响寄主植物的生长。如菟丝子，它的叶退化，不能进行光合作用，靠寄主生活，是田间的有害杂草。有些寄生植物的茎缠绕在寄主茎上，它们的不定根形成吸器侵入寄主体内吸收水分和有机养料，这种根称为寄生根。

## 4.2 茎的变态

茎的变态很多，外形变化也较大，但它们都具有顶芽和侧芽、节与节间以及茎的内部结构特点。茎的变态可分为地上茎的变态和地下茎的变态两大类。

### 4.2.1 地上茎的变态

#### 4.2.1.1 茎刺

一些植物如柑橘、山楂的部分地上茎变态成刺，具有保护作用。茎刺常位于叶腋，由腋芽发育而来。

#### 4.2.1.2 茎卷须

南瓜、葡萄等植物的部分枝变为卷须，用于缠绕其他物体，使植物得以攀缘生长，称为茎卷须。

#### 4.2.1.3 肉质茎

一些植物适应干旱环境，叶常退化，而茎肥大多汁，呈绿色，不仅可贮藏水分和养料，还可进行光合作用。许多仙人掌科植物具有这种茎。有些沙漠植物的肉质茎形如石头，花开放时好像是从石缝里钻出来一样，故有人称之为“石头花”。

## 4.2.2 地下茎的变态

### 4.2.2.1 块茎

马铃薯块茎是由植物基部叶腋长出的匍状枝顶端经过增粗生长而成。块茎的顶端有一个顶芽,四周有很多芽眼,每个芽眼内有几个侧芽,在块茎生长初期,芽眼下方有鳞叶,长大后脱落。所以芽眼着生处为节,块茎实际上为节间缩短的变态茎。

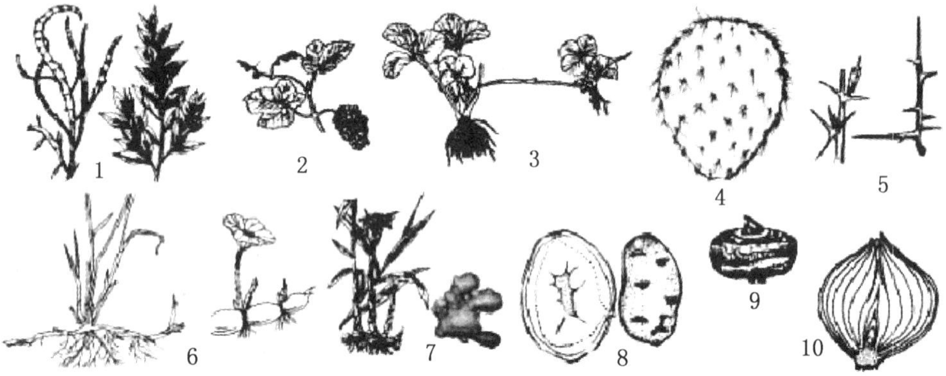


图 4-2 茎的变态

1～5:地上茎的变态 1 叶状茎 2 茎卷须 3 匍匐茎 4 肉质茎 5 茎刺

6～10:地下茎的变态 6 根状茎 7、8 块茎 9 球茎 10 鳞茎

### 4.2.2.2 球茎

球茎是短而肥大的地下茎。荸荠、慈姑的球茎由长入土中纤匐枝顶端发育而来。球茎有明显的节与节间,节上具褐色膜状鳞片叶和腋芽,其顶端有顶芽。

### 4.2.2.3 鳞茎

鳞茎是部分植物如洋葱的贮藏和繁殖器官。鳞茎的基部有一个节间缩短、呈扁平形态的鳞茎盘,其上部中央生有顶芽,四周有鳞叶重重包着,鳞叶的叶腋有腋芽,鳞茎盘下产生不定根。

### 4.2.2.4 根状茎

根状茎横向生长于土壤之中,外形与根有些相似,但有明显的节和节间,节上有退化的叶和腋芽,腋芽可长成地上枝,同时在节上产生不定根,如竹、莲等。

## 4.3 叶的变态

### 4.3.1 叶卷须

由叶的一部分变成卷须状，称为叶卷须，适于攀缘生长。如豌豆复叶顶端的2～3对小叶变为卷须。

### 4.3.2 鳞叶

叶变态成鳞片状，称为鳞叶。鳞叶有三种情况：一种是木本植物鳞芽外的鳞叶，也称芽鳞；另一种是地下根状茎上退化的叶称膜质鳞叶或鳞片；还有一种是百合、洋葱的鳞茎上肉质、肥厚、具贮藏作用的叶称肉质鳞叶。

### 4.3.3 苞片（苞叶）

生在花下面的变态叶称为苞片（或苞叶）。如棉花外面的副萼为三片苞片。苞片数多而聚生在花序外围的，称为总苞。如向日葵花序外边的总苞。苞片或总苞具有保护花和果实的作用。

### 4.3.4 叶刺

有些植物的叶或叶的某部分变态为刺，称为叶刺。如刺槐、酸枣的托叶变态为硬刺，小檗的叶变为刺状叶。仙人掌属的一些植物在扁平的肉质茎上生有硬刺。叶刺和茎刺一样，都有维管束和茎相通。

### 4.3.5 捕虫叶

有些植物叶发生变态，能捕食小虫，这类变态叶称为捕虫叶。如猪笼草的叶柄很长，基部为扁平的假状叶，中部细长如卷须状，可缠绕它物，上部变为瓶状的捕虫器，叶片生于瓶口，成一小盖覆于瓶口之上。瓶内底部生有许多腺体，能分泌消化液，将落入的昆虫消化利用。

# 4.4 同功器官与同源器官

同功器官即功能相同，形态结构相似，来源不同的变态器官。如茎刺和叶刺、茎卷须和叶卷须。

同源器官即来源相同，功能和形态不同的变态器官。如茎刺和茎卷须、支持根和贮藏根等。

# 第五章　中国十大名花

中国的十大名花是梅花、牡丹、菊花、兰花、水仙、月季、杜鹃、荷花、山茶、桂花，它们是我们的骄傲。

新中国成立以来，我国曾举办过两次群众性的全国名花评选活动。梅花、牡丹、菊花、兰花、水仙、月季、杜鹃、荷花、茶花、桂花10种传统名花当之无愧地戴上了这顶桂冠。它们中的每一张面孔都让我们感觉亲切而熟悉，或许就栽种在我们的阳台上，或许生长在我们的庭院里，或许盛开在我们常去散步的花园里。十大名花是中国的，也应是世界的，让这些传统名花走向世界、名扬海外，也是中国爱花人的心愿。我们应加强传统名花种质资源保护，在丰富的资源基础上培育更多新品种，让中国的传统名花在世界大花园中绽放异彩。

## 5.1　梅花 *Prunus mume* Sieb. et. Zucc.

梅花——君子(花魁)

墙角数枝梅，凌寒独自开。

遥知不是雪，为有暗香来。

凌霜傲雪的梅花是中国特有的传统花果，自古以来人们爱梅、赏梅、画梅、咏梅、艺梅，形成了梅的文化。经过长期的栽培，至今已有300个以上的品种，成为著名的中国传统园林花卉。原产我国西南及长江以南地区，可以露地栽培，北方多做室内盆栽。梅花为蔷薇科李属落叶乔木，树干紫褐或灰褐色，小枝绿色，叶卵形至阔卵形。早春叶前可开花，花瓣5片，花色主要有大红、桃红、粉色、白色等，清雅芳香。核果近球形，果期为6～7月。园林中多用于庭院绿化或盆栽观赏。

图5-1　梅花

梅花傲风雪、斗严寒的精神，象征着中华民族坚贞不屈的伟大风骨。

## 5.2 牡丹 *Paeonia suffruticosa* Andr.

牡丹——花中之王

庭前芍药妖无格，池上芙蕖净少情。

唯有牡丹真国色，花开时节动京城。

图 5-2 牡丹

总领群芳的牡丹，在中国的栽培历史可以追溯到1600年前，因其花大色艳，独傲群芳，上至帝王将相，下至平民百姓，无不喜爱，广泛栽培，品种达500个左右。由此，引出了一首首脍炙人口的诗篇和一段段动人的传说，一直流传至今，形成了独具风味的牡丹文化。

牡丹雍容华贵，被人们誉为“花中之王”，它是中华民族兴旺发达、美好幸福的象征。牡丹以山东菏泽、河南洛阳为栽培中心。牡丹为芍药科落叶灌木，株高1～2米，叶互生，二回三出羽状复叶，花单生于当年生枝顶，花形美丽，花色丰富，花色有红、粉、黄、白、绿、紫等。花期4～5月，果熟期为9月，可播种、分株、嫁接繁殖。

牡丹可以人工催花，如需要春节开花，立秋后起苗装盆，放入冷室，11月下旬，将小苗移入18℃～25℃的温室内进行养护管理，适量施肥浇水，50～60天后便能开花。牡丹花枝可供切花，根皮入药，有活血、镇痛的效果。

## 5.3 菊花 *Chrysanthemum morifolium* Ramat.

菊花——四君子之一

飒飒西风满院栽，蕊寒香冷蝶难来。

他年我若为青帝，报与桃花一处开。

图 5-3 菊花

菊花原产中国，是我国传统名花之一，栽培历史悠久。菊花冷傲高洁、早植晚发、傲霜怒放、凌寒不凋，和梅、兰、竹一起被人们誉为四君子。

菊花是我国传统名花，按植株形态可分为3种类型，一为独本栽菊，花头大、植株健壮；二为切花菊，世界各国广为栽培；三为地被菊，植株低矮，花朵小，抗性强。菊花独立冰霜、坚贞不屈，格外受到人们青睐。

菊花为菊科多年生宿根草本植物，茎直立多分枝，叶卵形或广披针形，边缘深裂。头状花序单生或数个聚生于茎顶，园艺品种较多，常见栽培有玫红、紫红、墨红、黄、白、绿等花色。也有一花两色品种。花期10～12月。生产中多采用扦插法，有些菊花可用青蒿做砧木，进行芽接育苗，例如悬崖菊、什锦菊等。菊花为短日照植物，每日 8～10 小时日照，70 天左右就能开花。菊花的花可入药，有清热、明目、降血压之效。

## 5.4 兰花 *Cymbidium*

兰花——天下第一香

身在千山顶上头，突岩深缝妙香稠。

非无脚下浮云闹，来不相知去不留。

图 5-4　兰花

兰花是多种兰花的统称，为超凡脱俗，高雅纯洁的象征。兰有四清：气清、色清、神清、韵清。自古以来，兰花就以其简单朴素的形态，高雅俊秀的风姿，文静的气质，刚柔兼备的秉性和在幽林亦自香的美德而赢得了人们的敬重。其花具淡雅之香，被颂为“国香”。中国兰文化以强壮的根系，深值中华大地，香自远古飘来，情系南北东西。

兰花素有“花中君子”、“王者之香”的美誉。中国兰又名地生兰，按其形态，可分为春兰、蕙兰、建兰、墨兰、寒兰等。我国云南、四川、广东、福建、中原及华北山区均有野生。兰花喜温暖、湿润、半阴环境，适宜在疏松的腐殖质土中生长、分株繁殖，要求适量施肥和及时浇水。一般来说，“五一”之后需将苗盆移至通风凉爽的荫棚下，进行养护管理，立秋后再搬入室内，这样有利于花芽形成，适时开花。兰花可以装点书房和客厅，还能净化空气。兰花的花枝可做切花。

## 5.5 水仙 *Narcissus tazetta* var. *chinensis*

水仙花——凌波仙子

娉婷玉立碧水间，倩影相顾堪自怜。

只因无意缘尘土，春衫单薄不胜寒。

图 5-5　水仙

水仙属石蒜科(Amaryllidaceae)植物，原产欧洲，据记载唐代自意大利传入中国，作为名贵花卉栽培，至今已有 1200 年历史，无论在宫廷或民间都有栽培玩赏的习惯，作为园艺花卉有较广的影响，因而被评为中国传统十大名花。

凌波水仙素有“凌波仙子”的雅称，是我国传统名花。漳州水仙最负盛名，它鳞茎大、形态美、花朵多、馥郁芳香，深受国人喜爱，同时畅销国际市场。水仙是冬季观赏花卉，可以用水泡养，亦能盆栽。可用鳞茎繁殖，常见栽培品种有“金盏银台”（单瓣花）和“玉玲珑”（重瓣花）。

水仙茎叶清秀，花香宜人，用于装点书房、客厅，格外生机盎然。水仙茎叶多汁有小毒，不可误食，牲畜误食会导致痉挛。鳞茎捣烂外敷，可以治疗痈肿。

## 5.6 月季 *Rosa chinensis* var. *chinensis*

月季——花中皇后

牡丹殊绝委春风，露菊萧疏怨晚丛。

何似此花荣艳足，四时常放浅深红。

图 5-6 月季

月季，花容秀美，色彩鲜艳；月月盛开，被誉为“花中皇后”。月季花在中国已有千年以上的历史，是中国十大名花之一。每当月季花盛开之时，便会博得游客的赞赏。

热情如火的月季不但是我国传统名花，而且是世界著名花卉，世界各国广为栽培。月季按花朵大小、形态性状，可分为现代月季、丰花月季、藤本月季和微型月季四类。月季顾名思义，它是月月有花、四季盛开。现代月季由中国月月红小花月季与欧洲大花蔷薇杂交而成，花期以 5 月和 9 月开花最盛。藤本月季枝条呈藤蔓状，花朵较大。丰花月季花朵中等而密集，花期从 5 月中旬一直能开到 10 月。微型月季株型低矮，花朵亦小，终年开花，适宜室内盆栽。月季在园林中多用于庭院绿化，亦可种植在专类园。扦插、嫁接繁殖，可以芽接亦能靠接。月季花可提取香精，用于食品及化妆品香料；花入药有活血、散瘀之效。

## 5.7 杜鹃花 *Rhododendron moulmainense* Hook. f.

杜鹃花——花中西施

闲折两枝持在手，细看不是人间有。

花中此物是西施，芙蓉芍药皆嫫母。

泛指各种红色的杜鹃花。野生的杜鹃又名映山红，悬崖绝壁上的杜鹃一片火红，犹如朝霞，在青翠欲滴的新芽中特别显眼，卓而不群，超凡脱俗。其实杜鹃花不是只有红色的。杜鹃花自然分布于北半球温带及亚热带，中国是杜鹃花的原生地。杜鹃花的花期依所处气候带和种类而不同，其体态风姿也是多种多样。

图 5-7　杜鹃

杜鹃繁花似锦，为杜鹃花科杜鹃花属常绿或半常绿灌木，世界著名观赏花卉。据不完全统计，全世界杜鹃属植物约有 800 余种，而原产我国的就有 650 种之多。

近年来，我国引进大量西洋杜鹃。西洋杜鹃株型低矮，花朵密集，花色丰富，适宜室内盆栽，花期正值我国春节之际，受到花卉爱好者青睐。杜鹃喜温暖、半阴环境，宜于酸性腐殖土生长。扦插、高枝压条或嫁接繁殖。室内盆栽，花后要控制浇水，盆土见干见湿即可，土壤过干或过湿容易造成大量落叶。通常在 4 月中旬将苗盆移到室外通风凉棚下，不能强光暴晒，定期浇灌经过发酵的青草水或 0.2%的硫酸亚铁水，可以防止叶尖枯黄。杜鹃花可入药，尤其是我国东北华北野生的映山红，疗效十分显著。

## 5.8　荷花 *Nelumbo nucifera* Gaertn

荷花——花中仙子

毕竟西湖六月中，风光不与四时同。

接天莲叶无穷碧，映日荷花别样红。

图 5-8　荷花

荷花是睡莲科(Nymphaeaceae)植物，以中国传统十大名花著称于世，她出淤泥而不染，迎骄阳而不惧，姿色清丽而不妖，成为中国园林水景的重要花卉。中国栽培荷花历史悠久，当今已形成 162 个以上的荷花品种。

荷花又名莲花、水芙蓉。为多年生水生草本植物，根茎肥大、有节，俗称“莲藕”，叶盾形，分为“浮叶”和“立叶”两种。花有单瓣和重瓣之分，花色有桃红、黄色、白色，亦有复色品种。荷花在我国各地多有栽培，有的可观花，有的可生产莲藕，有的专门生产莲子。荷花是布置水景园的重要水生花卉，它与睡莲、水葱、蒲草配植，使水景园格外秀丽壮观。荷花花期 7～8 月，果熟期 9 月。播种、植藕繁殖。莲藕、莲子可食用，莲蓬、莲子心入药，有清热、安神之效。

## 5.9 山茶花 *Camellia japonica* L.

山茶花——花中珍品

似有浓妆出绛纱，行光一道映朝霞。

飘香送艳春多少，犹见真红耐久花。

图 5-9 山茶

山茶，是山茶科(Theaceae)植物，通常叫茶花，是一种名贵观赏植物。山茶花为我国原产著名花卉，常绿灌木或小乔木。栽培历史悠久，盛栽于江浙地区，品种繁多。大多在2～4月间开花，花期一个月左右，富丽堂皇。

茶花四季常青，冬春之际开红、粉、白花，花朵宛如牡丹，有单瓣，有重瓣。属常绿灌木或乔木，叶互生、椭圆形、革质，有光泽。产于我国云南、四川，南方地区多用于庭院绿化，北方均室内盆栽。茶花喜温暖、湿润气候，夏季要求荫蔽环境，宜于酸性土生长。播种、扦插、嫁接繁殖。茶花可以人工控制花期，若需春节开花，可在12月初增加光照和气温，一般情况下，在25℃温度条件下，40天就能开花，若需延期开花，可将苗盆放于2℃～3℃冷室，若需“五一”开花，可提前40天加温催花。

## 5.10 桂花 *Osmanthus fragrans* Lour

桂花——九里飘香

梦骑白凤上青空，径度银河入月宫。

身在广寒香世界，觉来帘外木樨风。

图 5-10 桂花

桂花是中国特有植物，也是我国传统十大名花之一。桂花树形美观，终年翠绿，花小而芳香，其古朴典雅、清丽飘逸的风格，深受人们的喜爱。自古以来，桂花被当作吉祥、友谊的象征，互相馈赠。

桂花十里飘香，在国庆节前后开花，“金风送爽，十里飘香”，是吉祥如意的象征。桂花为木犀科常绿小乔木，南方地区多用于庭院绿化；北方均室内盆栽。桂花品种较多，常见栽培有4种：金桂(花金黄色)、银桂(花黄白色)、丹桂(橙红色)和四季桂(花乳白色)。桂花可用嫁接和高空压条育苗。春季进行枝接或靠接，秋季进行芽接，砧木可选用桂花实生苗或女贞。桂花经济价值很高，花可以提取香料，也可熏制花茶。

# 第六章　活化石植物

## 6.1　什么是"活化石"

有些动、植物曾繁盛于某一地质时期，不仅种类多，分布广，而且还保留有大量的化石，但在某一时期后，几乎绝迹，只有极少数种能生存下来，其残存于现代个别地区的这类孑遗生物，称为"活化石"。如裸子植物水杉，在中生代时广布欧亚与北美，至新生代逐渐南移，极为繁盛。但在冰期中全部灭绝，仅有1种尚存在中国湖北省西部和重庆市万州区极小区域。直至1948年，才由胡先骕和郑万钧正式命名为"水杉"。我国现在的裸子植物银杏、水杉和哺乳动物大熊猫等，均被世界公认为珍贵的活化石。另一些在地史时期，曾广泛分布而长期生存至今的植物，也是活化石，但它们不是孑遗植物。总之，孑遗生物一定是"活化石"，但"活化石"不一定都是孑遗植物。活化石物种从地质年代的祖先直到现在没有多大变化，于是相应的就形成了一些延续了上千万年的古老的生物，同时代的其他生物早已绝灭，只有它们独自保留下来生活在一个极狭小的区域。"活化石"在生物种系发生中，某一线系长期未发生前进进化，也未发生分支进化，更未发生线系中断(绝灭)，而是处于停滞进化状态的结果，并须仍是现生的生物种类。

## 6.2 三峡库区保存大量“活化石”植物

经过植物学家多年调查研究发现，三峡库区遗存有多种濒危属种植物，其中包括银杉、水杉、珙桐等多种被称为“活化石”的珍稀植物。这一地区因此成为我国珍稀植物的“避难所”和3个特有属植物分布中心区之一。

据了解，三峡库区迄今已有49种植物被列入《中国珍稀濒危植物》，占全国珍稀濒危植物的14%。其中国家一级重点保护植物4种，二级重点保护植物23种，三级重点保护植物22种。在这些植物中，较重要的有属古生代残遗植物的狭叶瓶尔小草；产于二叠纪的银杉、水杉；繁盛于中生代的桫椤、篦子三尖杉等；第三纪孑遗树种珙桐、连香树以及古老残遗代表银鹊树。这些远古植物对研究三峡库区植物区系的组成、性质和特点，以及发生和演变等有着特殊的意义，如荷叶铁线蕨是验证大陆漂移说的有力证据之一。

科学家认为，三峡库区珍稀植物之所以能大量保存，是因为这一地区在植物区系上属于中国-日本森林植物亚区的华中地区，而这一地区从第三纪以来地壳未发生剧烈变化，地表相对稳定，且未遭受第四纪大陆冰川的袭击。

三峡库区大规模存留珍稀濒危植物为国内罕见，有效保护这些资源已成为当务之急。为此，中科院武汉植物研究所建立了武汉植物园和九宫山中国珍稀濒危植物保护基地，并迁地引种成活三峡库区原产珍稀濒危植物40种，占库区原产珍稀濒危植物总数近90%，分别保存在武汉植物园、九宫山自然保护区和大老岭国家森林公园。

## 6.3 银杏 *Ginkgo biloba* L.

又名白果树，古又称鸭脚树或公孙树，为著名的“活化石”，中生代侏罗纪银杏曾广泛分布于北半球，白垩纪晚期开始衰退。第四纪冰川降临，在欧洲、北美和亚洲绝大部分地区灭绝，野生状态的银杏残存于中国浙江西部山区。由于个体稀少，雌雄异株，如不严格保护和促进天然更新，残存林分将被取代。

远在二亿七千多万年前，银杏的祖先就开始出现了，和当时遍布世界的蕨类植物相比，它还是高等植物。到了一亿七千多万年前，银杏已和当时称霸世界的恐龙一样遍布世界各地，后来，绝大部分银杏像恐龙一样灭绝了，只在我国部分地区保存下来一点点，流传到现在，成为稀世之宝。

银杏为落叶大乔木，高达40米，胸径可达4米；幼树树皮近平滑，浅灰色，大树之皮灰褐色，不规则纵裂；有长枝与生长缓慢的锯状短枝。叶互生，在长枝上辐射状散生，在短枝上3～5枚成簇生状，有细长的叶柄，扇形，两面淡绿色，在宽阔的顶缘多少具缺刻或2裂，宽8厘米，具多树叉状并列的细脉。雌雄异株，稀同株，球花单生于短枝的叶腋；雄球花成柔荑花序状，雄蕊多数，各有2花药；雌球花有长梗，梗端常分两叉（稀3～5叉），叉端生1盘状珠托的胚珠，常1个胚珠发育成种子。种子核果状，具长梗，下垂，椭圆形、长圆状倒卵形、卵圆形或近球形，长2.5～3.5厘米，直径1.5～2厘米；假种皮肉质，被白粉，成熟时淡黄色或橙黄色；种皮骨质，白色，常具2（稀3）纵棱；内种皮膜质，淡红褐色。

银杏寿命长，我国有3000年以上的古树。初期生长较慢，萌蘖性强。雌株一般20年左右开始结实，500年生的大树仍能正常结实。一般3月下旬至4月上旬萌动展叶，4月上旬至中旬开花，9月下旬至10月上旬种子成熟，10月下旬至11月落叶。

银杏为银杏科唯一生存的种类，也是裸子植物银杏纲唯一存留下来的一个种。现在浙江天目山一带尚可见到野生银杏。因此，银杏有"活化石"、植物中的"熊猫"之称。是著名的活化石植物，又是珍贵的用材和干果树种，由于具有许多原始性状，对研究裸子植物系统发育，古植物区系、古地理及第四纪冰期气候有重要价值。叶形奇特而古雅，是优美的庭园观赏树。对烟尘和二氧化硫有特强的抵抗能力，为优良的抗污染树种。种子作干果，叶、种子还可作药用。

银杏树分雌雄株，雄的银杏树，只长雄性的花，雌的银杏树，只长雌性的花，受精后才会结出圆圆的种子，一般称为白果。

银杏树是世界上十分珍贵的树种之一，并与雪松、南洋杉、金钱松一起，被称为世界四大园林树木。

银杏树不仅以其俊美挺拔、叶片玲珑奇特而具有极高的观赏价值，而且适应性强，药用功效大，经济价值亦非常可观。

## 6.4 水杉 *Metasequoia glyptostroboides* Hu et Cheng

我国特产稀有树种。天然分布在湖北省利川县磨刀溪、水杉坝，重庆市石柱县以及湖南省西北部龙山县等地。这些地区气候温和，是夏秋多雨的酸性黄壤地区。自1948年定名公布以来广泛栽培。北至延安、北京、辽宁南部，南到广州，东起沿海，西到成都、陕西武功。

水杉为落叶乔木，高达35米，胸径5米。树冠圆锥形。大枝斜上展，树皮灰褐色。小枝淡褐色或淡褐灰色，无毛，无芽小枝绿色，冬季凋落。冬芽卵圆形，与枝条成直角。条形叶对生几乎无柄，全缘，羽状排列，叶背面有两条淡黄色气孔带。球果熟时深褐色，种子倒卵形。

水杉为喜光树种，能耐侧方遮荫。喜湿润气候，能耐－25℃低温，北京1～2年生小苗冬季有冻害。冠形整齐，树姿优美挺拔，叶色秀丽。最适合堤崖、湖滨、池畔列植、丛植或群植成林带和片林。

水杉种子要采集40龄以上的大龄树的球果，否则结籽很少且种子空瘪，因种源缺乏很少播种育苗。水杉为落叶、针叶大乔木，叶色多变而独具一格，被列为古稀名贵植物之一，为我国一级保护植物。

水杉，这个经历了第四纪冰川浩劫的珍贵孑遗植物，它生长迅速，10 年左右就高达 10 余米，一般 20 年便可成材。材质轻软，纹理通直，结构细密，是造船、建筑、桥梁、农具和家具的良好材料，又是造纸工业的好原料。

水杉不仅是珍贵的“活化石”，而且它有很强的生命力和广泛的适应性，是优良的绿化树种，不但已在我国各地广为栽培，世界很多国家也争相引种栽培，使这珍贵的树木在全球范围内生生不息。

## 6.5 桫椤 *Alsophila spinulosa* (Hook.) Tryon

是较原始的维管束植物——蕨类植物门(Pteidophyta)桫椤科(Cyatheaceae)。我们常见的蕨类植物大多数都是较为矮小的草本植物，而桫椤却是一种大型蕨类植物，因其株形高大，茎干挺拔，叶柄有皮刺，故又名“树蕨”或“刺桫椤”。

图 6-1　桫椤

桫椤是一种非常古老、起源于距今约四亿年前的孑遗植物，其化石曾在波兰、印度和朝鲜侏罗纪地层中被发现。在漫长的地史演化过程中，桫椤万劫余生，依然以其亿年前的雄姿挺立于世，因而又被称为“活化石植物”。

经历过无数沧桑的桫椤，由于人为砍伐或自然枯死，现存世数量已十分稀少，加之大量森林被破坏，致使桫椤赖以生存的自然环境变得越来越恶劣，自然繁殖越来越困难，桫椤的数量更是越来越少，目前已处于濒危状态。由于桫椤随时有灭绝的危险，更由于桫椤对研究蕨类植物进化和地壳演变有着非常重要的科学意义，所以世界自然保护联盟(IUCN)将桫椤科的全部种类列入国际濒危物种保护名录(红皮书)中，成为受国际保护的珍稀濒危物种。我国早期公布的保护植物名录，也将桫椤与银杉、水杉、秃杉、望天树、珙桐、人参、金花茶等一道列为受国家一级保护的珍贵植物(现将桫椤科全部种类列为国家二级保护植物)，并在贵州赤水和四川自贡建立了桫椤自然保护区，广东也在五华县建立了旨在保护桫椤的七目嶂自然保护区。

桫椤形态特征奇异，它的根系主要来自于茎干下部长出来的不定根，许多不定根伸入泥土或紧附着岩石，支撑着高大的茎干，众多不定根相互交织，形成一层厚厚的“根被”，覆盖在茎干下部，加粗了茎的基部，增强了茎的强度。这些不定根不仅具有支持和保护作用，还是吸收水分和营养的主要器官。在茎干中上部，有叶柄脱落后留下的清晰叶痕，呈菱形交互排列，极具观赏价值。此外，其茎的中柱构造尤为特别，在近基部的一、二节是原生中柱，向上渐发育为管状中柱，再上则是多环式网状中柱，所以在植物学上称之为“在同一茎中表现出中柱学说个体发育重演现象的全部内容”。桫椤叶柄基部被有较多的鳞片，沿叶柄两侧各有一条断断续续的气囊线，这些鳞片和气囊线在分类学上有重要意义。桫椤靠长在叶下面的孢子繁殖,而孢子的萌发、叶原体的生长及配子的结合,都离不开水。由于其生殖生长和营养生长都需要在潮湿的环境中进行,所以桫椤总是自然分布在深山密林的山谷中或长在林区湿润的坡地上。

由于桫椤具有以上生物学特性,所以给迁地保护大株桫椤带来困难。因为桫椤没有完善的根系,完全靠不定根在潮湿的环境中吸收水分,所以往往是移植后,植株因茎干中贮存有一定的水分和养料尚能维持生存一段时间,一旦营养和水分耗尽,植株就会逐渐枯死。因此一般认为保护桫椤应以就地保护为上策。

桫椤主要生长在热带和亚热带地区,东南亚和日本南部也有分布。在我国,桫椤主要分布在华南、西南山区和台湾省。广东一些山区有少量桫椤呈零星分布,其中在五华县七目嶂自然保护区发现茎高 8 米多的桫椤,堪称广东之最。

## 6.6 珙桐 *Davidia involucrata* Baillon

是珙桐科(蓝果树科)珙桐属的植物,又名水梨子、鸽子树,是世界珍稀、古老的孑遗植物。植物学家称它为“林海中的珍珠”、“植物活化石”和“绿色熊猫”。落叶乔木,高可达 20 米,枝干平滑。树形端正,5 月中上旬左右开花,从初开到凋谢色彩多变,一树之花,次第开放,异彩纷呈,人们称赞它为“一树奇花”。花形似鸽子展翅,白色的大苞片似鸽子的翅膀,暗红色的头状花序如鸽子的头部,绿黄色的柱头像鸽子的嘴喙,盛花时犹如满树群鸽栖息,被世界上誉称为“中国鸽子树”,有和平的象征意义。

图 6-2　珙桐

珙桐材质沉重,是建筑的上等用材,又是制作细木雕刻、名贵家具的优质木材。在植物分类学上,珙桐先属蓝果树科,1954 年独立为珙桐科,仅有珙桐一属,且仅有 1 种和 1 个变种,即珙桐和光叶珙桐,是 1000 万年前新生代第三纪留下的孑遗植物,是国家 8 种一级重点保护植物中的珍品,为我国独有的珍稀名贵观赏植物。初夏时节,珙桐洁白的花朵竞相绽放,在山风的吹拂下,树树银花飞舞,恰似群鸽展翅,翩翩欲飞,令人心醉神迷。

珙桐属亚热带树种,仅分布在我国陕西、四川、重庆、湖北等少数地区。在镇坪县文彩村神洲湾发现的珙桐树,其分布面积在 200 公顷以上。由于珙桐果实坚硬,一般需要 2~3 年才能发芽,所以繁殖比较困难。1982 年,在石砦等乡镇相继发现这一稀有珍贵观赏树,随后,镇坪县林业技术人员采用扦插繁育珙桐,获得成功,为保护这一珍稀树种做出了积极贡献。

1869 年,一位法国神父在四川省穆坪看到了一种奇特的树木。时值开花季节,树上那一对对白色花朵躲在碧玉般的绿叶中,随风摇动,远远望去,仿佛是一群白鸽躲在枝头,摆动着可爱的翅膀。当时,他被这种奇景迷住了。自此以后,便引来欧洲许多植物学家,他们不畏艰险,深入到四川、湖北等地进行考察。1903 年首先引种至英国,后又传至其他国家,从此,便成为欧洲的重要观赏树木,被赞誉为“中国鸽子树”,人们习惯称它为“鸽子树”。1954 年 4 月,周总理在日内瓦，适逢珙桐盛花时节，当他了解到珙桐的故乡就是中国时，连连称赞，感慨万千。

关于鸽子树，流传着许多美丽动人的传说。据说，汉代王昭君出塞以后，嫁于匈奴的呼韩邪单于。她日夜思念故乡，写下了一封家书，托白鸽为她送去，白鸽不停地飞翔，越过了千山万水，终于在一个寒冷的夜晚飞到了昭君故里附近的万朝山下，但经过长途飞行，它们已经万分疲倦，便在一棵大珙桐树上停下来，立时，被冻僵在枝头，化成美丽洁白的花朵。

还有另一个传说。古代一个皇帝，只有一个女儿，取名白鸽公主。这公主不贪富贵，与一名叫珙桐的农家小伙相爱。她把一根碧玉簪掰为两截，一截赠与珙桐，以表终身。但父皇不允，派人在深山杀死珙桐。白鸽公主知道后，哭得死去活来。在一个雷雨交加的夜晚，她卸去豪华的宫妆，穿上洁白的衣裙，踉踉跄跄的逃出了高墙紧闭的后宫，来到珙桐遇难的地方，放声大哭起来。一直哭得泪珠成血，染红了洁白的素装。忽然，雷声大作，暴雨倾盆，一棵小树破土而出，恰像竖立着的半截玉钗，转瞬间，长成了参天大树。公主情不自禁地伸开双臂扑向大树。霎时间，大雨停了，雷声息了，哭声也听不见了，只见数不尽的洁白的花朵挂满了大树的枝头，花朵的形状宛如活泼可爱的小白鸽，清香美丽，让人不能不想起白鸽公主与青年珙桐凄美的爱情故事。后来，人们就把这种树称作珙桐，以纪念这对忠贞不渝的情人。

## 6.7 银缕梅 *Shaniodendron subaequale* (Chang) Deng, Wei et Wang

银缕梅是金缕梅科(Hamamelidaceae)植物，东亚原始被子植物之一，与恐龙同时代，距今已有约6500万年历史，是植物中的活化石树种。

银缕梅2～3年开花一次，为无花瓣类植物，花容美丽，极具观赏性。银缕梅又称“单氏木”，为中国特有，宜兴独有。银缕梅的发现，使中国成为世界上唯一具备金缕梅科所有各亚科和各族的地区。

图6-3　银楼梅

乌鲁木齐燕尔窝1988年发现银缕梅，已成为轰动世界植物学界的一件大事，填补了中国植物学研究的一个空白，为罕见的被子植物活化石。

和裸子植物银杏、水杉一样，银缕梅作为被子植物最古老的物种，是仅存我国的再发现活化石树种。科学家在2亿年前的古生代石炭纪化石中就发现了地球上已经有裸子植物；同样，在距今6700万年前的中生代白垩纪化石中，出现了金楼科植物，随后新生代第三纪，全球气候温和，演化出千万种被子植物物种。在植物进化的历史长河中，金缕梅科植物在植物进化史上有着承前(裸子植物)启后(被子植物)的重要地位。

关于银缕梅的发现和命名，历经了一个曲折的过程。早在1935年9月，中山植物园的植物学家沈隽，在江苏宜兴芙蓉寺石灰岩山地采集植物标本时，发现它满树枝果，似金缕梅，但又不同，采集标本后，准备进行鉴定，因抗日、解放战争，研究工作中断，这份珍贵的标本尘封在实验室里。直到1954年，原中山植物研究所单人骅教授清理标本时，认为这个树种是金缕梅科种群中的一员，与日本的金缕梅相似，但又不能确认，继而指出，这份标本关系重大。1960年，这份标本被误定为金缕梅科金缕梅属小叶金缕梅，使这一重大的科学发现陷入误区。1987年国家在编纂珍稀濒危植物“红皮书”时，科技人员再次前往宜兴，终于在同类型的石灰岩山地中找到了实物标本。在随后的物候观察中，竟意外地发现，该树种的花器没有花瓣，它不是金缕梅，是金缕梅科中无花瓣类型树种，形态特征与北美的金缕梅科弗吉特族植物相一致，但又与该族各属植物有所差异，是一个新属新种。1992年经植物学家朱德教授定名为：金缕梅科弗吉特族银缕梅属的银缕梅。从此，改写了《中国植物志》小叶金缕梅的误载，一个被子植物中古老的化石树种重新面世，为世人所知。目前，善卷洞仅有成株7棵树，珍贵程度超过了大熊猫。

银缕梅为落叶乔木，树态婆娑，枝叶繁茂。3月中旬开花，先花后叶，花淡绿，绿后转白，花药黄色带红，花朵先朝上，盛花后下垂，远看满树金灿灿，接近目的地银丝缕缕。现已列入国家重点保护的濒危植物名单。

## 6.8 苏铁 *Cycas*

苏铁科苏铁属的种类。原产我国南部、印度尼西亚、印度等亚洲南部地区，别名铁树、凤尾蕉、避火蕉。在原产地10余年生即可开花；若有开花期一致的雌雄两株放置一起，还能年年开花受精结出种子。长江流域以北，由于日照较长却积温不够，难于开花，故有“六十年一花”或“千年铁树难开花”之说。

苏铁为常绿棕榈状木本植物，茎干粗壮，暗棕褐色，有的可高达5米，一般不分枝，叶羽状深裂，厚革质而坚硬，羽片条形，螺旋状排列，茎顶簇生大型羽状复叶，形似凤尾，故又名凤尾蕉，边缘显著反卷，雌雄异株，花单生枝顶，雄球花长圆柱形，小孢子叶木质，扁平鳞片状或盾形，雌球花略呈扁球形，大孢子叶宽卵形，有羽状裂，密被黄褐色绵毛，种子红色卵形，微扁，花期6～8月，果10月成熟。

同属植物常见栽培观赏种有：华南苏铁 C. *rumphii* 羽状叶片大而长，开展，叶轴两侧有短刺；云南苏铁 C. *siamensis* 羽状叶片大，具有较狭的小羽片；攀枝花苏铁 C. *panzhihuaensis* 叶的羽状裂片之边缘向下反卷，下面通常有毛；四川苏铁 C. *szechuanensis* 叶的羽状裂片长20～30厘米，宽1～1.3厘米，中脉两面显著隆起。

苏铁树形古朴，主干粗壮，坚硬如铁，叶锐如针，洁滑有光，四季常青，是庭院、室内常见的大型盆栽观叶植物，亦适用于中心花坛和广场、宾馆、酒楼、会议厅堂等公共场所摆设，枝苍翠，美观大方。

在攀枝花市西区所属的巴关河右岸，分布着一片十分珍贵的天然苏铁林。

苏铁最早出现在距今约二亿八千万年前的地球古生代二叠纪。它历经沧桑，几度盛衰。

现存的苏铁类植物，仅1科10属约110种，被誉为植物的“活化石”。1971年，四川省农科所和原攀枝花市飞播林场进行植被调查时，发现了这一片占地300余公顷、共10多万株的苏铁林。它是世界迄今为止发现的纬度最高、面积最大、植株最多、分布最集中的原始苏铁林。经鉴定，确认这是罕见的苏铁新种，定名为“攀枝花苏铁”。国际苏铁专家特纳来此考察后惊叹：“这是中国的财富，也是世界的财富！”

攀枝花苏铁奇，还奇在它岁岁含苞，年年开花。俗话说，“铁树开花马生角”，“千年铁树开了花”，可见苏铁开花之不易。而攀枝花苏铁生长良好的雄株可年年开花，雌株亦可两年开花一次。这不能说不是世间一奇。每年3～6月，只见苏铁林成千上万个黄色的花蕾争奇斗艳，单株如佛手捧珠，成林似彩毯铺地。万绿丛中黄花点点，形成一种奇异景观。1990年以来，攀枝花市以苏铁命名，举办一年一度的苏铁观赏暨物资交易会，攀枝花苏铁的名字已不胫而走，名扬中外。攀枝花苏铁与自贡恐龙、平武大熊猫被人们誉为“巴蜀三绝”。

苏铁喜温暖、湿润和充足阳光，但也耐半荫，忌夏季烈日曝晒，耐旱，浇水过多易烂根，土壤以肥沃、排水良好的带微酸性沙壤土为宜，栽培环境需通风良好。生长适温为24℃～27℃，温度低于0℃易受冻害。苏铁生长缓慢，平均3年树龄的植株每年春夏或秋季才生长1～2轮新叶。苏铁开花难，20年生以上植株，只要养护得当就能开花；在原产地，10年生以上的植株，几乎都能开花结籽。制约其开花的主要因素：一是积温，一般苏铁开花的积温至少要3000℃～4000℃以上；二是光照时间，苏铁为短日照植物，在长日照条件下无疑会影响孕蕾开花。

2004年9月，一棵1350岁的中国树龄最长的苏铁在广西南宁市青秀山苏铁园中被成功移植，这棵千年古苏铁的树根现已发新芽，被喻为植物界“活化石”苏铁中的极品。

## 6.9 望天树 *Shorea chinensis* (Wang Hsie) H. Zhu

龙脑香科 Dipterocarpaceae 柳安属植物。常绿大乔木，高40～50(80)米，胸径1.5～3米。树干通直，有板根。叶椭圆形，近平行侧脉14～19对，在叶背面凸起。花黄白色，坚果密被白色绢毛，具近等长或3长2短由萼片增大的翅。仅分布于云南、广西，生于海拔350～1100米处的热带季风区河从地带，分布面积仅20平方千米。这种树有较强的适应能力，寿命长，出材率高，用途广泛，被列为国家一级保护植物。

图6-4　望天树

望天树的叶互生，有羽状脉，黄色花朵排成圆锥状花序，散发出阵阵幽香。果实坚硬，有五个宿存的翅状花萼，花中含有香料油。

望天树的材质优良，生长迅速，但十分稀有。20世纪70年代在广西发现了望天树的一个变种，被命名为“擎天树”。它仅生长在广西弄岗自然保护区，也是极为珍贵的稀有树种。

高耸入云的望天树是雨林巨人。走进茫茫无际的西双版纳热带雨林，对于映入眼帘的一棵棵高耸入云的参天古木大树，初临其境者一定会为它们的高度而惊讶不已。情不自禁中，也许你会问，这雨林中到底什么树最高？可以告诉你，在西双版纳热带雨林上千种树木中，最高的树要数望天树。它最高的有 80 多米，一般都能长到 50～60 米，比其他乔木要高出 20～30 米。虽说望天树比生长在澳大利亚高 150 米的世界最高树杏仁香桉矮半截，比生长在美国高 142 米的世界第二高树的北美红杉也矮半个头，但在热带雨林中，它却是鹤立鸡群，高得惊人。在我国以至整个亚洲现存的热带雨林植被中，望天树也可算是最高的雨林群落和最高的树种了。

如果说望天树只是长得高，那当然不见得有那么珍贵，当然也无指望被列为国家一级保护植物了。它的名贵还在于它是龙脑香科植物，是热带雨林中的一个优势种。在东南亚，这个科的植物是热带雨林的代表树种之一，是热带雨林的重要标志之一。过去某些外国学者曾断言"中国十分缺乏龙脑香科植物"、"中国没有热带雨林"。然而，望天树的发现，不仅使得这些结论被彻底推翻，而且还证实了中国存在真正意义上的热带雨林。

望天树树体高大，干形圆满通直，不分杈，树冠象一把巨大的伞，而树干则象伞把似的，西双版纳的傣族因此把它称为"埋干仲"(伞把树)。同龙脑香科的其他乔木一样，望天树以材质优良和单株积材率高而闻名于世界木材市场。据资料记载，一棵 60 米左右的望天树，主干木材可达 10 立方米以上。其材质较重，结构均匀，纹理通直而不易变形，加工性能良好，适合于制材工业和机械加工以及较大规格的木材用途，是一种优良的工业用材树种。

中国第一"空中走廊"望天树，是 1974 年在西双版纳州勐腊县境内的补蚌首次发现的。当时，植物科学工作者根据勐腊县林业局提供的线索，到补蚌进行考察，发现在森林茂密的沟谷边，这样的树成片分布，它一股劲地往上生长，占地面积很小，每亩地范围内往往矗立着 10 多棵，这里共有 100 多棵，形成了一个小小的群落。植物科学工作者从它的叶、花、果实的结构、形态，鉴定出它是龙脑香科的一个新种，并赋予它一个形象生动的名字——望天树，意思是"仰头看天才能看到树顶"。从此，在中国植物的目录中又多了"望天树"三个闪闪发光的大字。近年来，西双版纳旅游业日益红火，勐腊县自然保护局别出心裁，独辟蹊径，开发出新颖别致的旅游项目，即用网绳、木板、钢管等材料在高空将粗大的望天树连接起来，并美其名曰"空中走廊"。踏上晃晃悠悠的"空中走廊"，不仅可以体验到那种在高空摇荡的惊心动魄的刺激，还可以"会当凌绝顶，一览众山小"，从高空俯视整个热带雨林的全貌，感受大自然的神奇奥妙。

补蚌这片以望天树为主的热带树林群落高 60 多米，植被层次丰富，板根现象明显，层间藤本植物与附生植物发达，老茎生花现象普遍。群落成分以热带树种为主。林中除望天树外，还有山红树、八宝树、大叶木莲、黑毛柿等珍贵树种。望天树拔地而起，直上蓝天，高出其他乔木 20 多米，群落高度达 60 余米。青枝绿叶聚生于顶，形成"林上林"景观。其他乔木高低错落，排列成多层次结构。望天树的板根露于地表，伸向四方。清澈的南沙河穿林而过，林间可闻山泉叮咚弹琴，百鸟鸣唱。

望天树是证明热带雨林存在的最有说服力的证据。由于西双版纳地处北回归线，在地理位置上应属于亚热带的范畴。所以，在 20 世纪 60 年代以前，没有到过西双版纳的国际上一些知名植物学家、生态学家，他们不知道这里的独特地形、地貌，而认为"中国没有热带雨林"，在世界热带雨林分布图中，也没有西双版纳的位置。

我国著名植物学家蔡希陶教授，自 20 世纪 30 年代以来，曾多次到西双版纳考察植物，他坚信，西双版纳所分布的是真正的热带雨林。当代研究热带雨林的世界著名专家、英国的韦特模博士和美国的阿希同博士等近年亦先后到西双版纳考察，他们也异口同声地肯定了西双版纳所分布的是“真正的热带雨林”。在诸多证据中，令科学家们最信服的就是这里分布着高达七八十米的望天树。

为什么这么说呢？因为，与西双版纳山水相连的东南亚所分布的热带雨林就是以龙脑香科的树木为特征，而有别于分布在非洲、美洲的热带雨林。既然西双版纳的森林中有该家族的成员居住，它也应是热带雨林了。所以，望天树以及青梅成了西双版纳热带雨林的重要活见证，它们是这里热带雨林的骄子。

## 6.10 银杉 *Cathaya argyrophylla* Chun et Kuang

又名杉公子，是20世纪50年代继水杉之后发现的又一活化石植物。人们称颂银杉为植物“熊猫”，林海“珍珠”。银杉在1000万年前曾广布于欧亚大陆，目前仅存于中国。人们只是在德国和西伯利亚等地发现过它的化石。1955年，我国植物学家在广西龙胜发现了活着的银杉，一时引起国际植物学界的浓厚兴趣，人们赞誉它是“活化石”。

图6-5 银杉

首次于广西龙胜花坪发现银杉，1957年陈焕镛、匡可任两位教授为它确定了科学名称。以后在重庆金佛山、贵州的道真、湖南的新宁又发现少量的银杉树。银杉一般分布于海拔900～1800米多雾的石灰岩地区，生长在山脊或悬崖陡坡，要求温暖的向阳坡。

1980年，贵州农学院林业系讲师徐有源带7名学生来道真实习，在县林业部门的配合下，深入大沙河林区考察，在小沙河沙凼发现了银杉。

银杉为松科常绿乔木，高达24米。分布于湖南、重庆、贵州的陡坡山脊、孤立的石山顶部或悬崖绝壁缝隙中。该属花粉曾在欧亚大陆第三纪沉积物中发现。其胚胎发育与松属植物相似。为国家一级保护稀有种，中国特有孑遗种。

银杉树体高大，约有20米，胸径40(85)厘米。球果卵圆形，淡褐色或绿褐色。种子暗绿色。雄球花大于雌球花，雌雄同株。球果当年成熟，初直立，逐渐下垂。银杉木质坚硬，耐腐蚀，入土不易朽烂，是建筑业和造船业的优质木材。

银杉树干通直，树皮暗灰色，裂成不规则的薄片。枝条开展，小枝上端和侧枝生长缓慢，浅黄褐色，初被短毛，后变无毛，有微隆起的叶枕；芽无树脂，芽鳞脱落。叶螺旋状排列辐射状散生，在小枝上端和侧枝上排列较密，呈簇生状线形。叶线形，微曲或直，通常长4～6厘米，宽2.5～3毫米，先端圆或钝尖，基部渐窄成不明显的叶柄，上面凹陷，深绿色，无毛或有短毛，下面沿中脉两侧有明显的白色气孔带，边缘微反卷，枝平列，小枝有毛，翠叶常青。当微风吹动，远远望去犹如闪闪发光的银白色珍珠，故名银杉。横切面上有2个边生树脂道；幼叶边缘生睫毛。雄球花通常单生于当年生叶腋。球果第二年秋季成熟。卵圆形，长3～5厘米，直径1.5～3厘米，熟时淡褐色或栗褐色；种鳞13～16枚，木质，蚌壳状，近圆形，背面有毛，腹面基部着生两粒种子，宿存；苞鳞小，卵状三角形，有长尖，不露出。种子倒卵圆形，长5～6毫米，暗橄榄绿色，有不规则的斑点；种翅长 10～15 毫米。

银杉不同于水杉，适应性差，对生态环境要求特殊，留恋故土，难于传播，迄今只局限在中国西南少数深山老林中。我国已在广西龙胜花坪建立银杉自然保护区，大力保护这种最珍贵稀有的树种。

在地质时期的新生代第三纪时，银杉曾广布于北半球的欧亚大陆，在德国、波兰、法国及俄罗斯曾发现过它的化石，但是，距今 200～300 万年前，地球发生大量冰川，几乎席卷整个欧洲和北美，但欧亚的大陆冰川势力并不大，有些地理环境独特的地区，没有受到冰川的袭击，而成为某些生物的避风港。银杉、水杉和银杏等珍稀植物就这样被保存了下来，成为历史的见证者。

银杉在我国首次发现的时候，和水杉一样，也曾引起世界植物界的巨大轰动。那是 1955 年夏季，我国的植物学家钟济新带领一支调查队到广西桂林附近的龙胜花坪林区进行考察，发现了一株外形很像油杉的苗木，后来又采到了完整的树木标本，他将这批珍贵的标本寄给了陈焕镛教授和匡可任教授，经他们鉴定，认为就是地球上早已灭绝的，现在只保留着化石的珍稀植物银杉。50 年代发现的银杉数量不多，且面积很小，自 1979 年以后，在湖南、重庆和贵州道真等地又发现了十几处，1000 余株。

本种分布区位于中亚热带的中山地带。产地气候冬冷夏凉，雨量多，湿度大，多云雾。土壤是由石灰岩、页岩、砂岩发育而成的黄壤或共同体壤，呈微酸性。这是阳性树种，根系发达，常长在土壤浅薄，岩石裸露，仅 2～3 米宽，两侧成 60～70 度坡的狭窄山脊，或长在孤立的帽状石山的顶部，或悬岩、绝壁隙缝间。性喜光照、湿雾，耐寒冷、干旱，耐土壤瘠薄和抗风。在低纬度和低海拔的产地，分别组成与银杉、华南五针松、或与长苞铁杉、或与大明松、或与蓑花松为主的针阔混交林；在高纬度和高海拔产区，则分别组成银杉与巴东栎，或与青冈、短柄枸树、硬壳桐，或与亮叶青冈为主的针阔混交林。林分面积通常较小，林中的银杉一般几株至二十余株，有的仅一株。自然更新的好坏与林分郁闭度大小有密切关系。疏林中更新较好。

## 6.11 秃杉 *Taiwania flousiana* Gaussen

秃杉又名西南台杉，是世界上有名的高龄老树之一，是我国独有珍贵孑遗树种。秃杉为高大的常绿乔木，树高一般有几十米，径围粗壮在 2 米以上。树冠似塔，雄伟壮观。秃杉是长寿老树，有些活了三四百年仍然青春焕发，枝叶茂盛，有的竟是“千岁爷”。秃杉枝条细长而下垂，叶螺旋形排列，呈锥形。雌球花单生枝顶，而雄球花却数个簇生枝顶。球果小，种子扁平，树皮十分特殊，浅裂成不规则长条状，若剥开数米竟然不断裂。木材质地良好，有香味和光泽，是上等木料，可作枕木、电杆、桥梁木、高级家具。

秃杉为常绿大乔木，高达 75 米，胸径 3.65 米；树皮淡褐灰色，呈不规则的长条片开裂。大树之叶四棱状钻形，排列较密，相互重叠，长 3～5 毫米，两侧宽 1～1.5 毫米，下部紧覆枝条，先端尖头向内弯曲，四面有气孔线，横切面方菱形，高度大于宽度；幼树及徒长枝的叶长 6～15 毫米，钻形，两侧扁，直伸或内弯，先端锐尖。雌雄同株，雄球花 2～7 簇生小枝顶端；雌球花单生枝顶，直立，每球鳞具 2 枚胚珠，苞鳞退化或无。球果长椭圆形或短圆柱形，直立，长

1.5～2.2厘米，熟时褐色；种鳞21～29枚，宽倒三角形，革质，扁平，长6～7毫米，上部宽约8毫米，先端宽圆具短尖，通常背部具明显的腺点。种子长圆状卵形，扁平，长5～7毫米，两侧具膜质翅。

图6-6　秃杉

秃杉分布于亚热带季风湿润区，所在地年平均温11.2℃～15.4℃，年降水量1050～1500毫米，间断分布于云南西部怒江上游的贡山、福贡、碧江、腾冲、龙陵及澜沧江以西的云龙、兰坪及湖北西部利川、重庆东南部酉阳、贵州东南部雷山、剑河、榕江、丹寨等。生于海拔500～2300(2600)米的山地沟谷林中。缅甸北部也有少量分布。在云南高海拔地区冬季可耐－10℃的低温。土壤为酸性红壤或黄壤。秃杉为浅根性、中性偏阳树种，侧根发达，幼时可耐中等荫蔽。生长快，寿命长，干形端直。10年前的幼树生长缓慢，10年后高生长显著增加，最大的年生长量树高可达2米，胸径达2.4厘米，花期4～5月，球果10～11月成熟。

秃杉是稀有种。为古老的孑遗植物，对研究古植物区系、古地理、第四纪冰期气候和杉科植物的系统发育都有重要的科学价值。生长迅速，材质优良，又是重要的速生造林树种。

# 第七章　植物共生现象
## ——植物间的协调和谐进化

达尔文的进化论学说认为：自然界中生物之所以能进化，主要在于相互竞争，弱肉强食，从而导致适者生存、不适者遭淘汰的结果。这很容易使人较多地注意到自然界中相互对立、斗争的一面，而忽略了相互帮助的一面。事实上，无论是动物和动物之间，植物和植物之间，或是动、植物之间以及动植物和微生物之间，都广泛地存在着共生协作的关系。共生的结果，往往使双方更能适宜环境，从而导致了生物的进化。了解一下奇妙的共生世界，也许对我们会有许多启发。

共生一般是指两种以上的生物或其中的一种由于不能独立生存而共同生活在一起，或是一种生活在另一种体内，相互依赖，各能获得一定利益的现象。共生也可以简单地看作是生物生活在一起，相互之间直接或间接地不断地发生某种联系。可见，共生现象最为重要的特点是：双方均有利或至少一方有利，另一方无害。

## 7.1　共生概念的提出与生物共生理论的发展

伟大的生物进化论创立者达尔文在不朽巨著《物种起源》(1859)中所阐述的“猫与三叶草”相互依存的事实，是生物学上的一个生物共生的经典例子。猫不吃草，它们之间有什么关系？英国博物学家达尔文经过观察发现，三叶草要靠土蜂传授花粉，才能茁壮成长。而姬鼠喜欢吃土蜂幼虫。姬鼠一多，土蜂就减少，三叶草便无法授粉。姬鼠家族的壮大又受猫的影响，因为猫爱吃鼠。所以，猫越多，三叶草就长得越好，对保护土壤非常有益。

追溯共生学说的历史，第一个提出广义的生物共生概念的是德国医生、著名的真菌学奠基人 Anton de Bary(1831～1888)，他在 1879 年明确提出：“共生是不同生物密切生活在一起(living together)”。1884 年，他又论述了生物共生、寄生、腐生问题，并且描述了许多生物间的各种共生方式。Frank(1885)和 Pfeffer(1887)分别提到了真菌与森林树木根部形成的菌根可能为共生作用。Melin(1923,1935)终于以大量实验证实了真菌根的共生性并在国际上展开了学术研究和讨论。

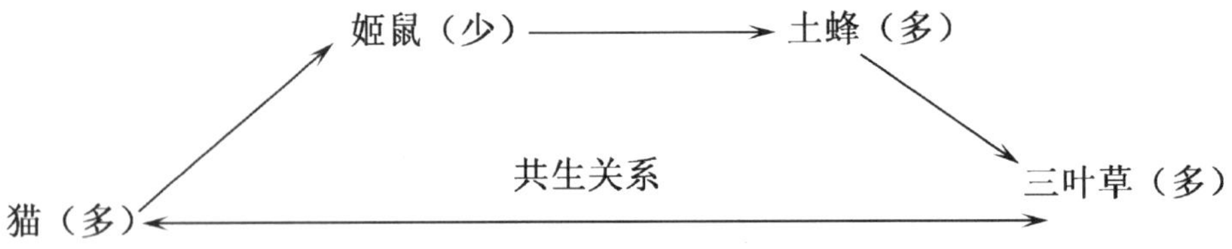


图 7-1　猫与三叶草的关系

美国学者麦克杜戈尔(W. B. Mcdougall)在《植物生态学》(1949)一书中,提出了“合体共生”和“离体共生”的概念,他认为牛与草之间的关系,是一种离体共生关系。1969 年,Scott 明确地提出:“共生是两个或多个生物在生理上相互依存程度达到平衡状态”。1970 年,美国生物学家玛格丽斯(Margulis)提出“细胞共生学”,“共生学说”由此盛极一时。她对共生概念的发展、细胞的起源和演化等生物学理论的研究产生了巨大的影响。1981 年她又从生态学角度指出:“共生是不同生物种类成员在不同生活周期中的重要组成部分的联合”。1982 年,Golf 将共生的概念推广到更加广泛的范畴,指出:“共生包括各种不同程度的寄生、共生和共栖”。研究者的这些见解说明了生物间的相对利害关系是动态变化的。

我国学者倪达书通过长期的稻田养鱼研究,提出了“稻鱼共生理论”(1984)。他指出,在水稻生长季节,人工撮合稻鱼共生于稻田生态系统中,促进了稻鱼双丰收。随着认识的扩展和深化,“生物共生”这个概念得到了不断完善和发展。

## 7.2　内共生理论(endosymbiosis theory)对生物演化的意义

### ——推测细胞器的起源

1967 年,美国波士顿大学的林恩·马古利斯(Lynn Margulis,当时的姓为萨根)在《理论生物学杂志》(Journal of Theoretical Biology)上以《有丝分裂细胞的起源》(Origin of Mitosing Cell)为题,发表了她的“连续内共生理论”(serial endosymbiosis),提出细胞器起源于细菌之间的互利共生造成的融合。她认为细胞器来源于代谢上细胞内的共生作用,典型例证是线粒体和叶绿体的起源,即大约在十几亿年前,需氧型细菌和蓝细菌被大型原核细胞吞噬后,到细胞之内没有被分解消化,存活下来,从而由寄生过渡到与之共生而逐渐发展成为共生性质,建立起一种互惠的共生关系,即大细胞利用小细胞的某种功能,从中得益,小细胞则利用大细胞提供的环境与食物,得以更好的生存,最后演化成为线粒体和叶绿体细胞器。因此,线粒体和叶绿体至今还保留了一些它们自己的基因,再经过千百万年的演化,这些原始的生物进化成今天形形色色的真核生物，真核的进化成为了单细胞进化的一个非常重要的、划时代的里程碑。因为自从产生了真核细胞后，生物界才真正具有了无限的发展潜力，以致进化出以真核细胞为构件单元的包括从低等单细胞生物到多细胞生物乃至人类在内的这一以真核生物占绝对优势的生物多样性。线粒体和叶绿体的内共生起源学说是十分成功的，越来越多的事实和新发现支持这个学说，经过几十年的发展，现在的主流科学家已承认线粒体、叶绿体这两种细胞器起源于生物的共生和融合的观点。当然，现在还没有足够的直接证据证实线粒体和叶绿体确是通过内共生的过程起源的。

## 7.3　植物共生现象

植物界中较为典型的共生现象有地衣（藻类和菌类共生）、根瘤（如固氮菌和豆科植物的共生）、菌根（真菌和高等植物的根共生），其它还有昆虫和一些花之间的特异共生等。

### 7.3.1　地衣 *Lichenes*

地衣是微小绿色生物藻类与微小白色生物真菌共生形成的互惠共生联合体，这种共生关系已经存在了近 7000 万年，是生物界目前共生关系中最成功的典范。藻胞通过光合作用为真菌提供碳水化合物作为营养物质，真菌细长的菌丝为藻胞群提供保护作用和吸收水分及溶解在水中的矿质营养。地衣的这一特性有重大的生物学理论价值和生态学上的实际意义，有时人们将地衣称之为陆地生态环境的开路先锋，也就是说它们首先能在环境极其恶劣的地方生存下来，并改造了那儿的生存条件，为其他生物的进驻提供了基础。

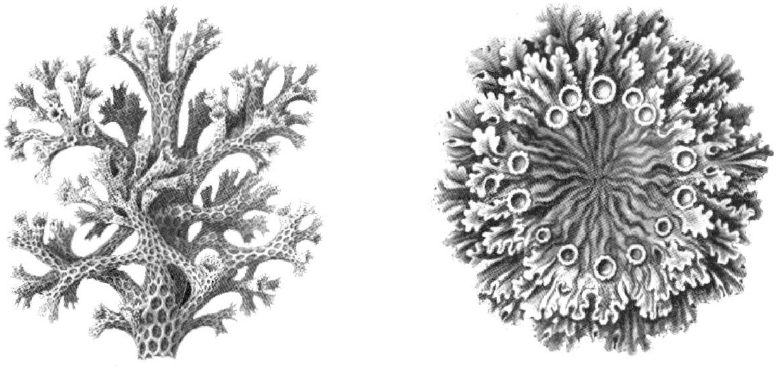

图 7-2　地衣

地衣具备极强的生命力，无论是高山绝顶、沙漠裸石、高原地带、北极冰原、冰川抑或是南极大陆，你都可以找到这样一些很不起眼的生物地衣。它们附着在裸露的岩石上，灰暗的颜色几乎让你无法联想到生命。恶劣的自然环境迫使它们不得不异常缓慢地生长。当你看到指甲大小的不起眼的地衣时，它们也许已经在那里生存了几十年甚至几千年了。

地衣是地球上最古老的植物之一，是一类原始型的低等植物，地衣的生态环境与生长基物十分广泛。在海边、高原、荒漠、草原和森林、赤道或南北两极，到处都有地衣的分布和足迹。在冰天雪地的南极长城站地区，只有一种叫南极发草的显花植物，而地衣和苔藓却成为该地区的主要优势植被。它能适应南极洲那种沙漠般的干燥和极度寒冷的环境，所以它是分布最广、种类最多的南极土著植物。它主要分布于南极大陆的绿洲和时有冰雪覆盖的岩石表面，甚至在离南极点仅有几个纬度的岩石上，也有它的踪迹。它是在有阳光照射的季节里，完成其生命过程的。在干旱地段和岩石表面，我们经常看到一些色彩斑斓、斑斑点点的覆盖物，这很可能就是地衣。地衣在那里占绝对统治地位，其中最主要的是枝状地衣，尤以簇花石萝和南极石萝为多。地衣喜欢生长在天然基物上，如各类岩石(包括玛瑙等)、土壤、树木(树皮、树叶、树桩、腐木等)、竹子、苔藓、大型真菌等。一些地衣还能生长在另一些地衣上。有趣的是，有的地衣甚至可以生长在鸟的羽毛上，甚至活体昆虫及乌龟身上。还有一些地衣可生长在人造材料上，如布、纸、玻璃、丝、混凝土、纪念碑、雕塑品、屋顶、墙壁、木器、铁器等等，但最常见的地衣是树生地衣、石生地衣和土生地衣。

在空气新鲜的野外丛林中，留意一下树干表面、枝杈上或裸露的岩石上，常常可以看到灰白色或褐色，呈叶状、壳状乃至枝状的植物体，这便是地衣植物。地衣无花、无果，也无根、茎、叶的分化，属于低等植物。解剖后对之仔细观察，就会发现它是一类由真菌和藻类组合而成的复合有机体，通常真菌菌丝缠绕并包围藻类细胞。藻类经光合作用，制造有机物供给自身及真菌，真菌则吸收水分、无机盐和二氧化碳等以供藻类的需要。有人曾试着把两者分开，结果藻类照样能生存，而真菌却不存活。另外，生长于峭壁和岩石上的地衣，能分泌地衣酸腐蚀岩石，促使岩石逐渐风化，为日后苔藓等高等植物的生长创造条件。所以，地衣是自然界的开路先锋。

近来人们发现地衣中的特殊化合物已达 100 多种，其多具抗癌能力。另外，地衣还可作为监测环境的指示植物。

目前世界已知地衣约有 1.6 万种，约占全部已知真菌 7.1 万种总数的 20%。中国已知地衣约 0.2 万种，占世界地衣的 10%左右，占中国已知真菌总种数约 20%。然而，无论是全世界或中国，实际存在的地衣物种远不止这个数字。

大自然造就的地衣可谓千姿百态、五彩斑斓。地衣生长到一定阶段便会显示出各自独特的外部整体形状。按生长型，可分为壳状地衣、鳞片状地衣、叶状地衣和枝状地衣四大类型。壳状地衣是由颗粒、区块构成近圆形或不规则形状的地衣体，它们紧贴基物生长，有的甚至侵入基物内部只在基物表面露出子囊盘以示自己的存在。叶状地衣体有背腹之分，形如叶片。枝状地衣呈直立、半直立线状或丝状，它们悬垂或匍匐，形如灌木状，有的还空心如管，有的实心如柱。在四大生长类型中，每一类型又可分若干亚型，还有一些中间类型，从而使地衣千姿百态。

地衣的色彩更是变化多端，有的白如奶，黑如发，绿如草；有的灰如瓦，黄如杏，褐如茶，红如枣，而每种颜色由浅至深以及各种过渡颜色难以描述。造成地衣色彩斑斓、争奇斗艳的主要原因是由于地衣产生的色素大都分布于皮层所致。

地衣的生长速度十分缓慢，即使个体最大、生长速度较快的种类，每 100 年才生长 1 毫米。据说一株 10 厘米高的地衣，其寿命约 1 万年。地衣靠孢子繁殖后代。地衣生长所需的水分是冰雪融化时得到的。地衣所需要的营养是由岩石的化学风化物提供的，也许是由于风把鸟粪从远处带来，像风吹尘埃一样，吹到地衣生长地。最近的研究表明，有几种地衣，其假根可以分泌地衣酸，溶解岩石，一方面固定自己，另一方面从中得到营养。

地衣的应用价值日渐凸显。人们对地衣资源的利用可以概括为两大类型。一是直接利用。比如，用来提取抗生素等药物、试剂、香料以及作为中草药、食品、饲料等。二是间接利用。地衣对污染物特别敏感，它可以用来作为指示生物以监测、评定大气质量。经过多年观测研究表明，二氧化碳是影响地衣生长与分布的最主要污染物。如在许多排放二氧化碳等污染物的炼油厂周围，地衣都受到严重损伤，数量极少甚至没有生长。除二氧化碳外，炼铝厂、炼锌厂、炼硅厂等以及火力发电站排放的氟化物也是地衣生长的致命杀手。此外，某些重金属，如铜、铁、铅、锌、镁等，对地衣生长也有一定影响。影响地衣生长的二氧化碳和颗粒悬浮物等正是评定城市空气质量的主要指标。这不是偶尔巧合，而是地衣能有效作为污染指示生物的必然结果和有力的证据。地衣对二氧化碳等污染物如此敏感，是由于地衣缺乏像高等植物那样的真皮层和蜡质层，污染物容易进入地衣体内并在体内大量富集，致使体内有害成分高出周围环境许多倍，细胞渗透性和藻细胞中叶绿素结构的改变或破坏，从而妨碍了物质交换与光合作用的正常进行。人们还将地衣生长速度慢而寿命长的性质用于冰川沉积物测年，如上个世纪 50 年代奥地利学者用地衣植物丽石黄衣的生长年限对冰川沉积物进行测年，后来运用于地震、地质、气候、考古、岩画等方面研究。用丽石黄衣测得贺兰山与卫宁北山岩画早期距今为 3000～10 000 年，中期距今 10 000～40 000 年。

### 7.3.2　根瘤 rootnodule

豆科(Leguminosae)植物根系与根瘤菌科( Rhizosromeae )细菌的共生形成了互惠互利的根瘤，形态上表现为豆科植物根部的瘤状突起。这是由于土壤中的根瘤细菌侵入根部皮层细胞中所致。根瘤菌在皮层细胞中迅速分裂繁殖，同时皮层细胞因根瘤侵入的刺激，也迅速分裂和生长，而使根的局部体积膨大，形成瘤状突起的根瘤。植物为根瘤细菌提供水和碳水化合物作为养料，根瘤细菌为豆科植物提供强大的游离氮固氮能力，促进植物蛋白的合成，提高作物的产量和质量。豆科植物与根瘤菌的共生因得到氮素而获高产；同时由于根瘤的脱落，具有根瘤的根系或残株遗留在土壤中，能增加土壤的肥力。利用豆科植物作绿肥或与其他作物轮作、间作，增产效果显著。豆科植物能肥田，是由于根瘤菌的固氮作用。

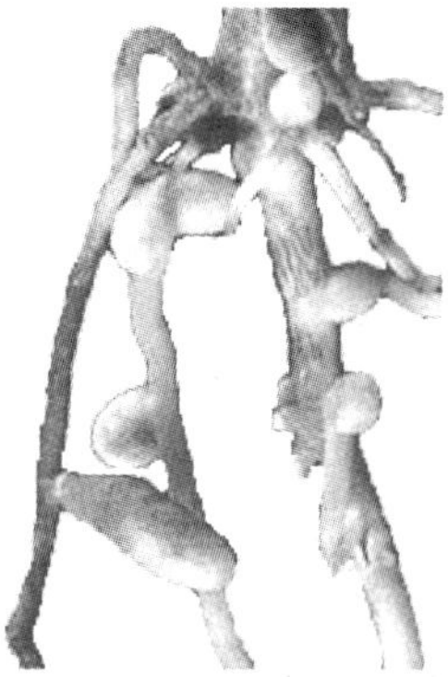

图 7-3　根瘤

寻找根瘤其实并不难，因为 90% 的豆科植物在根部都有根瘤。小心地拔起大豆等豆科植物的根，你会发现根上附生有许多小瘤状的结构，其横切面呈红色，这便是根瘤。根瘤菌能有效地固定大气中的氮气，除满足自身需要外，多数供豆科植物需要，后者则为根瘤菌的生长、繁衍提供了特异的环境条件。豆科植物和根瘤菌之间的共生，是生物固氮中最先进和最复杂的系统。每一种根瘤菌都有专一对象，如大豆上结瘤的细菌只能和大豆属的植物结合，而不能与苜蓿共生。目前已查明的豆科植物有一万种以上，其中能形成根瘤的仅占 10%左右，能被栽培利用的不到 50 种，所以研究豆科植物的固氮作用具有很大潜力。

空气中的氮气不能直接为植物所利用，只有通过特定途径，主要有大气固氮(通过光化学和闪电固氮量较少)、工业固氮(如化肥厂生产氮肥)和生物固氮(如根瘤菌固氮)才能够间接利用。近年来，全世界每年生产氮肥 50 亿千克，而通过生物固氮的氮素可达 1500 亿千克，为化学固氮的 3 倍，其中，根瘤菌属每年可为每公顷土地固氮达 250 千克，豆科植物的固氮占了大部分。可见，根瘤植物的根瘤是多么不平凡。另外，工业固氮多在高温高压下进行，且消耗大量的人力、财力和物力，而生物固氮则在常温下“免费”进行，相比之下，孰优孰劣，又是十分明了。目前，人们最感兴趣的问题是如何设法透导非豆科植物如水稻、小麦、棉花等农作物，使之能形成根瘤、能自己固氮，这无疑将会带来农业上的绿色革命。随着基因工程的不断应用和推广，这一天终会到来。

另外，胡颓子属、桤木属、杨柏属等一些植物种类亦具根瘤，且也有固氮作用，不同的是这些根瘤是放线菌侵入这些植物的根部而形成的，根瘤生物技术在农业生产上已经得到了较为广泛的利用。

## 7.3.3 菌根 mycorrhiza

许多植物的根系与土壤中的微生物建立了共生关系，在植物体上形成菌根或根瘤。豆科植物的根瘤和根瘤菌已为人们所了解，但很多人对菌根还是比较陌生的。其实，菌根是植物界中最广泛的一种共生体，即某些种子植物的根与土壤真菌共生所形成的互惠共生体，称为菌根。自然界中95%的植物能形成内生菌根，只有少数植物如杜鹃花科、松科和桦木科能形成外生菌根，兰科的菌根较为独特，有人称为兰科菌根，如药用植物天麻，它是一种多年生腐生草本，其本身不能吸收营养，只能通过和其共生的密环菌来协同实现。兰科植物较难移栽，移栽时必须带些母土，否则就难以成活，这也和与其共生的菌根相关。

由于菌根关系在植物界的广泛性，因此有这样的说法：严格地讲，绝大多数植物没有真正的根，拥有的是菌根。在形成的互惠共生联合体菌根中，植物根提供微量的碳水化合物就能满足菌根真菌的营养需求，作为感恩和回报，菌根真菌用丰富和细长的菌丝为植物根系提供更加巨大的吸收表面和远程吸收能力。菌根的研究和利用，对于植树造林，尤其是对荒山、沙漠等贫瘠土壤上的绿化工作，对提高作物的产量和质量，对农业的可持续发展等都具有特别重大的意义。

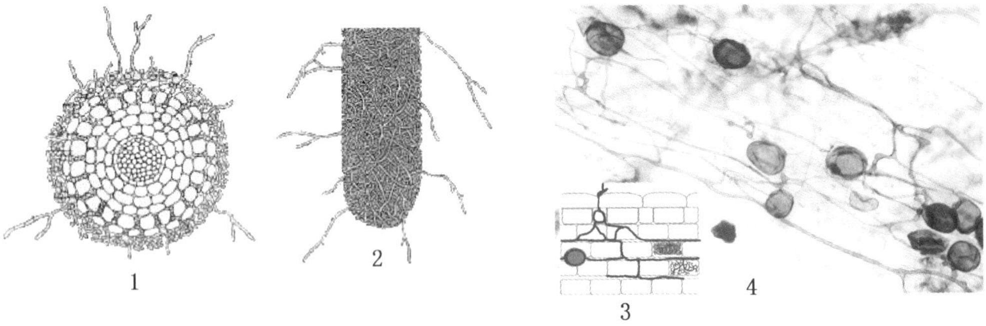


图7-4　菌根形态解剖图

1～2:外生菌根　3～4:内生菌根(泡囊丛枝菌根)

根据真菌对寄主皮层细胞浸染的情况，又分为两种类型：(1) 外生菌根，真菌形成一鞘层，即菌丝罩，整个包裹着幼根的外部，只有少数菌丝侵入到根皮层的细胞间隙中，如松树、栎树等。(2)内生菌根，真菌形成不明显的罩子，而大部分菌丝均侵入到根部皮层的细胞内部，如兰属、草莓等。菌根真菌的菌丝如同根毛一样，起吸收水分与矿质营养的作用。还能将土壤中的矿质盐和有机物质，转变为易于寄主吸收的营养物质，以及可制造维生素等，供给根系。而寄主植物分泌的糖类、氨基酸及其他有机物质又可供真菌生活，因此两者为共生关系。

根瘤共生体能固氮、增加土壤及植物中的氮养成分，菌根则对植物的养分吸收、抗旱性及抗病虫害的能力等有很大的影响。在果树上，菌根已进入实用阶段，如在苗圃中可以接种很少的“菌根真菌”来代替施用磷肥和锌肥。但总体上看，由于一些技术上问题还未解决，菌根的开发利用在我国尚不普及，还停留在试验阶段。

### 7.3.4 无花果 *Ficus carica* L.

上面谈了植物界几种较为典型的共生现象，其实共生现象还是较为普遍的，如桑科榕属中的无花果、薜荔榕和某些特定的瘿蜂之间也存在着较为密切而复杂的共生关系，称为特殊共生。全世界共有桑科榕属植物 700 种，我国有 100 多种。它们都有一个共同的特征——外表看起来似乎没有花，但却能结果，所以大家又叫它们“无花果”。其实，榕属植物是有花的，只是它们的花都很小。开花的时候一朵花比我们书本上的一个句号还要小得多，而且与一般显性花不同，榕属植物的花许多朵簇生在一起，集中在一个膨大的花序托（以下简称”花序”）里面，构成一个隐头花序。尽管花很小，它们一样还是有花被、雄蕊、子房，有花粉和胚胎，照样要开花、传粉、结实并散布它们的种子。由于这一过程全部都隐藏在一个很小的花序里面进行，而每一个花序里又包含了几十朵甚至几千朵花，所以人们是很难用肉眼看清的。榕属植物的花很小很幼嫩，容易遭到昆虫的噬咬和破坏，所以在长期的进化过程中，它们发展出了一种手段，由花序将所有的花包裹起来，这样就达到了保护花的目的，这在此类植物的进化史上是一大进步。但同时也产生了一个问题——谁来给它们传粉？甲虫、蝇类、蝶类、蜂类和蚊类虽各有不同的口器，但是它们都不能完成这一任务。一种特殊的昆虫最终演化出来了，这就是榕小蜂（*Blastophaga*）。榕小蜂有特化的身材，削扁的头部，可以钻进花序里面去寄生，同时也完成传粉的任务，榕树和榕小蜂的共生关系由此建立起来，无花果属植物为榕小蜂提供栖身场所（瘿花子房）及发育所需的一切营养，榕小蜂在花序中爬动，寻找产卵场所（瘿花）的过程中把花粉留给长花柱花，为无花果属植物进行了必不可少的传粉。

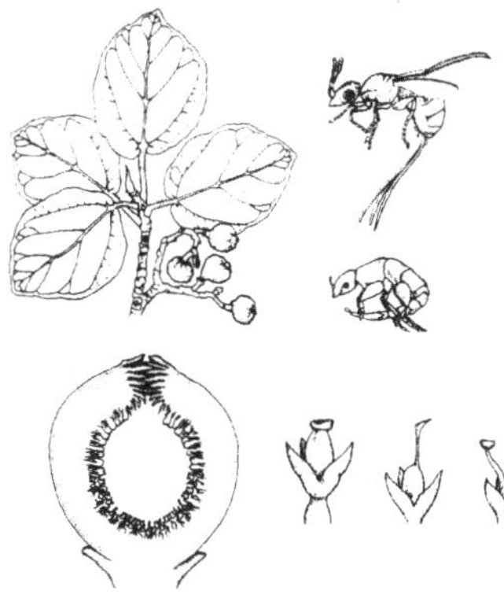

图 7-5　无花果与榕小蜂

榕树和传粉榕小蜂是世界上目前所知互惠共生关系最为密切的一类生物，它与丝兰和丝兰蛾、蚂蚁和金合欢被认为是地球上最典型的三类协同进化关系最为密切的生物，而榕树和榕小蜂又比后两类协同进化关系更为密切，已经发展到一对一的高度协同进化程度，即一种榕树只允许一种榕小蜂传花授粉，一种榕小蜂也仅只为一种榕树传花授粉，罕有例外。这样高度的协同进化也意味着一种物种的消失会引起另外一种物种也同时灭亡的危机。在微小的榕树隐头花序果内，榕树和榕小蜂如何避免近亲繁殖？在如此小的环境中如何容纳除传粉者外的 3～35 种非传粉小蜂生存？榕树和这些寄生者的资源是如何分配的？这些问题也是目前世界生物学、生态学所关注的热点。所以，对榕树和榕小蜂的研究，已经成为目前生物协同进化机制研究、局域配偶竞争机制研究、微环境生物竞争机制研究等研究的最佳模型材料和实验验证材料。

最初榕小蜂从榕树获得食物建立起原始的生态关系，在以后的演化过程中榕树花序的逐步特化仅为某一种榕小蜂提供繁衍栖息的场所并依赖其传粉，至今已构成了不可互缺专一性的生态关系，此类共生关系的建立和维持，不但依赖共生双方在形态结构上的高度互适，生理生态上互相吻合,生活史上互相衔接,而且与榕小蜂的生物学行为密切相关。

榕属植物中有些为雌雄异株植物,是观察榕-蜂之间奇妙共生关系的好材料。所谓雌雄异株植物是指雌花和雄花长在分离的植株上,雌性植株上的花必须接受雄性植物上的花粉才能结果。榕属植物有 3 种花:雌花、雄花和瘿花。雌株上只有雌花,雄株上则有雄花和瘿花,其中瘿花是由雌花特化而来的一种中性花,它不能结实,只能供榕小蜂在里面产卵,然后孵化出新一代的榕小蜂。瘿花的柱头很短,正适合榕小蜂的产卵器的长度。因而榕小蜂可以在每个瘿花的子房里产下一个卵。无论是雌花、雄花还是瘿花,都被花序包裹起来而成为隐头花序。只有剖开花序才能看到里面,但由于花序的发育阶段不同,所以看到的情景又可能极不相同。

榕属植物花的发育期可以分为五个时期:①花前期:雌、雄株的隐头花序都还很小(只有花生米般大小),里面的雌花、雄花和瘿花都正在生长。②雌花期:雌花和瘿花发育成熟,雌花正等待传粉,瘿花则在等待小蜂前来产卵。传粉和产卵都在这个阶段完成。③间花期:雄花渐发育成熟,大约需要好几个月。④雄花期:雄株上的隐头花序的口部打开,已经发育成熟并完成交配的雌性榕小蜂从里面飞出来,同时身上沾上了已经成熟的花粉。⑤花后期:榕小蜂为雌花传粉结束,雌花序中雌花的子房不断膨大,最后结出硬邦邦的果实,雄花序由于瘿花中的小蜂已经飞出,雄花的花粉也已经被带走,它的历史使命已经完成,因此纷纷落下。值得注意的是,在传粉过程中,第②期和第④期同时存在,也就是说传粉是在两个处于不同时期的花序之间进行的,这就带来一个问题,雌花必须等到雄花成熟才能完成传粉,其间隔可能长达半年,这在植物间是绝无仅有的。

许多物种依赖其他物种而生存,通常情况下是一种物种利用另一种物种,但有时两种物种也可能在生存竞争中同心协力。你有没有听说过这样一对动植物,它们“合则皆旺,分则皆亡”:植物离不开它的寄生虫,失去了虫的寄生,它就将断种,而全由植物哺育的这种昆虫“知恩图报”,大部分的雌性成虫专为植物传粉效力,传粉以后怀着满腹的虫卵死去。

薜荔榕小蜂 *Blastophaga pumilae* 是薜荔榕 *Ficus pumila* 的传粉昆虫,栖息于薜荔隐头花序中,在其生物学行为中以钻入花序产卵或传粉最为关键。研究表明:薜荔榕小蜂钻入花序平均费时 6948 分钟,标准差 1326 分钟;伤残程度很高并能在伤残的情况下完成产卵或传粉;卵的尾丝能起标识作用避免重复产卵;进入雌花序的小蜂具逃离花序的行为但不能实现;1 只小蜂平均产 528 个卵或为 10 724 朵雌花授粉。

珍珠莲为榕属攀缘灌木,雌雄异株。雌花序中着生雌花,每个花序中平均有雌花 310.4 朵;雄花序中着生瘿花、雄花和两性花,每个花序平均有瘿花 391.0 朵、雄花 104.8 朵、两性花 2.0 朵。自然状态下雌、瘿花的结实率和成虫瘿率分别为 95.88%、29.51%。雌、瘿花在生理上已完全分离。匍茎榕小蜂(*Wiebesia callida*)是唯一能进入花序产卵或传粉的共生昆虫,二者构成的传粉系统依靠形态结构的高度互适,物候生活史的相互吻合,以及特化的生物学行为维系其专一性和稳固性。

近年来,有些生态学家将互利、寄生、共栖等表示两种生活在一起的生物之间的关系都归入共生现象的范畴,这使得共生的范围大大扩大了。但不管怎样,共生还是以互利互惠为主流的特殊的生存方式,它使生物的适应性增强,有利于物种的生存和进化。在实际应用中,其意义也十分突出,尤其是共生固氮的研究无疑将给农业生产带来巨大的影响。

无花果大约在唐代传入我国,可食率高达 92%以上,果实皮薄无核,肉质松软,风味甘甜,具有很高的营养价值和药用价值。食用无花果后,能使肠道各种有害物质被吸附,然后排出体外，能净化肠道，促进有益菌类增殖，抑制血糖上升，维持正常胆固醇含量，迅速排出有毒物质。无花果含有丰富的蛋白质分解酶、脂酶、淀粉酶和氧化酶等酶类，它们都能促进蛋白质的分解。

所以，当人们多食了富含蛋白质的荤食以后，饭后食用无花果，有帮助消化的良好作用。果实除了开胃、助消化之外，还能止腹泻、治咽喉痛。在浴盆中放入干燥的无花果叶片，有暖身和防治神经痛与痔瘘、肿痛的效果，同时还具有润滑皮肤的美容作用。所以，在日本的无花果产品包装上均印有“健康食品”、“美容”等宣传字样。无花果最重要的药用作用表现在对癌症的显著抑制作用方面，它的抗癌功效也得到世界各国公认，被誉为“21 世纪人类健康的守护神”。无花果中含有多种抗癌物质，是研究抗癌药物的重要原料。日本科学家从无花果汁中提出苯甲醛、佛手柑内脂、补骨酯素等抗癌物质，这些物质对癌细胞抑制作用明显，尤其对胃癌有奇效。俄罗斯专家曾用小白鼠做试验，抑癌率为 43%～64%。

据南京农业大学和江苏肿瘤防治研究所的试验，无花果对 EAC 瘤株、S180 瘤株、Lewis 瘤株和 HAC 瘤株的抑癌率分别为 53.8%、41.82%、48.85%和 44.4%。胃癌病人服用无花果提取液后病情明显好转，镇痛效果也十分明显，有望成为我国乃至世界第一保健水果。

## 7.3.5 满江红 *Azolla imbricata* Nakai

农田杂草一向被视为作物的大敌，但在中国江南水乡，农民们却希望自己经营的稻田中有一种名叫满江红的水生杂草“光顾”，以至于特意在水田中放养这种植物。有了满江红的帮助，稻田不仅可以少施肥，而且还能抑制其它有害杂草生长，使水稻增产。满江红亦称红萍、红浮萍、绿萍、紫藻和三角藻，是一种生长在水田或池塘中的小型浮水植物。属于真蕨亚门、满江红科。这一科只有 1 属、6 种，几乎分布在世界各地的淡水水域中。中国原产的只有满江红一种，分布在秦岭淮河以南各地。满江红幼时呈绿色，生长迅速，常在水面上长成一片。秋冬时节，它的叶内含有很多花青素，群体呈现一片红色，所以叫做满江红。上瓣浮在水面上，能进行光合作用，下瓣斜生在水中，没有色素。

图 7-6　满江红

满江红看上去像一团粘在一起的芝麻粒浮在水面上，水下有一些羽毛状的须根。如果仔细观察就会发现，这些“小芝麻粒”就是满江红的叶。它们无叶柄，交互着生在分枝的茎上，根状茎横走，羽状分枝，又好似一串串小葡萄。每一片叶都分裂成上下两部分。上裂片绿色，浮在水上；下裂片几乎无色，沉在水中，上面生有大、小孢子果，分别产生大、小孢子。满江红能增加水田肥力的奥秘就在它那芝麻粒大小的叶子中。在满江红叶的上裂片下部，有一空腔，腔内有一种叫鱼腥藻(*Anabaena azollae*)的蓝藻共生。这种蓝藻并不白住在满江红的体内，它通过自己奇特的固氮本领，将空气中的氮素变成“氮肥”供满江红享用，使这种水生蕨类植物成了赫赫有名的“绿色肥源”。农业上，满江红既是好饲料也是好肥料。鲜萍体含粗蛋白 1.3%～1.46%，粗脂肪 0.18%～0.3%，灰分 0.73%～1.16%，无氮浸出物 2.2%～4.0%。满江红除进行有性生殖外，还能通过侧枝分离进行营养繁殖。只要环境适宜，满江红生长和繁殖十分迅速，虽然体形小，却通过极大的个体数量布满整个水面，好像在水面上盖了一床红彤彤的地毯，景色十分动人。

李时珍的《本草纲目》记载作草药或熏杀蚊虫。它的全株入药，有发汗、利尿、祛风等功效。

实际上生物间共生现象十分普遍，如经表面消毒的真菌孢子，在灭菌培养基上培养时，仍有相当大比例的其他微生物在培养基上生长，表明真菌孢子内可能共生了其他更小的微生物。笔者在调查三峡库区柑橘园土壤中的丛枝菌根真菌（*Arbuscular mycorrhizal* Fungi，AM 真菌）时，发现不少的 AM 真菌孢子内共生有同种或不同种的 AM 真菌孢子，称这种现象为孢内孢子或内生孢子。

# 第八章　干花工艺与叶脉书签的制作

干花最早源于人们对美的一种追求，19 世纪初欧洲的一些油画作品中就有干花出现，目前在西方国家十分流行，已成为一门有相当历史渊源并且极富艺术性的独立行业了。生活中，人们把采摘的野花野果不经意地摆放在家里，经过一段时间后，发现干燥的鲜花鲜果也有特殊的美感。尽管大自然有着千千万万争奇斗艳的花草植物，但是花开也有花落时，随着时间的流逝，鲜活的植物总会出现枯萎凋谢的时候。为了能够留住大自然创造的美丽，于是富有生命力的干花应运而生，并以其特有的风姿逐渐出现在人们的生活之中，并成为珍贵的礼品，馈赠亲友。清香淡雅、芳馨长驻的干花，代表天长地久的永恒情感。环顾国内，无论是街边小铺，还是高级商厦的橱窗里，到处都有五色斑斓的干花丛或几可乱真的人造花饰。

## 8.1　干花工艺的基本原理

干花是以植物的杆、叶、花、果干燥后的形貌为设计重点，慧心巧思地表现植物在活色生香之外的独特风味，经干燥等特殊工艺制作，可久置不坏，又具有独特风格的观赏花材。它有鲜花所不及的耐久性，也有比人造花真实、自然的优点。它可和鲜花或人造花搭配，表现独特的趣味。它源于大自然，摆放时间长，可以任意染色。它与绢花、塑料花相比，更加逼真，不需保养。对于向往大自然，却又无法常亲近大自然的人而言，这种有着大自然气息的干燥花，可以满足现代人对回归自然的渴盼。选择干花布置房间，既有野趣，又不费时费力。同时，干花的香味在半封闭环境下一般可持续半年至一年，香味散尽后，还可以根据自己的喜好，选择从不同鲜花中提炼的香油为干花添香。干燥花，正逐渐成为室内摆设的新宠，其开发利用前景十分广阔。

图 8-1 不同形式和质地的干花及花篮

## 8.1.1 平面干花工艺品制作的简易工序

### 8.1.1.1 材料采集

大自然里的花草种类很多，如蝴蝶花、翠雀、天竺葵、迎春、天人菊、孔雀草、腊梅、月季、香石竹、串红、矢车菊、麦杆菊、补血草(干枝梅)、霞草等都是很好的干花材料。还可以用人工栽培的花草作为制作材料，其主要品种有三色堇、白锦竹、美女樱、六倍利、银叶菊、黄波斯、酢草、千茑、矢车菊、香豌豆花、玫瑰、飞燕草等。

花材要不失时机地去采集，以备冬天粘贴组合。花材一般以上午 9～11 时采集为好，这时已无露水，花草本身含水量适中，采集后既保鲜也易烘干脱水。下午花草多处于凋萎状态，不宜采集。可选含苞初放的花蕾，也可选完全开放的花朵；叶子要选新鲜翠绿的叶，根据需要也可采集成熟的深绿色叶。采到的花草应立即处理，放在阴凉处(如将花分类放在袋中)，以保持新鲜状态。

### 8.1.1.2 材料处理

采集来的花草可按用途分两种方法处理：(1)用来制作贺卡、贺镜的花需要准备好吸水纸(无皱卫生纸)、瓦楞纸(包装硬纸盒)、大铁夹、镊子等。先在瓦楞纸上铺 2～3 层吸水纸，再放一层花，这样放 3 层花后，上盖瓦楞纸，四周用铁夹夹紧(或用重物压紧)，放在炉子旁或暖气上烘干(切不可放在太阳下晒干)，12 小时即可。如有条件，用烘干箱或微波炉干燥最好。(2)用来做花枝的花草如千日红、麦杆菊、补血草、霞草、地榆、芦苇、狗尾草等，需去掉叶子，倒挂在阴凉通风处，使其自然干燥。或将采来的花枝埋入干燥剂粉中，经 11～20 天后拿出，用毛笔扫掉花瓣上的干燥剂粉(详见后)。

### 8.1.1.3 制作工艺

在制作干花工艺品时，需准备好剪刀、镊子、胶水、铅笔、毛笔、卡片纸、细铁丝和缎带。工艺品分为平面工艺品及花枝工艺品两种。

平面干花工艺品制作。平面干燥花也称压花，它是将植物或鲜花经脱水、保色、压制和干燥等工艺处理而成。按花的色彩、形态、质感、韵律等特点适宜搭配，可构成一副副生动活泼的压花艺术画。

初学时，可根据材料，按照图画书或杂志上的画样，在卡片纸（或镜片）上用铅笔轻轻画个草图，然后用毛笔蘸胶水小心粘胶。胶水不要蘸得太多，否则画面上沾有胶水会影响美观，贴后自然晾干即可。有塑料平面封膜机的，可在卡片纸上组图后再封上塑料薄膜，这样可增加保存时间，并使之更加美观。制作一段时间后，有了美感和实际经验，还可以自己设计图案，如风景、植物、动物、人物等来粘贴，会更加增添乐趣。

压花不仅可以把花草本有的美丽定格，而且通过人们的创意，它还可以把人物、动物、风景等画面重现于人们的眼前，给人以高雅的享受；压花做出来的工艺品人见人爱，为家居装饰增添一份大自然的气息。不仅如此，压花艺术还带给人们更多的情感交流和美的享受。那些美丽的贺卡、可爱的饰物、别致的灯饰、透明的花草让我们在喧闹、浮躁的都市生活中倍感轻松和温馨。

## 8.1.2 立体干花的干燥与简易制作工艺

### 8.1.2.1 容积式干燥法

用棉花干燥，能极好地保持花朵或花序的形状和颜色。先在一块硬纸板上垂直固定几块几厘米高的小纸板，把花朵或花序放在纸板之间。然后小心地把棉花铺在花序下面和花瓣之间，并填满所有花冠的凹处和叶片之间的空隙处。为了不使棉花掸落，可用纱布把裹上棉花的花朵包起来，然后把硬纸板挂在干燥暖和处或平放在地板上。2～3 周后，花朵变干了，颜色仍然鲜艳。如纸板有限，也可在硬纸板上扎些孔洞，把花茎从孔洞中穿过去，而花朵或花序留在硬纸板上。然后用棉花填满所有的凹处，并用纱布把棉花固定。此法适用于唐菖蒲、百合、鸢尾、百日草、并蒂莲等具有复合花冠或重瓣花冠的大花朵。

### 8.1.2.2 沙子干燥法

选用纯净、干透的细河沙和不带水气的花朵。先在纸盒里撒一层 5 厘米厚的沙子，将花序朝下放在沙子上，从上往下细心地撒沙子直到填满所有空隙，特别是花瓣之间的空隙。然后把花茎捆扎起来，露在沙子外，盖上盖子，放在干燥凉爽处。2～3 周后，小心地将沙子透过盒子底部的小孔漏掉。留在花瓣上的沙子，可用软刷子刷掉。适用此法的花卉有三色堇、鸢尾、毛茛、勿忘我、玫瑰、芍药等。

### 8.1.2.3 自然干燥法

干燥的方法有多种，但以自然干燥法制作最为简单易行。在花成熟季节，将采集好的花序扎成小把，彼此相距 10 厘米，在室内干燥的空气中将花序朝下悬挂在绷紧的绳子或铁丝上，悬挂时把切花头朝下，这样在干燥过程中茎的顶端保持刚硬。水分蒸发 20 天便可干燥。为更好地保存其自然色泽，应尽量用热空气快速干燥。然后取下来，保留在专门的盒子里。不要用塑料袋，因它影响水分蒸发，易引起霉变。

在制作干花时，应在干燥天气进行切割。花茎应留得长一些，除去叶子，因叶片延长脱水过程，而且往往皱缩失去观赏价值，大型切花（如飞燕草）应单花悬挂干制，若成束捆住，花干后彼此易挤碎。一般切花可捆成小束，花头彼此分开，使它们不因挤压受损伤，在数天之后，切花会慢慢变干，用手接触感到质脆，花瓣成纤维状，这时已制成干花，可用于装饰。

#### 8.1.2.4 立体干花工艺品制作

将已阴干的干花整理调配，用缎带扎成花束插在花瓶中，如将麦菊等花朵重新粘在经处理的小麦杆上或将细铁丝穿入花夹，也可以配以晾干的狗尾草、芦苇、竹子等，再用缎带扎成花束，就是一份很精美的工艺品。麦杆菊花朵要采摘初开的，而补血草、千日红花一定要采摘盛开的。

## 8.2 叶脉书签制作的基本原理与技术

众所周知，书签夹在书里，阅读方便，画面随意，取材广泛。叶脉书签全部选用天然树叶精心制作而成，脉络清晰错落，富含大自然的古朴雅致风味，让人爱不释手。

叶片因种类的不同，其叶型、大小、色泽与生长顺序，皆有显著的不同，其质地的多变，也各有千秋。但是叶肉遇到腐蚀性液体就会发生腐烂，经过加热，它会腐烂得更快，而叶脉比较坚韧，不容易被腐蚀。因此，可以将一些叶片坚硬、叶脉坚韧的树叶利用上述原理制成叶脉书签。

使用的基本工具与材料有：烧杯、三脚架、石棉网、酒精灯、火柴、天平、旧牙刷、镊子、水彩颜料、彩色丝线、氢氧化钠、碳酸钠、3%双氧水、桂花树叶等。

图 8-2 叶脉书签

金秋季节是采集树叶制叶脉书签的大好时期，怎样才能制成一片美丽可心的叶脉书签呢？制作步骤如下：

第一步：把约 100 毫升水倒入烧杯，在水中加入 4 克氢氧化钠(可再加入 3 克碳酸钠)，把烧杯搁在石棉网上，用酒精灯加热，煮沸溶液。

第二步：把树叶浸没在溶液中，继续加热 15 分钟左右，用镊子轻轻搅动，使叶肉分离，腐蚀均匀。

第三步：当叶片变色、叶肉酥烂时，用镊子取出叶片，放在盛有清水的玻璃杯内。

第四步：从清水里取出叶片，放在玻璃上，用旧牙刷在流水中轻轻地刷叶片的正面和背面，刷去叶片的柔软部分，露出白色的叶脉。把叶脉片浸入3%的双氧水中24小时，使它们变成纯白色，再取出叶片，用清水洗净，沥去水滴。

第五步：把叶脉片放在旧书或旧报纸里压平。

第六步：取出压平的叶脉片，待叶脉干透后，用毛笔在叶脉两面涂上水彩颜料，稍干后再压平。

第七步：取出涂上颜料的叶脉片，在它的叶柄上系一条彩色丝线，就得到了一张精致美丽的叶脉书签了。

第八步：将叶脉书签压膜封塑，效果更好。

### 注意事项：

1. 制作叶脉书签除了可用桂花树叶外，还可用珊瑚树叶等。
2. 加热时，烧杯必须搁在石棉网上，如直接加热，烧杯由于受热不匀会引起破碎。
3. 用过的药液可保存在空容器中，以便下次再用，一般药液可循环使用4～5次。
4. 如加工处理的叶子过多，可换大烧杯，水和氢氧化钠应按100∶4比例增加。

# 第九章　植物细胞的显微结构与司法鉴定的联系

植物组织在显微镜下表现出丰富多彩的形态结构，多样性特征非常明显。导管、筛管、管胞、筛胞的鉴定可以判断是被子植物还是裸子植物，表皮毛、纤维、石细胞、异型维管束、花粉粒、淀粉粒、晶体等的显微结构多样性是鉴别植物种类的重要依据，在司法鉴定工作中是非常有用的参考依据。

## 9.1　淀粉粒的鉴定意义

植物细胞中除了有生命的原生质外，还可能有一些后含物。淀粉是很常见的一种后含物，尤其是一些农作物的经济使用部分。所以淀粉粒的有无，是鉴别植物的重要依据，这可以

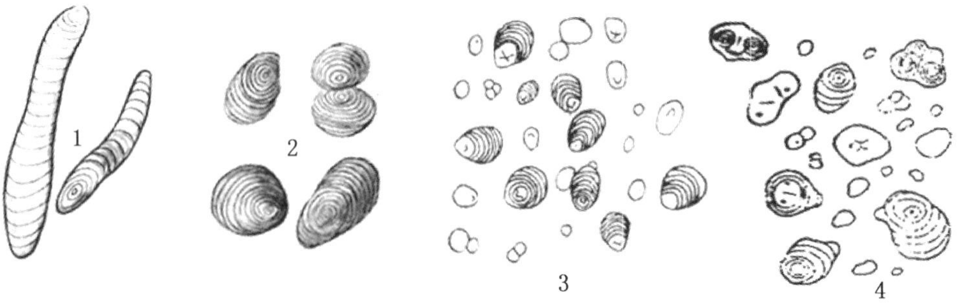


图 9-1　不同植物的淀粉粒形态
1　藕淀粉料；2　马铃薯淀粉粒；3　浙江贝母淀粉粒；4　川贝母淀粉料

用稀碘液来鉴别植物粉末是否具有蓝色化学反应而加以鉴定。然而，如果同是高淀粉含量的植物粉末，如土豆粉、藕粉和大米粉，用简单的化学染色方法就难于鉴定，因为它们与稀碘液的反应都是蓝色。但是，淀粉粒的形态和大小在不同的植物中可能有较大的区别，成为鉴别不同植物的又一重要途径。淀粉粒的形状大致上可分为圆形、卵形和多角形三种。马铃薯的

淀粉粒较大，近三角形，藕的淀粉粒更加大，长椭圆形，腰部有内弯现象，这二种植物的淀粉粒都具有较显著的环状轮纹，而大米的淀粉粒很小，轮纹难于看见。

在药用植物中，淀粉粒的形态鉴定有时是区别相近药材品种的重要依据。如川贝和浙贝的粉末，用淀粉粒的形态鉴定便是简单易行的方法。浙江贝母淀粉粒近三角形，表面光滑平整，而川贝中的淀粉粒表面不光滑，四周有不规则的凹凸。

## 9.2 晶体的鉴定意义

植物细胞中某种后含物浓度过高时就会形成晶体。晶体的化学成分有草酸钙晶体和碳酸钙晶体二大类，不同的植物，所含晶体的化学成分是不一样的，此时，可以将未知植物粉末与稀盐酸反应，有气体逸出者即为碳酸钙结晶。有时需要鉴定的植物粉末中，晶体的化学成分是一致的，靠化学方法就难于鉴定这些植物。此时可以根据不同植物细胞中晶体的大小和形态有差别来鉴定植物。如人参细胞中的晶簇晶瓣先端锋锐，大黄晶簇晶瓣外缘宽广；大蒜鳞叶细胞中是棱晶，天麻细胞中是针晶，枸杞细胞中是砂晶等。

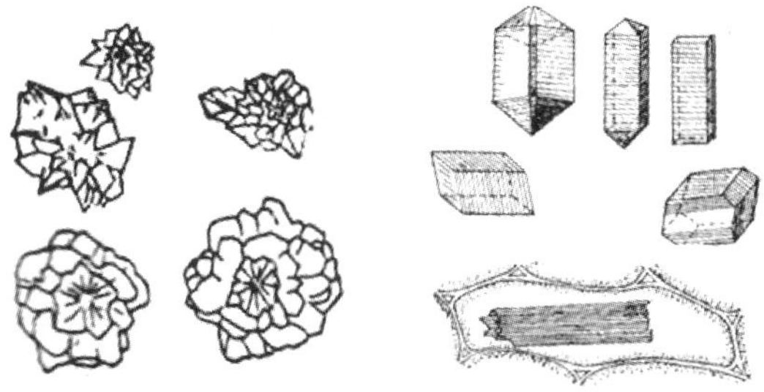

图 9-2　不同植物细胞中的晶体形态

左上：人参的晶簇　右上：大蒜的棱晶

左下：大黄的晶簇　右下：天麻的针晶

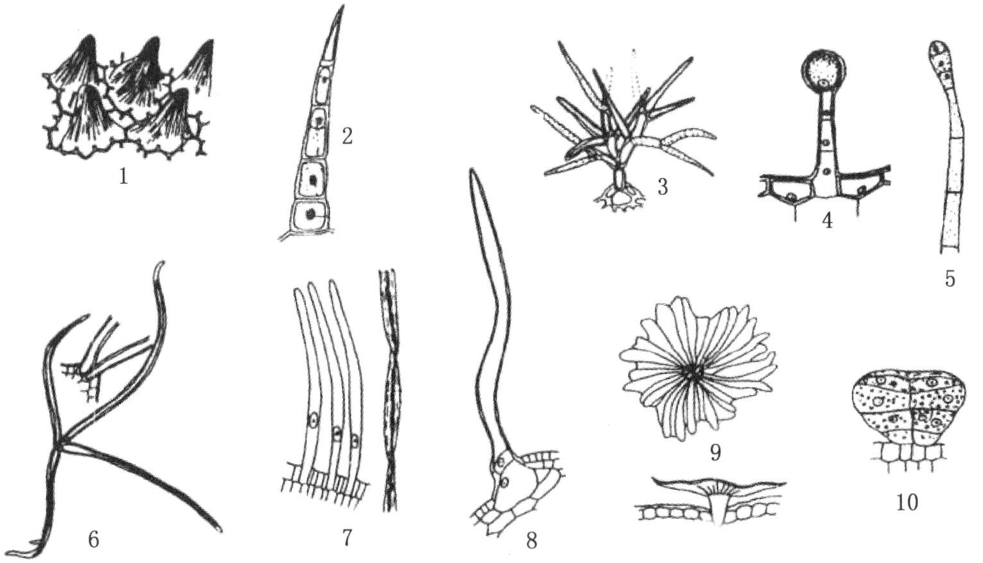


图 9-3　不同植物体上的表皮毛及腺毛形态

1　三色堇表皮毛；2　南瓜叶表皮毛；3　熏衣草叶表皮毛；4　天竺葵表皮毛；5　烟草表皮毛；6　棉叶表皮毛；7　棉种子表皮毛；8　大豆叶表皮毛；9　橄榄叶的腺鳞；10　薄荷叶腺鳞

# 9.3 植物表皮毛的鉴定意义

表皮毛存在于大多数被子植物、一些裸子植物和一些苔藓植物的地上部分的表面上，在被子植物中，依植物种类，可能分布于叶片、茎、花瓣、叶柄、花梗和种皮等。植物拟南芥表皮毛的分化和发育研究已取得了长足的进步，并已深入到分子水平，克隆到与表皮毛发育相关的基因已有40多个。表皮毛的存在，增加了表皮层厚度，可能对低温下的生存有物理的保温作用；高温干旱环境中，表皮毛具有反射阳光（包括紫外线）、阻止水分过度散失等功能；外果皮表面的表皮毛使其易于散布，有利于种子的传播；表皮毛的存在还有减少机械损伤的作用；柑橘内果皮的表皮毛储藏有大量的营养物质，是食用的主要部分。

不同的植物体表面，有的光滑，有的具表皮毛，而表皮毛的长短、形态和结构是鉴别植物的重要特征（见图9-3）。尤其是在花类药用植物粉末鉴定时，表皮毛的形态鉴定尤其显得重要。即使在同一种植物中，表皮毛的形态和结构可能也有多样性特征，如金银花品种之一毛忍冬，植物体表面就有两种腺毛，一种较长大，头部黄棕色或淡棕色，倒卵形或倒圆锥形，顶端较平坦或稍凹陷，侧面观约9～26个细胞，排成3～4层，直径56～95微米，柄部3～5(6)个细胞，长75～200(400)微米；另一种较短小，头部类圆形或倒圆锥形，侧面观约5～9个细胞，直径34～40微米，柄2～3(4)个细胞，长52～90微米。厚壁非腺毛单细胞，黄色或淡黄色，长短不一，长40～100(1500)微米，体部直径10～20(24)微米，壁厚3～12微米，表面有疣状突起及单或双螺旋纹，胞腔明显，足部稍膨大。

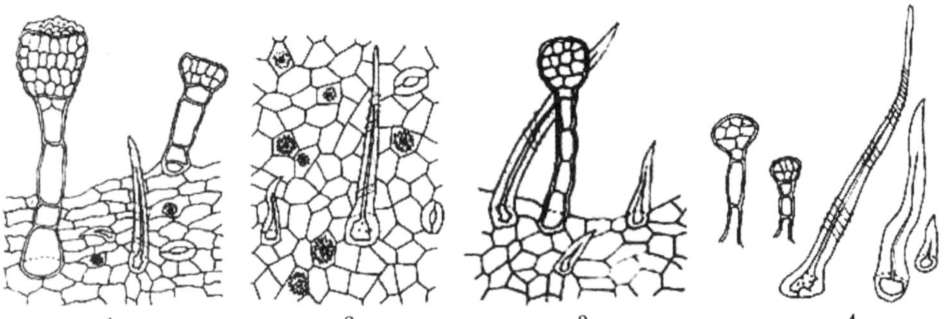


图9-4　黄褐毛忍冬表皮毛

1　花冠外表皮毛；2　花萼外表皮毛；3　苞片外表皮毛；4　解离组织中的表皮毛

## 9.4 石细胞的鉴定意义

石细胞是维管植物（蕨类植物、裸子植物和被子植物）体中的一种厚壁组织细胞。有各种形状，细胞壁具次生加厚，木质化，壁上具单纹孔，主要起机械支持和保护作用。植物的根、茎、叶、果实或种子中通常都有石细胞。它们可以形成坚实、完整的一层，也可以分散地成团或单个存在于其他组织中。梨果实里的硬渣，就是果肉里的石细胞群。蚕豆或其他豆类植物种子外面坚韧的种皮，以及桃等核果类植物坚硬的内果皮，均由石细胞组成。此外，有些植物的韧皮部和木质部维管束的周围、皮层或髓的薄壁组织中，以及叶片或叶柄内，也多有石细胞。

根据石细胞形状的不同，一般可分为：短石细胞、大石细胞、骨状石细胞、星状石细胞和毛状石细胞 5 种。短石细胞，形状很像薄壁组织细胞，但细胞壁大为增厚，如梨果肉中的石细胞；大石细胞，细胞成柱状，如菜豆种皮中的石细胞；骨状石细胞，细胞两端稍膨大，像骨头，存在于种皮和叶子中，如豌豆种皮中的石细胞；星状石细胞，分枝成各种星芒状，多存在于叶片或叶柄内，如睡莲叶子中的石细胞；毛状石细胞，非常长，形状有些像毛，有时具分枝，见于木犀榄的叶子中。在各种类型的石细胞之间，还有很多难以划分的过渡类型。

石细胞可以直接从分生组织中分化，也可由薄壁组织细胞经过细胞壁加厚和木质化（硬化作用）之后形成。石细胞是植物体内细胞壁强烈木质化增厚的机械组织细胞，细胞腔极小，没有细胞质，是死细胞。不同的植物中，石细胞的大小、形态和排列方式都存在着很大的差别。在中药材粉末显微鉴定中，石细胞的形态特征比较特殊，细胞壁很厚，又具有明显的细胞腔，明显不同于其他组织碎片，又因为它的形态特征比较稳定，是中药材真伪鉴定和中成药成分分析中重要的显微特征。桑石细胞淡黄色或黄棕色，类圆形、类方形、类多角形或短纺锤形，直径 24～52 微米，壁较厚或极厚，纹孔大多明显，孔沟有分枝；黄檗石细胞鲜黄色，类圆形或纺锤形，直径 35～128 微米，有的呈分枝状，枝端钝圆，壁厚，层纹明显，石细胞呈不规则分枝状者较大，长约 220 微米，壁厚或较厚，孔沟较少；厚朴石细胞呈类长圆形、类方形或类多角形，直径 11～58 微米，壁厚约至 20 微米；玉兰石细胞呈卵圆形、不规则形或分枝状，长 80～180 微米，宽 20～60 微米，壁厚薄不一，壁孔大多不明显。茶树的叶片中的石细胞常作为茶树分类的依据，茶叶的石细胞为分支状石细胞，山茶石细胞为骨质石细胞。因此，石细胞的鉴定是药用植物鉴定及法医鉴定的重要依据。

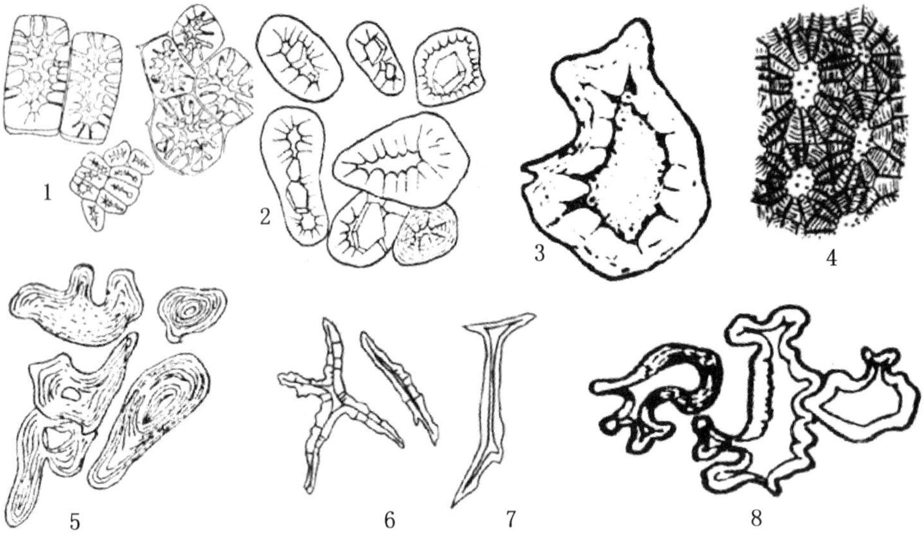


图 9-5　不同植物体内的石细胞
1　栀子石细胞;2　桑石细胞;3　厚朴石细胞;4　桃石细胞
5　黄檗石细胞;6　茶叶石细胞;7　山茶石细胞;8　玉兰石细胞

# 9.5　花粉粒的鉴定意义

花粉是植物用来进行有性繁殖的单细胞或 2～3 细胞的生殖器官。显微镜下的花粉粒是一些玲珑剔透、娟秀艳丽的艺术精品,它的形态结构在漫长的历史演化长河中是最为稳定的性状之一,因此,研究现代植物的花粉可以为蜜源植物的鉴定甚至刑事破案起到作用,即用花粉粒的颜色、大小、形态结构及外壁文饰等特征来鉴定种甚至种以下的植物以及粉尘来源时具有重要的意义。

花粉最常见的颜色是金黄色、橙黄色,这是因为花粉外壁所含的类胡萝卜素和类黄酮类物质所致。然而许多虫媒植物的花粉,颜色却也丰富多彩。例如蚕豆、大丽花和七叶树的花粉颜色淡了是黄色,浓了就变成了红色。绿色花粉可见于榆树、白头翁、悬钩子和柳叶菜等植物。紫丁香和天竺葵的花粉是蓝色的。紫色花粉在罂粟、桔梗、野芝麻等中能见到。

花粉粒一般都是很小的颗粒,直径只有 15～50 微米,水稻的花粉粒 42～43 微米,桃花的花粉 50～57 微米,玉米花粉 77～89 微米,棉花的花粉为 125～138 微米,要在显微镜下才能看得很清楚;而一些大型的花粉粒,如紫茉莉,直径可达 250 微米,用肉眼也能一粒粒区分开了。花粉粒形态风情万种,植物种类不同,花粉的形状、外壁纹饰、沟孔也各不相同。如果把各种植物的花粉放在显微镜下观察,你就会发现它们真是奇形怪状,形态万千。

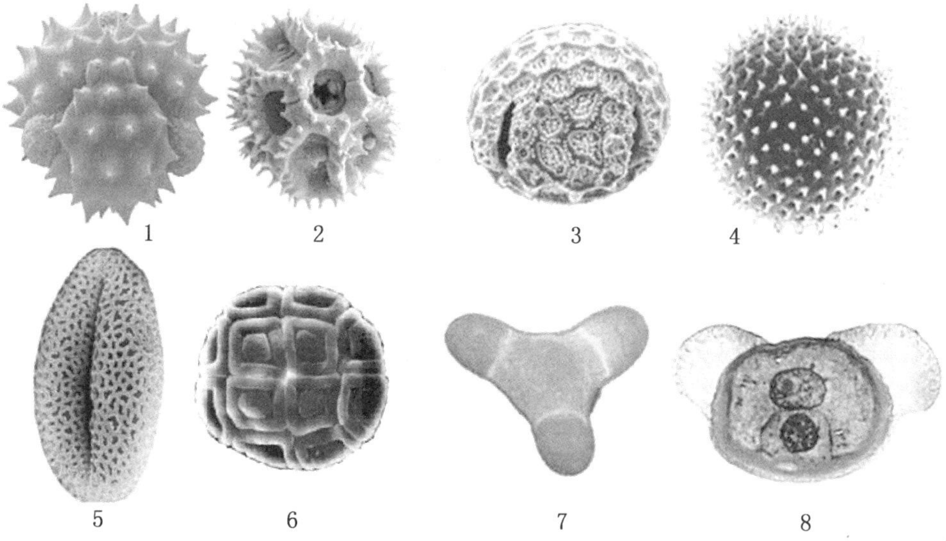


图 9-6　不同植物的花粉粒形态、结构及外壁文饰

1　甘菊花粉；2　蒲公英花粉；3　大豆花粉；4　锦葵科花粉

5　油菜花粉；6　金合欢花粉；7　柳叶菜科花粉；8　松树花粉

水稻或玉米圆球形的花粉，表面非常光滑，而蒲公英、雏菊、款冬的花粉，浑身长满了小刺；石榴的花粉椭圆形，且有三条纵沟；椴树、白桦的花粉从一侧看上去呈三角形，而落葵的花粉粒却为四边形；赤杨的花粉五角形；熏衣草的花粉六边形。杉树、麦仙翁的花粉一边有一个高高的突起，整个花粉粒像个吸耳球。苦瓜的花粉上布满了网纹，就像一种哈密瓜。苏铁、银杏的花粉粒像个小船。铁杉花粉上众多的突起，使它可以假扮荔枝或龙眼。麻黄的带纵棱的花粉可以冒充阳桃。还有四粒花粉紧紧抱在一起的，称为四合花粉，如杜鹃和香蒲的花粉。围延树的花粉是 16 合花粉，看上去像个足球。虫媒花粉外壁的这些突起或刺状物都使它们更容易附着在昆虫身上，而多粒花粉粘在一块，传粉几率更高。松树、云杉、冷杉的每粒花粉都像个圆面包连着两个大气囊，显然这对它们在空气中的漂浮传播起着重要的作用。所有风媒的花粉都很轻，因此能够传播很远。有气囊的花粉传播就更远了。据说北欧的松树花粉可飞越 600 多千米的大西洋到达格陵兰岛。

花粉粒表面的孔、沟是供花粉管萌发用的，叫萌发孔或萌发沟。在各种花粉粒上萌发孔的数目却大不相同，如小麦的花粉只有一个萌发孔，棉花有 8～16 个，而樟树的花粉却一个萌发孔也没有。萌发沟的数目变化不大，油菜的花粉有 3 条沟，苹果、梨、烟草的花粉 3 条孔沟，此外也有些植物的花粉有多条沟或只有一条萌发沟。

花粉粒还具有“不朽”的功绩。专门研究花粉孢子形态的学科叫孢粉学。孢粉学可以分为两个领域，现代孢粉学及古孢粉学。英国加的夫大学的海德和威廉斯于 1945 年最先创用孢粉学一词。由于花粉和孢子一样，外壁坚固，富含大量的孢粉素和角质，特别是孢粉素是一种复杂的碳、氢、氧化合物，化学稳定性很强，它能耐酸、碱，极难氧化，在高温下也难溶解，因此无论它飘落到哪里，即使在地层中埋藏千万年也不会腐朽烂掉，而能保持外壁形态不变。在石油钻探中，大型化石不仅难以找到，而且易被粉碎。这时，体小、量多的孢粉就成为地层对比的重要手段，还能为寻找生油层及储油层提供古生态及古地理的重要信息。从原油中分离出来的孢粉，可以指示石油生成的地层年代及其迁移的过程；分析岩心中的孢粉及海相化石，并计算彼此值的变化，可以指示石油形成的地点及层位。当前根据孢粉的颜色来推断石油的成熟度，以指导石油勘探的方法被广泛应用于世界各国石油公司中。

根据各种植物孢粉在地层出现的规律，科学家们可以断定地质年代，研究古植被、古气候的特点，为寻找石油矿藏也能提供依据。花粉是属于植物上的花的生殖器官的一部分，具有顽强的保守性，不易受到环境因素的影响而变异，而且是基因的外部表现。花粉在很大程度上打下了系统发育的烙印，也是研究植物起源、演化的最好材料。

## 9.6 导管的鉴定意义

导管是植物的输水组织，由许多导管分子首尾相连而成，是多细胞的管状结构，其细胞壁高度木质化，表现出多种形态的加厚，如螺纹、环纹、网纹、梯纹、孔纹。不同发育时期和不同种的植物，导管分子的大小、形态和类型可能存在较大的差别（图 9-7），对鉴别高档家具及未知植物粉末等有指导意义。

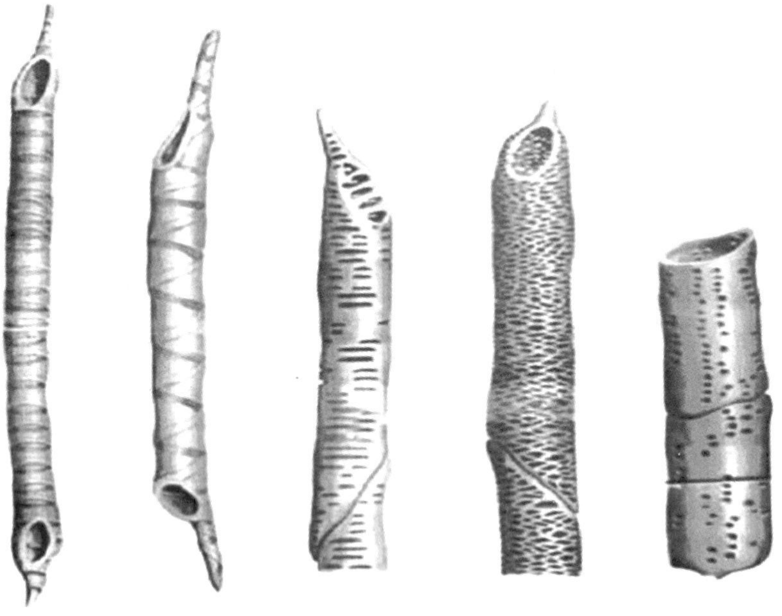


图 9-7 不同形态结构的管胞和导管

1 环纹导管；2 螺纹导管；3 梯纹导管；4 网纹导管；5 孔纹导管

近年来的相关报道逐渐增多。对国产五味子科 2 属 19 种植物进行的导管分子的比较研究结果表明：同科不同属或不同种之间，导管分子的形态、大小和结构都有一定的差异。南五味子属多数种有梯孔纹导管；二个属导管的长/宽比值有差异；红花五味子（*Schisandra rubriflora*）、五味子（*S. chinensis*）、翼梗五味子（*S. henryi*）、铁箍散（*S. propinqua var. sinensis*）和黑老虎(*Kadsura coccinea*)5 种植物的导管分子具有梯形穿孔板。其中五味子属中的五味子导管分子只具有梯形穿孔板,无单穿孔板,但横条较少,多为 2～3 条(图 9-8)。

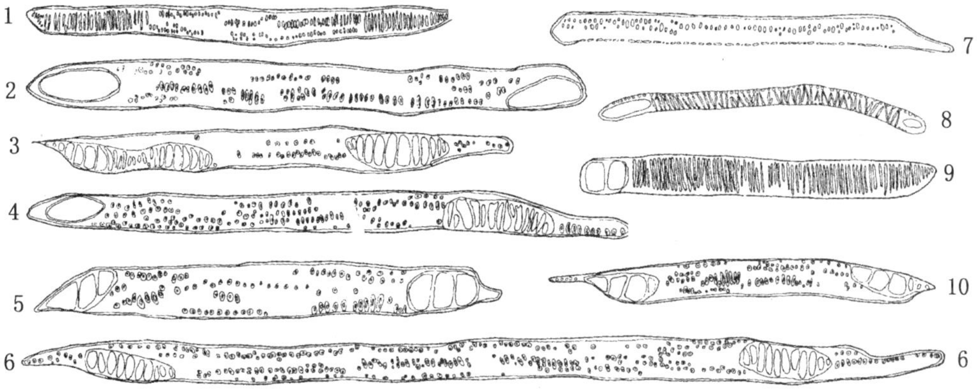


图 9-8 国产五味子植物导管分子比较

1 五味子;2 广西五味子;3 黑老虎;4 异型南五味子;5 梯纹导管;6 铁箍散

7 红花五味子;8 螺纹导管;9 管胞;10 梯孔纹导管

蔷薇科 12 种植物的导管解剖结构也表明,同科同属不同种的植物导管类型是不相同的,油桃、苹果、河北梨等树种在水肥条件较优越的情况下,孔纹导管、梯纹导管、网纹导管数量较大,环纹和螺纹导管所占比例较小;毛樱桃、榆叶梅等野生植物(变种)的导管分子较原始,多数是环纹导管或螺纹导管,孔纹导管、梯纹导管、网纹导管所占比例较小;油桃、苹果、河北梨等树种随着月份的增加,导管分子的数目从环纹或螺纹逐渐发育到孔纹、梯纹、网纹;而毛樱桃、榆叶梅等野生植物树种导管分子的数目随着月份的增加变化不明显。同科不同属的植物导管类型也存在着一定的差异,但亲缘关系较近的导管类型近似,亲缘关系较远的在导管类型上存在着一定的差异。

观察大豆从野生到半野生到半栽培到全栽培的导管时发现,导管分子相对长度、粗细差异较大,导管穿孔板形态亦不同。野生大豆导管分子保留了尾端,其它大豆导管分子尾端退化消失。同种植物的大豆,导管端壁也发生了较大的变化。

人们曾经很长时间都认为,鉴定裸子植物和被子植物的重要解剖特征之一是被子植物具有导管,裸子植物具有管胞。但是,近年的研究在裸子植物苏铁、银杏、红豆杉等木材中都相继发现了导管,这在开展显微鉴定时是值得注意的重要事项。黄玉源(2003)对银杏的茎、叶进行组织离析、光镜和扫描电镜进行观察,发现在茎、叶维管组织中具有导管,类型有环纹、螺纹、梯纹、孔纹和网纹导管,而在过去的学术领域一直认为起源古老的银杏(*Ginkgo biloba* L.)是仅有管胞而没有导管的。2004 年她与同事又发现托叶铁(*Stangeria eriopus*)叶有导管,导管的类型丰富,有环纹、螺纹、梯纹、网纹和孔纹导管,以螺纹和梯纹导管较多。同年她对马尾松、水杉、圆柏、兴安圆柏、南洋杉、长叶竹柏、陆均松、海南粗榧和云南红豆杉的茎或叶进行组织结构离析,同样发现各种类的组织中均具有导管。这一系列的发现成为修改鉴定裸子植物粉末的重要依据之一,且对于进一步研究裸子植物的系统进化过程,探究为何这些裸子植物具有如此大的适应能力,而在该类群其他种类均已彻底消失的情况下,仍能顽强地生存、繁衍至今,并被引种广布到世界许多地区的适应机理,以及植物系统学、生态学等方面研究均具有重要的意义。

# 第十章　植物结果现象解密

植物是一种生命体，也有其发生、发育、衰老和死亡的过程，为克服死亡带来的生命暂时中断现象，在长期的自然适应和选择过程中，植物采取了繁殖或生殖的形式来保证生命的不断延续，繁荣后代，维护自然的生态平衡。

## 10.1　繁殖

### 10.1.1　繁殖的概念及意义

繁殖：植物自身产生新个体延续后代的方式。

植物界的所有种类，无论是低等的或是高等的，它们的生活周期包含两个相互依存的方面：一方面是维持其本身的生存，另一方面是保持种族的延续。尽管不同的植物寿命长短有很大区别，但最终都要经过衰老而死亡，所以植物生长发育到一定阶段时，就要通过一定的方式，从它本身产生新的个体延续后代，即繁殖。繁殖是一种重要的生命现象，通过繁殖大量地增加了新生一代的个体，扩大了植物的生活范围，丰实了后代的遗传性和变异性。

### 10.1.2　繁殖的类型

营养繁殖：通过植物营养体(根、茎、叶)的一部分从母体分离开去，进而直接形成一个独立生活的新个体的繁殖方式。

自然营养繁殖：植物体在自然情况下不经人工辅助，就能产生新的植株。如香蕉、竹子等。

人工营养繁殖：经过人工的辅助，采用各种方式进行营养繁殖。人工营养繁殖的方法有分离、压条、扦插、嫁接，如大红花、芒果、橡胶等。优点：快，容易保留优良品种，苗齐，果树上提早收获期。

无性繁殖：通过一类称为孢子的无性细胞，从母体分离后，直接发育为新个体的繁殖方式。植物界的某些类群，如藻类、菌类、蕨类，主要靠无性繁殖。

### 10.1.3 有性生殖(配子生殖)

由两个称为配子的有性细胞，经过彼此融合的过程，形成合子(受精卵)，再由合子发育为新个体的繁殖方式。

被子植物的有性生殖，是在花里进行的；精、卵细胞的形成、传粉、受精过程，都是在花里进行的。

## 10.2 花的概念与花的组成部分

花是适应于生殖的变态短枝。被子植物典型的花由花梗、花托、花萼、花冠、雄蕊群和雌蕊群几部分组成。构成花萼、花冠、雄蕊群、雌蕊群的组成单位分别是萼片、花瓣、雄蕊和心皮，它们均为变态叶，其中萼片和花瓣是不育性的变态叶，雄蕊是雄性可育的变态叶，心皮是雌性可育的变态叶。

花梗与花托：花梗是枝条的一部分，花托是其顶端膨大成各种形状的部分，有密集的节，着生花的其他部分，起支持和输导的作用。

花萼：由若干萼片组成，保护幼花，并有光合等作用。萼片之间完全分离的称离萼，彼此之间基部合生或全部合生的称合萼，基部合生部分称萼筒，顶部分离的部分称萼裂片。有的植物在花萼外还有副萼。

花冠：由若干花瓣组成，常呈鲜艳色彩或散发出香气，有保护雌、雄蕊和吸引昆虫传粉的作用。花瓣之间完全分离的称离瓣花冠，花瓣彼此基部合生或全部合生的称合瓣花冠，其基部合生部分称花冠筒，顶部分离的部分称花冠裂片。

花被：花萼和花冠总称花被。当花萼和花冠相似不易区分时也统称花被，其中的每一瓣都称花被片。

具备花萼、花冠的花称两被花，仅有花萼的花称单被花，两者皆无的花称无被花或裸花。

雄蕊群：花中所有雄蕊总称雄蕊群。雄蕊可分为花丝和花药两部分，花药是产生精子的地方，故雄蕊群是花的重要组成部分之一。

雌蕊群：花中所有雌蕊总称雌蕊群，但多数植物的花只有一枚雌蕊。雌蕊由1至多个心皮组成。心皮是组成雌蕊的单位，是具有生殖作用的变态叶。花中只有一个心皮的称单雌蕊；具有两个以上的心皮且所有心皮合生形成一个雌蕊的称合心皮雌蕊(复雌蕊)，心皮彼此分离单独形成雌蕊的称离心皮雌蕊(离生单雌蕊)。形态上雌蕊可分为柱头、花柱、子房三部分，子房是种子的前身即胚珠着生的地方，胚珠内可产生卵细胞，故雌蕊是花的另一个重要组成部分。

具有雌蕊和雄蕊的花称为两性花，仅有二者之一的称单性花(雌花或雄花)。

具有花萼、花冠、雄蕊群和雌蕊(群)的花称完全花，缺少其1至3部分的花称不完全花。

# 10.3 开花、传粉和受精

## 10.3.1 开花

当花中雄蕊的花粉和(或)雌蕊子房中的胚囊成熟后，花萼和花冠展开露出雄蕊和雌蕊的现象称为开花。在一个生长季内，一株植物从第一朵花开放到最后一朵花开毕所经历的时间称为开花期。开花期长短随植物种类而异，从数天至二、三个月不等。

开花的习性：指植物开花的年龄、开花的季节、花期长短等方面，各种植物开花的习性不同。

开花的年龄：开花季节因植物不同而异，并受环境条件和植物内在激素的影响。早春至春夏开花的较多，一般情况下，花、叶绽放顺序有先花后叶、花叶同放和先叶后花三种情况。

影响开花的因素：开花受许多因素影响，环境因素如光照长度、温度、湿度等会影响到植物的开花；植物的发育和遗传因素（如从十字花科植物拟南芥中分离到开花基因）都会影响到植物的开花进程。

## 10.3.2 传粉

成熟的花粉以各种不同的方式传到雌蕊柱头上的过程称为传粉。分为自花传粉和异花传粉。

### 10.3.2.1 异花传粉

由于长期自然选择和演化的结果，植物形成了许多适应于异花传粉的特性。一朵花的花粉借助外力传到另一朵花的雌蕊柱头上并能受精结实的过程称为异花传粉。从生物学意义上说，异花传粉比自花传粉较进化，这是因为异花传粉的精、卵细胞产生于不同的环境条件，遗传性差异较大，受精形成的后代较易产生变异，生活力更强，适应性更广。因此，经过长期的演化，异花传粉成为大多数植物的传粉方式。

不同植株的花进行异花传粉时，供应花粉的植株叫做父本，接收花粉的植株叫做母本。孟德尔在做杂交试验时，先除去未成熟花的全部雄蕊，这叫做去雄。然后，套上纸袋，待花成熟时，再采集另一植株的花粉，撒在去雄花的柱头上。在果树生产中不同品种间的传粉和林业生产上不同植株间的传粉，也叫异花传粉。自然界多数植物是异花传粉，异花传粉的植物，花在结构上和生理上产生一些防止自花传粉的适应。如有的植物虽为两性花，但同一花的雄蕊和雌蕊不同时成熟，使自花不能受粉，如莴苣雄蕊先成熟，甜菜雌蕊先成熟。有的植物一朵花中的雌雄蕊异长或异位，如报春花、连翘等即有两种花，一种是花柱长、花丝短的长柱花，一种为花丝长、花柱短的短柱花，传粉时，只有长柱花的花粉落在短柱花的柱头上，或短柱花的花粉落在长柱花的柱头上才能萌发。还有的植物花粉落在自花柱头上，不能萌发。异花传粉有风媒和虫媒两大类。植物对异花传粉的适应方式主要有：

单性花：只有雄蕊或雌蕊的花称为单性花。

雌雄蕊异熟：花中雌蕊和雄蕊不同时发育成熟的现象。

雌雄蕊异长：同种不同个体产生 2 种或 3 种两性花，同一朵花中雌雄蕊不等长。

雌雄蕊异位：同种个体只产生一种两性花，同一朵花的雌雄蕊伸展部位不同。

自花不孕：花粉落到同一朵花或同一植株的柱头上不能受精结实的现象。

异花传粉主要依靠外部力量来实现传粉，如虫媒传粉、风媒传粉和人工辅助授粉。以昆虫为媒介传粉的植物称为虫媒植物，它们的花称为虫媒花。虫媒花通常具有大而显著的花冠，并有鲜艳的色彩、特殊的香味或味道以及可食的蜜汁，作为引诱昆虫的诱物；而不同的昆虫对不同的诱物具有特殊的吸引力，并通过长期的协同进化，使得虫媒花的大小、结构以及蜜腺的位置，与传粉昆虫的大小、体形和行为十分吻合，其结果是某一类植物常有某些特殊的昆虫为其传粉。例如，散发出臭味的花通常对甲虫、蝇类等具有引诱的作用，而香味的花则吸引蜜蜂、蝶类和蛾类等；蜜蜂偏爱蓝色和黄色的花，蝶类则喜红、紫等鲜艳的颜色。在形态上，甲虫选择辐射对称的花朵，而蜂类则更多地选择两侧对称的花；花部结构的高度特化常与其传粉者形态的高度特化相关，如一些花管细长的植物种类，其昆虫传粉者的口器亦特化成长吻。依靠风力为媒介进行的传粉称风媒传粉，其传粉是随机的，而无方向性，具有浪费的性质。因此，这类植物产生了一系列有利于风媒传粉的特征，它们的花通常为密集的穗状或柔荑花序，能产生大量的花粉，花粉质轻而外壁光滑，易于被风吹送；雄蕊的花丝细长，易为风吹摆动散发花粉；有些植物的柱头呈羽毛状，以利于花粉的捕获；先花后叶、花被的简化甚至退化为裸花，以及个体相对集中的分布格局，用以减少花粉随风传播的障碍。被子植物中约有十分之一是风媒传粉植物。

传粉规律在农业上的运用对提高作物产量和质量具有重要的作用。人工辅助授粉技术在农业生产上有着广泛的运用。梨属是异品种授粉才能结实的树种，除了金坠梨品种外，梨的绝大多数品种自花不实，或自花结实率极低。这就是建园时一定要配置授粉品种的根本原因，否则，果农辛苦种植的果树只能华而不实。选择授粉树时要选择花粉多、与主栽品种花期相遇、亲和力强的优良品种。但是比主栽品种稍早一些的为好，这样可以在授粉前细致做好各项准备工作。一般梨树搭配授粉树的比例应为 4:1，由于花粉是借助微风和蜂虫作媒介传授的，当花期遇有大风、干热风沙、多日阴雨、花期低温、霜冻等不良天气时，影响蜂蜜等昆虫的活动，或花柱头受干热沙土所伤，柱头粘液上粘满沙土，或高温使柱头干竭，或低温冻死花器，都会使授粉不良，降低坐果率，或造成有花不实的局面。梨花白色，蜜源少，蜜蜂不喜欢停留。梨的花粉细胞是第二年春 2～3 月才开始形成的，在上一年是大年的或秋季管理差的梨园，由于储藏养分不足，致使下一年花粉发育不良或败育。即使栽有授粉品种，也会出现自然授粉坐果不多的现象。因此，对梨施行人工辅助授粉是提高果实产量和质量的重要的措施。常见的授粉方法：有引蜂传粉、人工点授、液体喷粉、花粉袋授粉法、挂罐插枝及振花枝授粉、快速鸡毛点授法以及鸡毛掸子滚授法等。人工授粉，可提高座果率 1～3.4 倍，产量和经济效益明显提高。

雌雄异株植物，例如柳树、大麻、银杏等，就完全没有自花授粉的可能性，只能是异花授粉。银杏树（俗称白果树）营养生长期较长，二十年才能开花结果，主要靠风力传粉，常因风力、风向、低温、雾日或降水等气候因素，影响传粉受精，降低产量。而采用人工辅助授粉可延长授粉时间，提高授粉质量，从而提高产量。银杏产区推行人工辅助授粉后，银杏种子年产量将提高 3～4 倍。可见，人工授粉是一项成本低、效益高的增产技术，应予以推广。

随着科学技术的发展，人们对银杏施以嫁接、人工授粉等方法，大大提前了结果期，提高了坐果率，如今只需5～7年即可见花见果。

### 10.3.2.2 自花传粉

一朵花的成熟花粉粒传到同一朵花内的雌蕊柱头上，并能受精结实的过程称为自花传粉。最典型的自花传粉是“闭花受精”，指在未开花时已经完成受精作用，花粉粒在花粉囊里萌发，花粉管穿过花粉囊伸向柱头完成受精，严格地说无传粉现象。闭花受精是植物的一种适应，当环境条件不适宜开花传粉时，通过闭花受精也可以完成生殖过程。长期的自花传粉会使后代的生活力减弱。

自花传粉植物的花必须是两性花，花的雄蕊常围绕雌蕊而生，花粉易于落到本花的柱头上，要求雌雄蕊不仅同时成熟，而且雌蕊的柱头对本花的花粉萌发和花粉管中雄配子的发育没有任何阻碍。

### 10.3.2.3 自花传粉新模式

中国科学家首次发现，黄花大苞姜（*Caulokaempferia coenobialis*）在传粉中采用了一种自花传粉的新机制——花粉滑动自花传粉。2004年9月2日，这一研究成果在世界最高学术期刊《自然》杂志副封面刊载。黄花大苞姜的花朵酷似兰花，是不借助外力自花传粉的“先驱”，它为了长期适应高度潮湿和缺乏传粉昆虫的生活环境，选择了自身液态花粉流动进入柱头的适应方式。黄花大苞姜于早6时许花开，此时花药的花粉囊同时开裂，油质液浆状的花粉从花粉囊溢出成球形，很快铺满于花药面，慢慢流向柱头的喇叭口，实现自花传粉。这种另类的繁衍方式甚至有可能同样存在其他生长于相似环境下的植物中。

自花传粉使得植物群体内的每个个体都是由遗传型相同的两性配子受精结合而产生的合子，这是一种同质结合子。由此，也使得个体间的遗传型和表现型上总是呈现出相似。长久以来，自花传粉被视为一种比较原始的传粉方式。植物如果长期自花传粉，必定会引起后代生活能力的逐渐衰退。

为什么自花传粉能在自然选择中被保留呢？因为自花传粉是植物对缺乏异花传粉条件时的一种适应。大根槽舌兰（*Holcoglossum amesianum* Rchb. f. Christenson）是一种观赏价值很高的兰花，原生于云南地区，植物在其系统发育过程中，产生许多变异，以适应不断变化的周围环境。而植物的花，同样产生了许多奇特的变异，从而保证了物种生存并促进种属的繁衍和发展。自花传粉就是其中的一种。在干旱无风、无昆虫的环境下，大根槽舌兰为了生存下去，必须做出适应环境的调整。由此，“花粉滑动自花授粉”机制恰恰是适者生存法则的生动演绎。大根槽舌兰花药能够主动旋转360度，将花粉团送入同一朵兰花的雌性柱头腔，酷似动物界的性交，即能够完全由雄性花药主动运动而不借助于任何外部传递媒介完成“自花传粉”，而且这一机制是该物种繁殖的唯一途径。

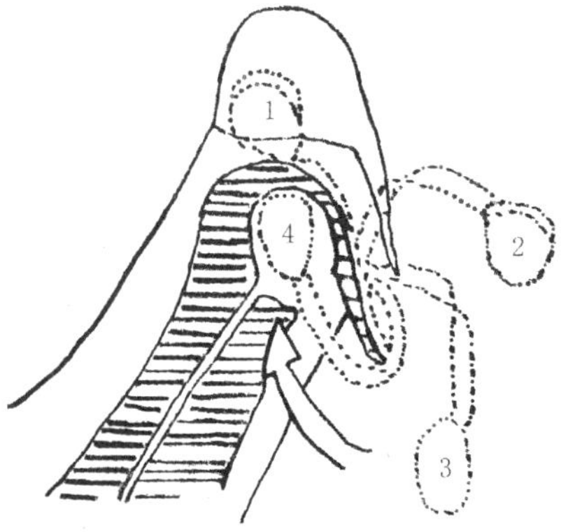

图10-1 大根槽舌兰滑动自花传粉
雄蕊通过1、2、3、4的转动将花粉粒送入同一朵兰花雌性柱头腔

我国在世界上首次发现了这种新颖的、完全由雄性花药主动运动而不借助于任何外部传

递媒介完成的自花传粉机制，该研究进一步揭示出一些特别的植物物种在缺乏风、昆虫等传统传粉媒介的恶劣生态环境下能够主动适应环境的演变，从而为研究植物的进化机理、揭示自然界进化的秘密开辟了一个崭新的方向，对于认识了解兰花的繁育系统以及生物对环境演变的适应及其进化机理都有重大意义。

而类似的自花授粉植物往往也呈现出能自交的特征。在自然条件下，自花授粉植物通过自交，能保持群体的一致性和稳定性，它是植物进化过程中对自身生存环境的一种适者生存的自然反应，并不能简单地说是退化。滑动自花传粉现象的发现，对研究有花植物有性生殖系统的演化及其对高湿度、无风和少昆虫环境的适应机制具有重要的科学价值。

### 10.3.3 受精

卵细胞（雌配子）和精细胞（雄配子）相互融合的过程称为受精。动物精子可以依靠自身的游动本领去实现与不能运动的卵细胞结合形成合子，植物的精细胞没有游动能力，传粉只能够到达雌蕊的柱头，那么如何才能与卵细胞顺利受精呢？

花粉粒的萌发和花粉管的生长。落在柱头上的花粉经过“识别”，生理上亲和的花粉粒即在柱头上吸水、物质合成、膨胀，内壁在萌发孔处向外突起形成1条花粉管，花粉中的细胞质及内含物流入管内，花粉管伸长把两个精子带到子房并送入胚囊。成熟花粉粒及其花粉管即是成熟的雄配子体。电子显微镜研究结果表明，花粉管中的两个精子细胞是通过胚囊中助细胞的丝状器进入胚囊的，分别与卵细胞和中央细胞结合，即被子植物的双受精。

双受精过程及其生物学意义。进入胚囊的两个精子，一个与卵细胞融合形成受精卵（合子），另一个与中央细胞的极核（或次生核）融合形成初生胚乳核，称为双受精，是被子植物特有的受精现象。双受精具有重要的生物学意义：①单倍体的精细胞和卵细胞融合形成二倍体的合子，恢复了植物体原有的染色体数目，保持了物种遗传性的相对稳定；②经过减数分裂后形成的精、卵细胞在遗传上常有差异，受精后形成的后代常出现新的性状，丰富了遗传性的变异性；③精子与极核融合形成三倍体的初生胚乳核，并发育成为胚乳，同样结合了父、母本的遗传特性，生理上更为活跃，作为营养被胚吸收利用，后代的变异性更大，生活力更强，适应性更广。所以，双受精作用不仅是植物界有性生殖的最高级的受精方式，是被子植物在植物界占优势的重要原因，也是植物遗传和育种学的重要理论依据。

### 10.3.4 外界环境条件对传粉受精的影响

开花、传粉和受精过程对外界条件尤其温度条件表现敏感，低温、阴雨、高温、干燥等不良条件使传粉受精过程发生障碍，会导致结实率降低。一般情况下，25℃、微风、80%的湿度比较适合于传粉受精。

# 10.4 种子的发育

双受精后，合子发育成胚，初生胚乳核发育成胚乳，珠被发育成种皮。

被子植物的胚乳由三倍体的初生胚乳核发育形成，通常在受精完成后早于合子发育。

种皮由珠被发育形成。有一层珠被的胚珠形成一层种皮；有两层珠被的胚珠可发育形成两层种皮，或只有其中的一层发育形成一层种皮。

# 10.5 果实的发育、结构和传播

## 10.5.1 双受精促进果实的发育

开花、传粉、受精之后，花的各部分发生了不同的变化：胚珠发育成为种子，子房发育成为果实，花萼枯萎或宿存，花瓣、雄蕊、雌蕊的柱头和花柱均凋谢枯萎。

单纯由子房发育成的果实，称为真果，如花生、水稻、小麦、柑桔、桃、李等。真果结构包括果皮和种子两部分。果皮由子房壁发育形成，包在种子的外面，一般又分外果皮、中果皮、内果皮三层，由于各层质地不同而形成不同的果实类型。

由子房和花的其它部分如花托、花被筒甚至整个花序共同参与形成的果实称为假果。假果的结构比较复杂，如苹果、梨的主要食用部分是由花托和花被筒合生的部分发育形成的，只有果实中心的一小部分是由子房发育而成。南瓜、冬瓜较硬的皮部是花托和花萼发育成的部分是外果皮，食用部分主要是中果皮和内果皮，西瓜的食用部分则主要是胎座。

## 10.5.2 单性结实产生无籽果实

一般情况下，植物通过受精作用才能结实。但是有些植物也可不经受精即能形成果实，这种现象称为单性结实(parthenocarpy)。单性结实的果实里不产生种子，形成无籽果实(seedless fruit)。单性结实有两类：天然单性结实(natural parthenocarpy)和刺激性单性结实(stimulative parthenocarpy)。

天然单性结实是指不需要经过受精作用或其他刺激诱导而结实的现象。如一些葡萄、柑橘、香蕉、菠萝、无花果、柿子、黄瓜等。这些植物的祖先都是靠种子传种的，由于种种原因，使个别植株或枝条发生突变，形成无籽果实。人们用营养繁殖方法把突变枝条保存下来，形成了无核品种。一般认为,单性结实的果实生长是依靠子房本身产生的生长促进物质。据分析,同一种植物,能形成天然无籽果实的子房内含有的吲哚乙酸(IAA)和赤霉素(GA)量较形成有籽果实的子房为高,并在开花前就已开始积累,这样使子房本身能代替种子所具有的功能。如葡萄的无籽品种比有籽品种果内IAA(可能也含GA)上升得早。柿子无核品种平核无子房中GA含量比有核品种中的含量高3倍以上。一种柑橘(Valencia,脐橙)有种子的子房IAA含量为0.58微克/千克,而无种子的子房IAA含量为2.39微克/千克。天然单性结实虽受遗传基因控制,但也受环境尤其是温度的影响。果实中GA主要来自种子,但某些品种的果皮也能产生GA,开花期高温可以刺激GA的增加,使果皮中的GA能满足果实的正常生长。比如,有些巴梨品种在气温较高的地区单性结实率很高,霜害可引起无籽梨的形成;低温和高光强可诱导无籽番茄;短日照和较低的夜温可引起瓜类单性结实。低温和霜害诱导单性结实的原因可能是抑制了胚珠的正常受精发育,使得品种单性结实的潜力发挥出来。

刺激性单性结实也称诱导性单性结实(induced parthenocarpy)。如用花粉或花粉浸出液处理雌蕊;将野生蛇葡萄的花粉授于栽培品种的柱头上;梨的花粉授于苹果的柱头上;用捣碎的南瓜花粉或用其他花粉浸出液处理南瓜柱头,均可诱发单性结实。更多的是使用植物生长调节剂,它们可以代替植物内源激素,刺激子房等组织膨大,形成无籽果实。如番茄、茄子用2,4—D或防落素(对氯苯氧乙酸),葡萄、枇杷上用GA,辣椒上用NAA等均能诱导单性结实。在苹果、梨、桃、草莓、西瓜、无花果等作物上用植物生长调节剂也都成功诱导出了无籽果实。单性结实形成无籽果实,但无籽果实并非全是由单性结实所致。有些植物虽已完成了受精作用,但由于种种原因,胚的发育中止,而子房或花的其他部分继续发育,也可成为没有种子的果实。这种现象称为假单性结实,如有些无核柿子和葡萄。杏果实硬核前两周喷施MH可形成种子败育型的无籽果实。单性结实在生产上有重要意义:当传粉条件受限制时仍能结实,可以缩短成熟期,增加果实含糖量,提高果实品质。如北方地区温室栽培番茄,由于日照短,花粉发育往往不正常,在花期用2,4—D处理可达到正常结实的目的。

### 10.5.3 无融合生殖产生有种子的果实

无融合生殖指不经受精(雌雄性细胞融合)也能产生有胚种子的果实的现象称为无融合生殖,包括二倍体无融合生殖和单倍体无融合生殖。这两大类无融合生殖都可再分为孤雌生殖、无配子生殖和无孢子生殖:(1)孤雌生殖。卵细胞不经受精直接发育成胚的现象。有两种类型,一种是由经过减数分裂的胚囊中的含单倍染色体的卵发育成胚,这样的胚长成的植物体不能产生后代。这种类型在自然界罕见。文献中所报道的,差不多都是通过某种刺激(如冷处理、热处理、不同种花粉传粉等)诱导发生的,如曼陀罗属、小麦属等。由单倍体孤雌生殖产生的单倍体植物,经人工染色体加倍后可得到能育的二倍体植株。故在遗传育种上,有目的地采取各种措施,人工诱导单倍体孤雌生殖,进而对获得的单倍体进行人工加倍,以此来加快得到纯合二倍体,用于生产自交系种子。另一种是由未经减数分裂的胚囊中的二倍体卵细胞发育成胚。如蒲公英、小金海棠等,它们产生的种子是能育的二倍体,并且所有种子中的胚都与母本植物具有完全相同的遗传信息,种子萌发后幼苗长势高度整齐一致,没有变异,在果树生产中利用某些植物具有无融合生殖的特性可以培育出高度整齐一致的优质果苗砧木。(2)无配子生殖。由胚囊内卵细胞以外的非生殖性细胞,如足细胞、反足细胞或极核等直接发育成胚的现象。见于韭菜、含羞草、鸢尾等植物。(3)无孢子生殖。由珠心或珠被细胞直接发育成胚的现象,见于柑橘属、高粱属等植物。

无融合生殖与有性生殖不同,因为没有受精过程;它也与无性繁殖不同,因为它不是以营养器官进行繁殖而是通过种子繁殖的。无融合生殖是有性生殖向无性繁殖过渡的一种繁殖方式,无融合生殖具有稳定的遗传特性。

### 10.5.4 单性结实与无融合生殖的区别

相同点:都不经过受精作用但可以发育成果实。

不同点:单性结实的果实中不产生种子,而无融合生殖的果实中可以产生种子。

在果树生产中,由于单性结实和无融合生殖都没有经过两性细胞的融合,因此,有时也将无融合生殖列为单性结实之中,指能够产生单性种子的单性结实现象。

随着果实的成熟,多数果色由绿色渐变为黄、橙、红、紫或褐色。这常作为果实成熟度的直观标准。与果实色泽有关的色素有叶绿素、类胡萝卜素、花色素和类黄酮素等。

## 10.6 果实与种子的传播

被子植物用以繁殖的特有结构是包在果实里受果实保护的种子,同时,果实的结构也有助于种子的散布。果实和种子散布各地,扩大后代植株的生长范围,对繁荣种族是有利的。果实形成后最重要的任务是把种子散布出去,而各种果实类型的结构有着不同的传播机制,如风力传播、水流传播、动物传播等。

多种植物的果实和种子是借助风力散布的,它们一般细小质轻,能悬浮在空气中为风力吹送到远处;其次是果实或种子的表面常生有絮毛、果翅,或其他有助于承受风力飞翔的特殊构造。蒲公英果实上的冠毛如同降落伞,气流可将它们带到很远的地方,枫杨与槭树的果实两侧端延伸生长形成一对向后的翅膀,使它在气流中滑翔飞行。杨柳科中的杨树也是靠杨絮传播种子,果序将要成熟时,果开裂杨絮就四处飞扬。大街上杨絮到处散播会造成环境污染,因此,行道树应种雄株杨树,不能种雌株杨树。

有些植物的果实在急剧开裂时,产生机械力或喷射力量,使种子散布开去。干果中的裂果类,果皮成熟后成为干燥坚硬的结构,由于果皮各层厚壁细胞的排列形式不一,随着果皮含水量的变化,容易在收缩时产生扭裂现象,借此把种子弹出,分散远处。常见的大豆、蚕豆、凤仙花等果实有此现象,所以大豆、油菜等经济植物的果实,成熟后必须及时收获,不然,干燥后自行开裂,把种子散布在田间,遭受损失。

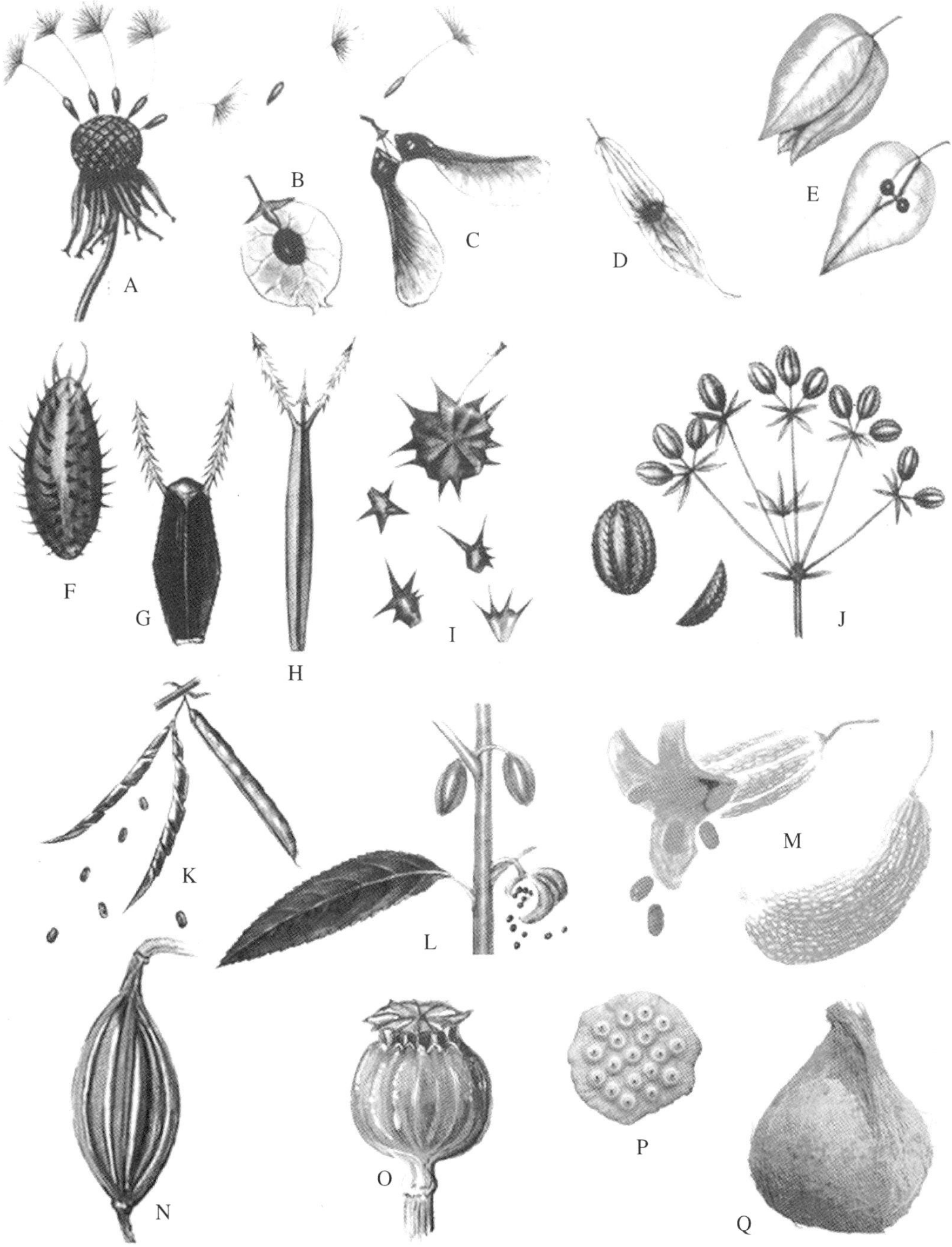


图 10-2 适应不同传播方式的果实形态结构

1 借风力传播的果实：A. 蒲公英；B. 榆；C. 槭；D. 臭椿；E. 栾树

2 借人类或动物的活动进行传播的果实：F. 苍耳、G～H. 鬼针；I. 蒺藜；J. 窃衣

3 借果实开裂的弹力和直落进行传播的果实；K. 绿豆；L. 凤仙花；M. 苦瓜；N. 兰花；O. 罂粟

4. 借水力传播的果实：P. 莲；Q 椰子

喷瓜 *Ecballium elaterium*（Linn.）A. Rich. 是葫芦科的一种植物，当瓜成熟时，稍有触

动此“瓜”便会脱落，并从顶端将“瓜”内的种子连同粘液一起喷射出去，射程可达5米，喷瓜也因此而得名。大自然中喷瓜传播种子的本领已经达到了登峰造极的水平。

水生和沼泽地生长的植物，果实和种子往往借水力传送。莲的果实，俗称莲蓬，呈倒圆锥形，组织疏松，质轻，漂浮水面，随水流到各处，同时把种子远布各地。陆生植物中的椰子，它的果实也是靠水力散布的。椰果的中果皮疏松，富有纤维，适应在水中漂浮；内果皮又极坚厚，可防止水分侵蚀；果实内含大量椰汁，可以使胚发育，这就使椰果能在咸水的环境条件下萌发。热带海岸地带多椰林分布，与果实的散布是有一定关系的。

图10-3　喷瓜

一部分植物的果实和种子是靠动物和人类的携带散布开的，这类果实和种子的外面生有刺毛、倒钩或有粘液分泌，能挂在或粘附于动物的毛、羽或人们的衣裤上，随着动物和人们的活动无意中把它们散布到较远的地方，如窃衣、鬼针草等。同时，由于多种植物的肉质果实甜香多汁，吸引动物吃食替它们散布种子，成为某些动物和人类日常生活中的辅助食品，动物或人类在取食时往往把种子随处抛弃，种子借此取得了广为散布的机会。无花果的果实经鸟啄食后，消化了除种子以外的营养物质，便把种子随鸟粪排出，使种子更易萌发。

# 参考文献


［1］李育农．苹果属植物种质资源研究．北京：中国农业出版社．2001.

［2］李光晨，范双喜．园艺植物栽培学．北京：中国农业大学出版社．2004.

［3］E.G. 卡特（李正理，张新英等译）．植物解剖学（上）．北京：科学出版社．1986.

［4］李正理，张新英．植物解剖学．北京：高等教育出版社．1984.

［5］李名扬．植物学．北京：中国林业出版社．2005.

［6］李扬汉．植物学．上海：上海科学技术出版社．1991.

［7］全国中草药汇编编写组．全国中草药汇编（上、下册）．北京：人民卫生出版社．1988.

［8］任仁安，陈瑞华．中药鉴定学．上海：上海科学技术出版社．1992.

［9］四川中医药研究院南川药物种植研究所，四川中药材公司．四川中药材栽培技术．重庆：重庆出版社．1993.

［10］*Stephen H. Howell. Molecular genetics of plant development. Cambridge university press. 1998.*

［11］熊济华．重庆缙云山植物志．重庆：西南师范大学出版社．2005.

［12］徐汉卿，宋协志．植物学．北京：中国农业大学出版社．2001.

［13］杨继，郭友好，杨雄，饶广远．植物生物学．北京：高等教育出版社，施普林格出版社．1999.

［14］杨世杰．植物生物学．北京：科学出版社，2000.

［15］俞德浚．中国果树分类学．北京：农业出版社．1982.

［16］郑湘如，王丽．植物学．北京：中国农业大学出版社．2004.

［17］周云龙．植物生物学．北京：高等教育出版社．2004.

［18］中国数字植物标本馆——《中国植物志》：*http://www.cvh.org.cn/zhiwuzhi/list.asp*

［19］山东崂山维管植物：*http://www.bkjy.sdnu.edu.cn/botany/LS/lszw.asp*

# 植物中文名称索引

## （按汉语拼音排序）

| | | |
|---|---|---|
| A | | |
| 桉树 | *Eucalyptus globulus* | 64 |
| 凹叶景天 | *Sedum emarginatum* Migo | 63,87 |
| B | | |
| 巴豆 | *Croton tiglium* L. | 32 |
| 八角 | *Illicium verum* Hook. f. | 25 |
| 芭蕉 | *Musa bahjoo* Sieb. et Zucc. | 65,121 |
| 白菜型油菜 | *Brassica campestris* L. | 14 |
| 白玉兰 | *Michelia denudata* DC | 62,79 |
| 白兰花 | *Michelia alba* DC. | 62,81 |
| 白花杜鹃 | *Rhododendron mucronulatum* Turcz. | 64,117 |
| 白花鸭趾草 | *Tradescantia albiflora* CV. ‘Aureovittata’ | 65,117 |
| 白勒 | *Cortex Acanthopanacis* （L. ）Merr | 64,103 |
| 贝母 | *Fritillaria thunbergu* | 29 |
| 蓖麻 | *Ricinus communis* L | 62,73 |
| 碧桃 | *Prunus persica* f. rubro－plena Schneid | 63,90 |
| 扁蓄 | *Polygonum aviculare* L. | 62,74 |
| 捕蝇草 | *Dionaea muscipula* | 56 |
| C | | |
| 侧柏 | *Platycladus orientalis* （L. ）Franco | 61,68 |
| 常春藤 | *Hedara nepalensia* var. sinensis | 64,103 |
| 长叶水麻 | *Debregeasia longifolia*（Burm. F. ）Wedd | 62,73 |
| 长寿花 | *Narcissus jonquilla* ‘Tom Thumb’ | 63,87 |
| 车前 | *Plantago asiatica* L | 64,110 |
| 柽柳 | *Tamarix chinensis* Lour. | 64,101 |

| | | |
|---|---|---|
| 薇甘菊 | *Mikania micrantha* H. B. K. | 51 |
| 蚊母树 | *Distylium racemosum* Sieb. et Zucc | 63,86 |
| 无花果 | *Ficus carica* L. | 61,71,153 |
| 梧桐 | *Firmiana platanifolia* (L. f. )Marsili | 64,100 |
| X | | |
| 喜树 | *Camptotheca acuminata* Decne. | 64,102 |
| 夏枯草 | *Prunella vulgaris* L. | 64,109 |
| 香蜂草 | *Melissa officinalis* L. | 22 |
| 小麦 | *Triticum aestivum* Linn. Sp. Pl. ed | 3 |
| 小环藻 | *Cyclotella* | 18 |
| 孝顺竹 | *Banbusa multiplex*(Lour. )Raeuchel | 65,117 |
| 小叶女贞 | *Ligustrum quihoui* Carr | 64,105 |
| 绣球 | *Hydrangea macrophylla* (Thunb. ) Ser. in DC | 63,87 |
| 雪松 | *Cedrus deodara* (Roxb. ) G. Don | 61,67 |
| Y | | |
| 沿阶草 | *Ophiopogon bodinieri* Levl. | 65,114 |
| 燕麦 | *Avena sativa* L. | 6 |
| 野菊 | *Chrysanthemum indicum* L | 65,112 |
| 叶子花 | *bougainvillea glabra choisy* | 62,75 |
| 一串红 | *Salvia splendens* Ker. —Gawl. | 64,109 |
| 依兰香 | *Cananga odorata* | 21 |
| 益母草 | *Leonurus japonicus* Houtt | 64,108 |
| 异叶南洋杉 | *Araucaria heterophylla* (Salisb. ) Franco | 61,66 |
| 银杏 | *Ginkgo bilona* L. | 66,61,136 |
| 银桦 | *Grevillea robusta* A. Cunn | 62,74 |
| 银缕梅 | *Shaniodendron subaequalum* | 140 |
| 银杉 | *Cathaya argyrophylla* Chun et Kuang | 144 |
| 罂粟 | *Papaver somniferum* L. | 34 |
| 樱桃 | *Cerasus pseudocerasus* (Lindl. ) G. Don | 63,89 |
| 柚 | *Citrus grandis* (L. )Osbeck. | 63,94 |
| 油桐 | *Vernicia fordii* | 12 |
| 油棕 | *Elaeis gunieensis* Jacq. in Select. Amer | 12 |
| 玉帘 | *Zephyranthes candida* Lindl. Herrb | 65,116 |
| 玉米 | *Zea mays* L. | 5 |
| 虞美人 | *Papaver rhoeas* L. | 62,85 |
| 鱼尾葵 | *Caryota ochlandra* Hance | 65,119 |

# 植物拉丁名索引

## （按英文字母排序）

| | | |
|---|---|---|
| *Rheum paatum* L | 大黄 | 31 |
| *Rhododendron mucronulatum* Turcz. | 白花杜鹃 | 64,104 |
| *Rhododendron simsii* Planch | 杜鹃 | 64,104,132 |
| *Ricinus communis* L | 蓖麻 | 62,73 |
| *Robinia pseudoacacia* L. | 刺槐 | 63,93 |
| *Rosa chinensis* Jacq | 月季花 | 63,90,132 |
| *Rosa multiflora* var. carnea | 七姊妹 | 63,92 |
| *Rosa soulieana* Crep. In Bull | 蔷薇 | 63,91 |
| *Rudbeckia serotina* Nutt. | 黑心菊 | 65,113 |
| *Rumex dentatus* L. | 齿果酸模 | 62,74 |
| S | | |
| *Sabina chinensis* cv. kaizuca procumbens | 铺地龙柏 | 61,69 |
| *Sabina chinensis* cv. Pyramidali | 塔柏 | 61,69 |
| *Sagina japonica* (Sweet) Oh wi. | 漆姑草 | 62,77 |
| *Salix lmbyionica* L. | 垂柳 | 61,70 |
| *Salvia splendens* Ker. —Gawl. | 一串红 | 64,109 |
| *Santalum album* Linn | 檀香树 | 19 |
| *Sambucus williamsii* Hance | 接骨草 | 64,111 |
| *Saxifraga stolonifera* Curt | 虎耳草 | 63,88 |
| *Sedum emarginatum* Migo | 凹叶景天 | 63,87 |
| *Serissa foetida* Comm. | 六月雪 | 64,107 |
| *Setereasea purpurea* Room. | 紫竹梅 | 65,117 |
| *Shaniodendron subaequalum* | 银缕梅 | 140 |
| *Shorea chinensis* H. Zhu | 望天树 | 142 |
| *Silene armeria* L. | 高雪轮 | 62,77 |
| *Sinocalmus affinis* (Rendle) Mcclure | 慈竹 | 65,117 |
| *Solanum nigrum* L. | 龙葵 | 64,110 |
| *Solanum tuberosum* L. | 马铃薯 | 8 |
| *Solidago canadensis* | 加拿大一枝黄花 | 46 |
| *Sophora japonica* L. | 槐树 | 63,92 |
| *Sophora japonica* 'Pendula' | 倒槐 | 63,92 |
| *Sorghum halepense* (L.) Pers. | 假高粱 | 50 |
| *Sorghum nitidum* Pers. | 高粱 | 4 |
| *Spartina alterniflora* Loisel | 互花米草 | 52 |
| *Spiraea cantoniensis* Lour | 麻叶绣线菊 | 63,90 |
| *Stellaria media* (L.) Cyr | 繁缕 | 62,77 |

# 名词索引

## （按汉语拼音排序）